电子科技大学新编特色教材

3D应用基础

黄　智　毛湘宇　蔡璞泽　编著

電子工業出版社
Publishing House of Electronics Industry
北京 · BEIJING

内 容 简 介

本书首先介绍Rhino和Solidworks的基础知识和建模应用案例，然后介绍KeyShot的基础知识和渲染案例，最后介绍3D打印的知识和打印方法。使用本书，读者可以完成3D建模、3D模型的颜色和材质渲染，做出三维产品效果模型，并学会将3D数字模型进行实体化的打印方法。

本书适于作为高等学校各专业计算机三维建模、模型渲染和3D打印实验的教材，也可以作为三维建模爱好者的参考书。

图书在版编目（CIP）数据

3D应用基础 / 黄智，毛湘宇，蔡璞泽编著. —北京：电子工业出版社，2018.10

ISBN 978-7-121-35193-8

I. ①3… II. ①黄… ②毛… ③蔡… III. ①立体印刷－印刷术－高等学校－教材 IV. ①TS853

中国版本图书馆CIP数据核字（2018）第230158号

策划编辑：窦　昊
责任编辑：窦　昊
印　　刷：北京虎彩文化传播有限公司
装　　订：北京虎彩文化传播有限公司
出版发行：电子工业出版社
　　　　　北京市海淀区万寿路173信箱　　　邮编：100036
开　　本：787×1092　1/16　　印张：10.25　　字数：262.4千字
版　　次：2018年10月第1版
印　　次：2019年4月第2次印刷
定　　价：49.00元

凡所购买电子工业出版社图书有缺损问题，请向购买书店调换。若书店售缺，请与本社发行部联系，联系及邮购电话：（010）88254888，88258888。

质量投诉请发邮件至zlts@phei.com.cn，盗版侵权举报请发邮件至dbqq@phei.com.cn。

本书咨询联系方式：（010）88254466，douhao@phei.com.cn。

致 读 者

本书是黄智老师、毛湘宇老师和蔡璞泽老师根据多年的教学实践经验编写的，主要用于计算机三维产品造型设计、渲染及 3D 打印知识学习的基础教材，适合大中专机电类、艺术设计类学生和三维建模设计爱好者的计算机三维造型设计知识的快速入门学习。通过本书中的建模练习，读者可以迅速掌握 Rhino（犀牛）软件和 SolidWorks 软件对常见机电产品及机械零件进行三维建模的技能，培养和增强读者的物体三维空间思维和想象能力。通过渲染部分的学习，可以基本掌握 KeyShot 实时渲染器对 3D 模型的渲染方法；通过 3D 打印部分的学习，可以掌握普及型 3D 打印机的基本应用方法。通过本书，读者可以实现自己的某些创意设计的三维建模、渲染和 3D 打印。

关于本书练习部分学习方法的提示：

（1）由于是入门教材，可能某些读者是初次学习三维建模设计，所以该书大部分练习的步骤都很详细，读者在练习中应仔细地操作步骤，有的练习是通过参数输入的，一定要在英文输入状态下。

（2）有些练习没有参数输入，读者在参照步骤图示时应将辅助线（曲线）尽量以接近实物尺寸为参照。

关于硬件和软件的说明：

（1）计算机的基本配置：CPU 1.5 GHz，内存 1 GB，硬盘 80 GB，独立显卡 256 MB。

（2）所需软件主要是 Windows 版本的 Rhinoceros 5.0、SolidWorks 两种 3D 建模软件，以及 KeyShot 6 实时渲染软件。

（3）本书实例练习中的建模、渲染参考图片等资料，可以在“三维艺术设计”群的文件和公告中下载，扫描二维码即可加入“三维艺术设计”群。

本书在编写中参考了一些相关著作，在此特向有关作者表示衷心感谢。

由于笔者水平有限，书中错误和缺点在所难免，恳请读者批评指正。

三维艺术设计群

编 者

2018 年 3 月

目　　录

第1章

Rhino建模

1.1 建立视图三维空间概念

Rhino（犀牛）是美国 Robert McNeel & Assoc 开发的 PC 上强大的专业 3D 造型软件，广泛应用于三维动画制作、工业制造、科学研究和机械设计等领域，是一款功能强大的高级建模软件。Rhinoceros 是一套将 Nurbs（Non-Uniform Rational B-Spline，非均匀有理 B 样条曲线）曲面引进 Windows 操作系统的 3D 计算机辅助产品造型设计软件，因其价格低廉、系统要求不高、建模能力强、易于操作等优异性能，在 1998 年 8 月正式推出后，使全世界的 3D CAD/CAID 使用者感到很大震撼，并迅速得以推广。

Rhino 是以 Nurbs 为主要构架的三维模型软件，因此在曲面造型特别是自由双曲面造型上有异常强大的功能，几乎能做出我们在产品造型中所能碰到的任何曲面。“倒角”也能在 Rhino 中轻松完成。从设计稿、手绘到实际产品，或者只是一个简单的构思，Rhino 所提供的曲面工具可以精确地制作所有用来作为渲染表现、动画、工程图、分析评估以及生产用的模型。

在头脑中建立 Rhino 各个视图的空间位置关系非常重要，因为使用的是三维建模软件，我们所画的点、线、面、体都应该在正确的视图里面，在后面的练习中我们会体验到这一点。Rhino 有 7 个常用视图，即 Top（俯视图）、Bottom（仰视图）、Front（前视图）、 Back（后视图）、Right（右视图）、Left（左视图）和 Perspective（透视图）。一般情况下，可以把 Top（俯视图）看作是水平面，我们在其上画的“物体”都像是放在水平的桌面上，把 Front（前视图）看作是垂直立在我们面前的显示屏，我们在其上画的“物体”都是立在我们面前的，把 Right（右视图）看作是垂直立在我们左面的显示屏，我们在其上画的“物体”都是立在我们左面的，如图 1.1 所示。

图 1.1　Rhino 的视图

1.2 鼠标功能简述

在 Rhino 建模中熟练运用鼠标可以大大提高绘图效率。在 Rhino 中，鼠标的一般功能如下所述。

右键一般是“确定”或“结束”，按住右键可以“移动”或“旋转”视图；左键主要是“选取”，如点选各种“工具”；将光标放在视图名称上，如 Top ，双击左键，可以转换为单窗或多窗模式；鼠标滚轮可以“推拉”视图，便于观察和绘图。在任何作图状态中，鼠标的这些功能都可以使用，在 Rhino 中，一般情况下，鼠标左键是“选择”功能，右键是“确定”功能，但是有许多工具图标具有左右键功能，即左键单击是一种功能，右键单击是另一种功能，这是 Rhino 鼠标功能宜人化设计的特点。

Rhino 5.0 的界面如图 1.2 所示。

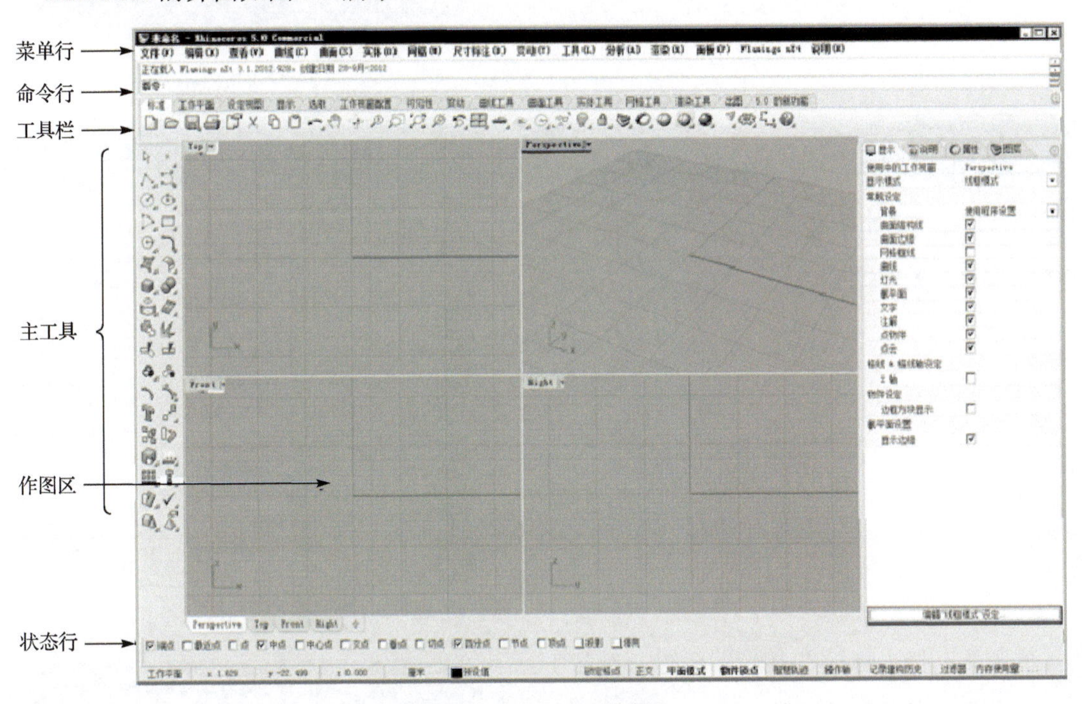

图 1.2　Rhino 5.0 的界面

1.3　苹 果 建 模

建模思路

画出苹果主体的半轮廓线，用“旋转”工具做出“苹果”曲面，重建“苹果”曲面的“阶数”和“点数”，打开“控制点”，通过移动“控制点”调整“苹果”曲面形状。见图 1.3。

图 1.3　苹果建模

建模步骤

01 单击，“单位”设置为毫米，“格线”属性按图设置。见图 1.4。

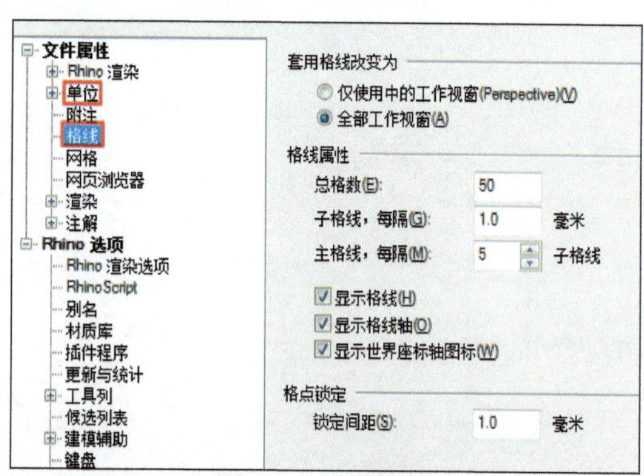

图 1.4　设置属性

02 单击，把光标放在 Front 视图，在英文输入状态下，在命令行输入：

0,30,0，回车;
−20,40,0，回车;
−30,20,0，回车;
−15, −10,0，回车;
−5,−10,0，回车;
0,−5,0，回车;
回车。

得到如图 1.5 所示的曲线。

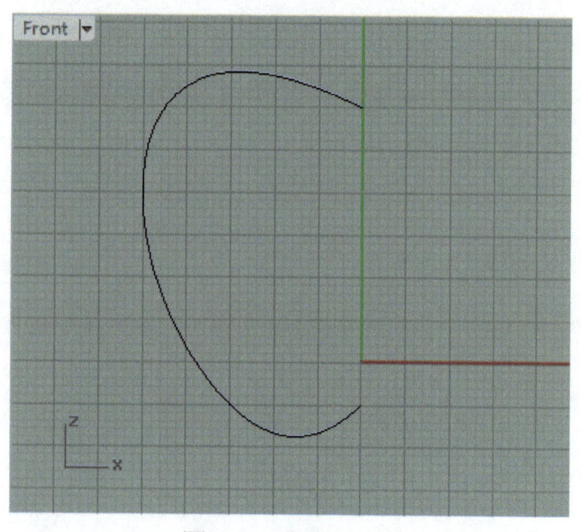

图 1.5　曲线（1）

03 单击，点选曲线，勾选☑端点，根据命令行提示，分别捕捉曲线的上端点和下端点，将该曲线旋转成曲面，如图 1.6 所示。

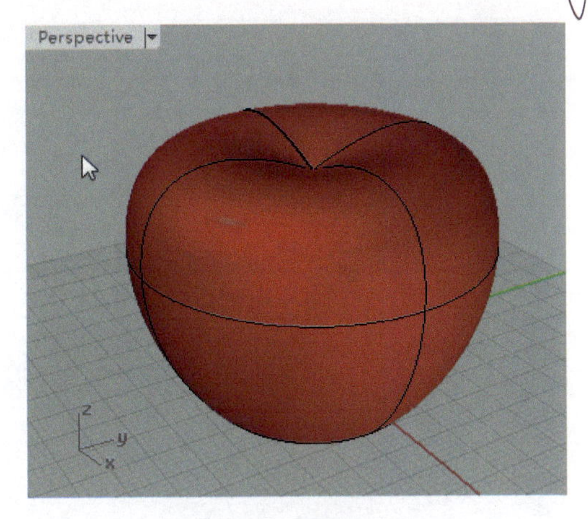

图 1.6 曲线（2）

04 用鼠标按住，在弹出的工具栏中单击，点选曲面确定，按图 1.7 所示设定“点数”和“阶数”。

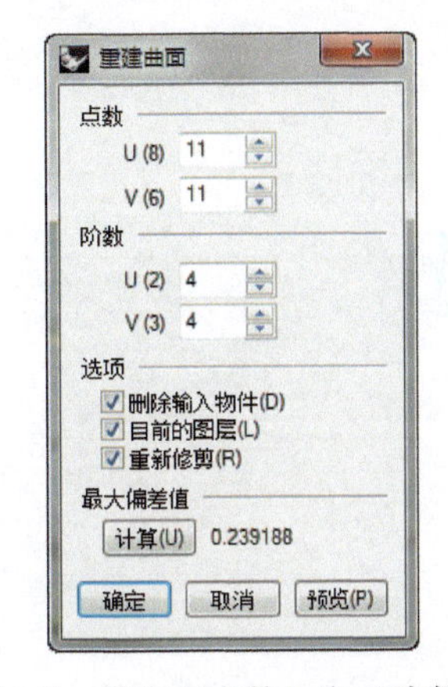

图 1.7 设定“点数”和“阶数”

05 单击，打开“苹果”曲面控制点，如图 1.8 所示。

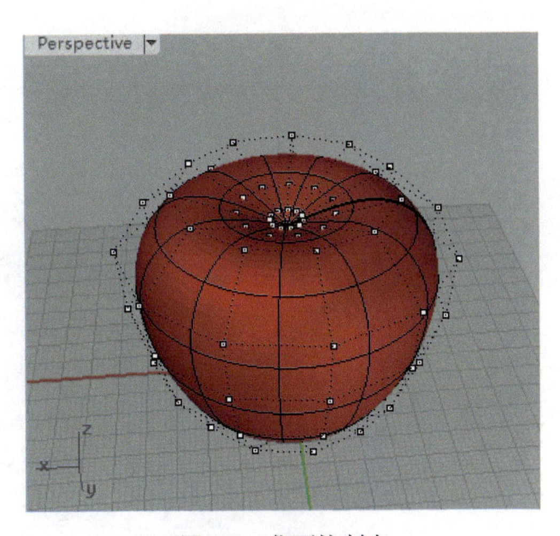

图 1.8 曲面控制点

06 在 Top 视图框选一组控制点，向右移动一点，再在 Front 视图将该组控制点向上移动一点，这样就改变了“苹果”的局部曲面形状。用同样的方法选取其他方向的控制点，对“苹果”进行形态修改，使其形态更接近真实效果，见图 1.9 和图 1.10。

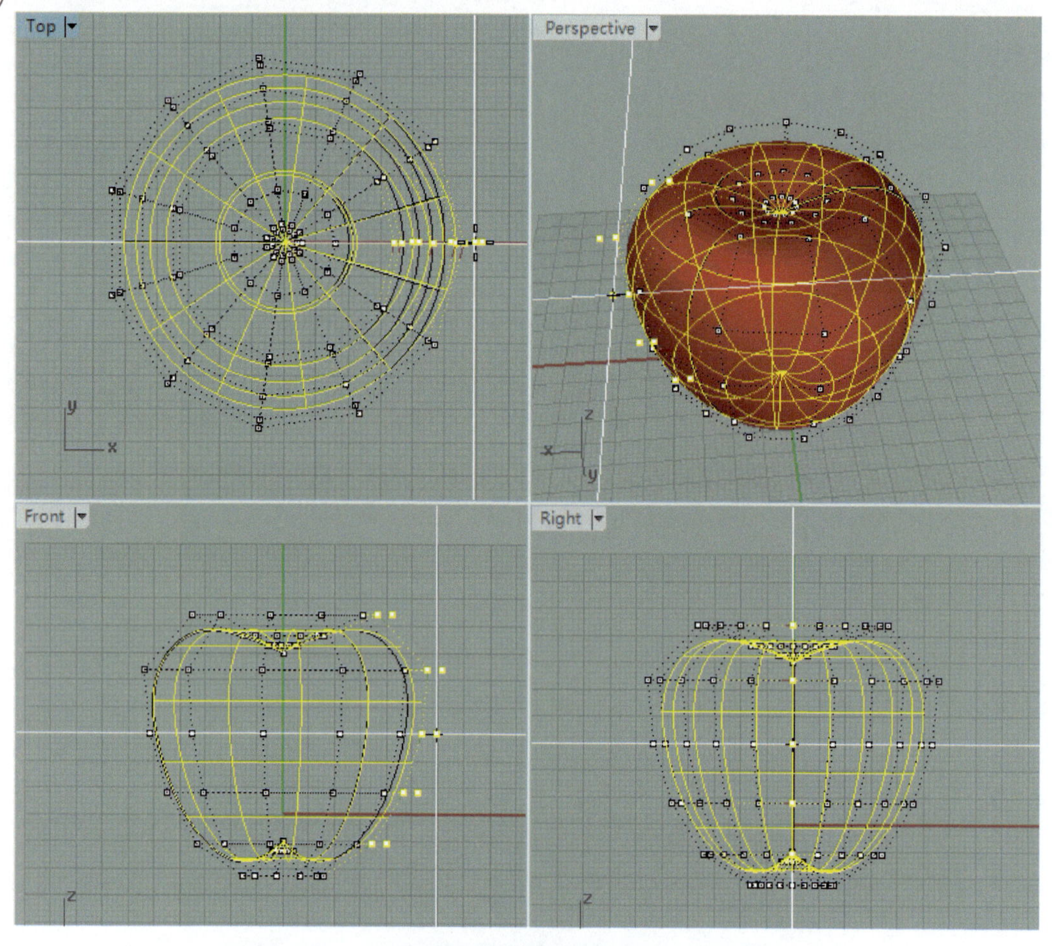

图 1.9 修改控制点（1）

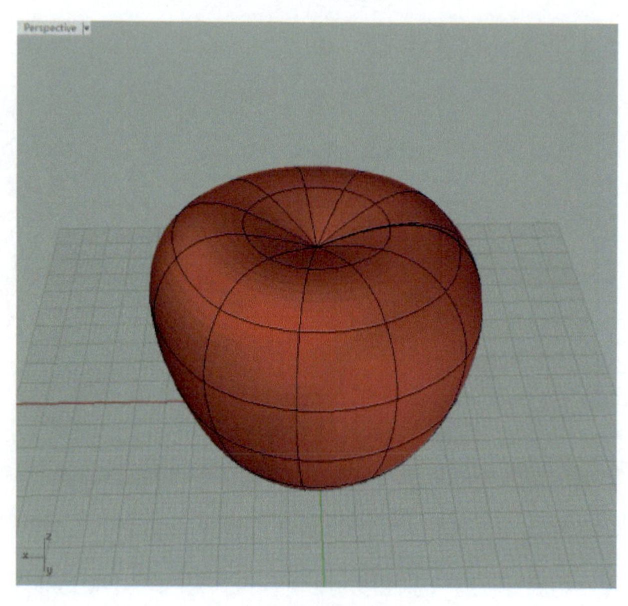

图 1.10 修改控制点（2）

07 单击，将光标放在Front视图，在命令行输入：

0,25,0,回车;
0,45,0,回车;
10,50,0;回车;
回车。

得到“苹果把”曲线，见图 1.11。

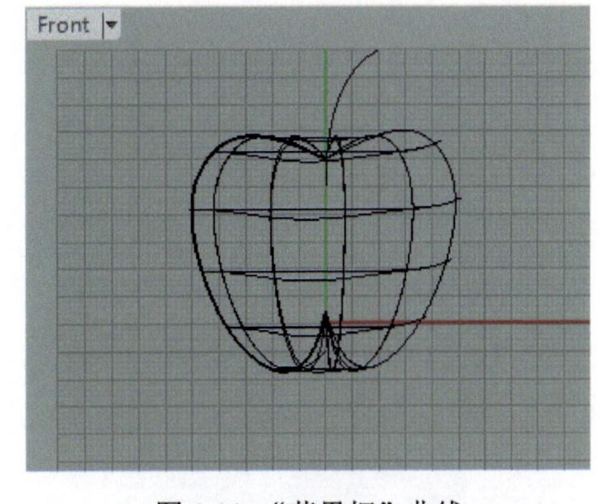

图 1.11 “苹果把”曲线

08 按住，在弹出的工具栏中单击圆管工具，在Front视图，点选苹果把曲线上端，在命令行输入：

0.5，回车;
0.3，回车;
回车。

得到“苹果把”，结果如图 1.12 所示。

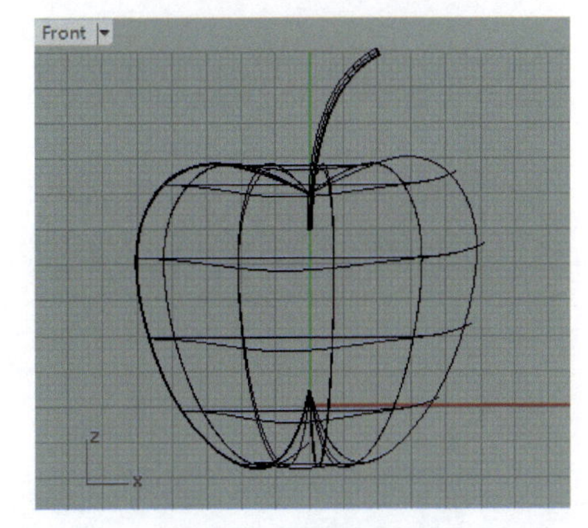

图 1.12 “苹果把”结果

09 单击上方工具，将苹果保存为 3dm 格式，以便后期渲染。

1.4 果 盘 建 模

1.4.1 六边平面果盘建模

建模思路

画出果盘断面线，用“旋转”工具做出果盘实体，再用六边圆波浪线分割果盘边缘，然后混接边缘，见图 1.13 和图 1.14。

图 1.13 平面果盘实体（1）

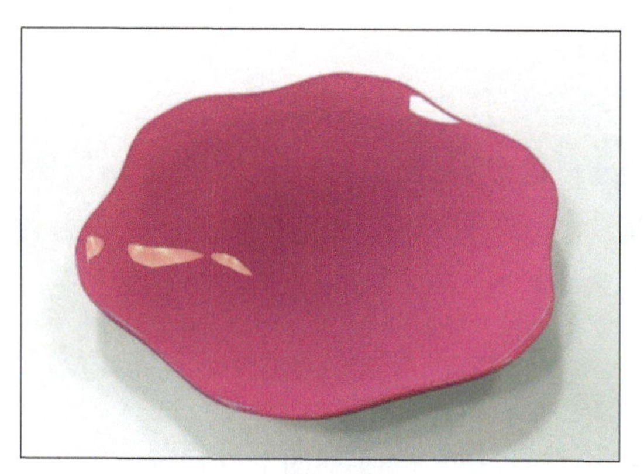

图 1.14 平面果盘实体（2）

建模步骤

01 点选“曲线”工具，在 Front 视图画出果盘轮廓线。注意：起点和终点必须放在 Y 轴上，曲线保持顺滑，如图 1.15 所示。

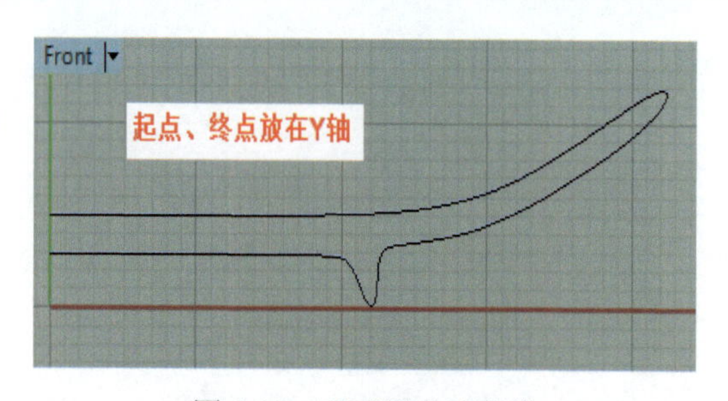

图 1.15 平面果盘轮廓线

02 按住“指定三或四个角建立曲面”工具，在弹出的工具栏中单击“旋转成形”工具，在 Front 视图点选果盘轮廓线，点黑 锁定格点，在 Y 轴上点一下，单击右键，再单击右键，旋转出果盘曲面，见图 1.16。

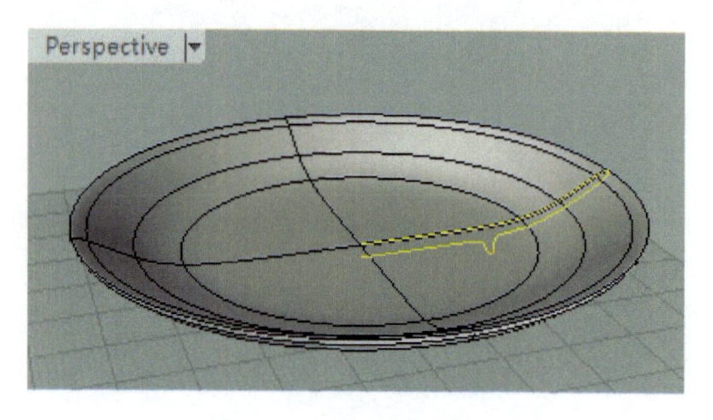

图 1.16 平面果盘曲面

03 单击“圆”工具，在 Top 视图以原点为圆心画一个圆，比果盘边缘小些，见图 1.17。

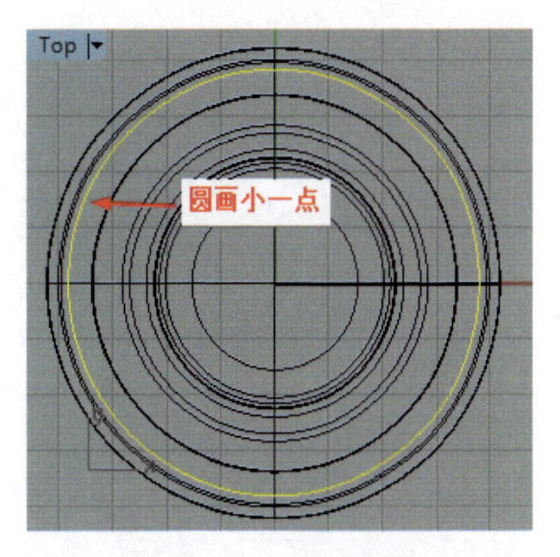

图 1.17　平面果盘圆线

04 按住“控制点曲线”工具，在弹出的工具栏中单击“弹簧线”工具，在命令行输入 a，按回车键，在 Top 视图点选圆，输入 t，按回车键；6，按回车键，这时在 Top 视图移动光标到果盘边缘内侧一点，单击左键，得到六边形波浪线，见图 1.18。

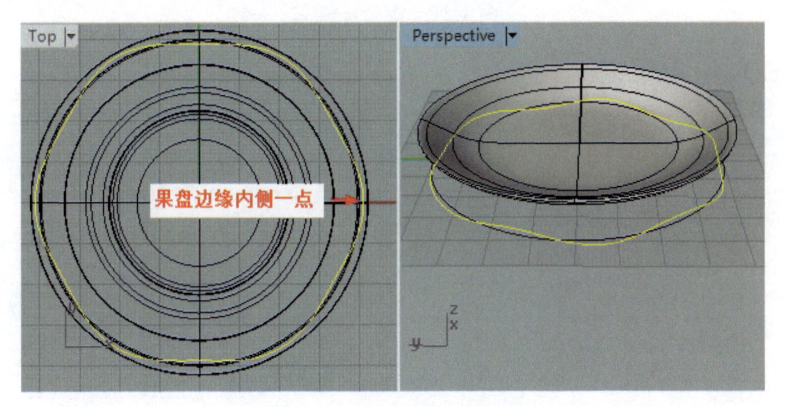

图 1.18　平面果盘波浪线

05 在 Top 视图点选果盘，单击“分割”工具，单击六边形波浪线，单击右键，这时果盘边缘被分割，删除残边，如图 1.19 所示。

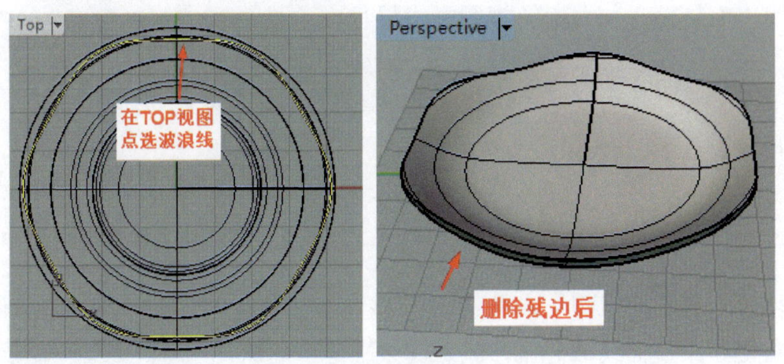

图 1.19　果盘被分割

06 按住“曲面圆角”工具，在弹出的工具栏中单击“混接曲面”工具，在 Perspective 视图点选❶❷边缘，单击右键，在弹出对话框按照红框修改参数，单击“确定”按钮，见图 1.20。

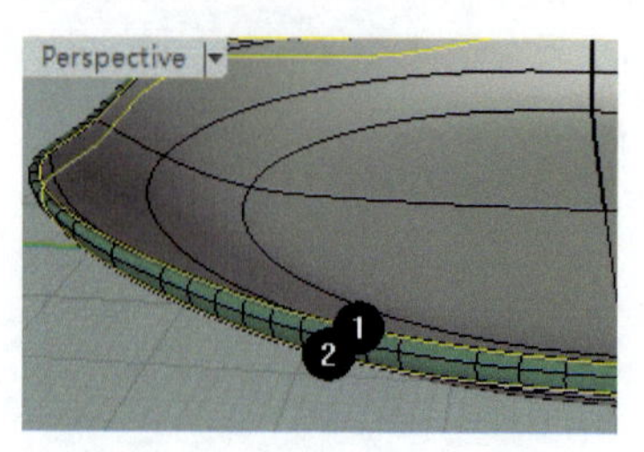

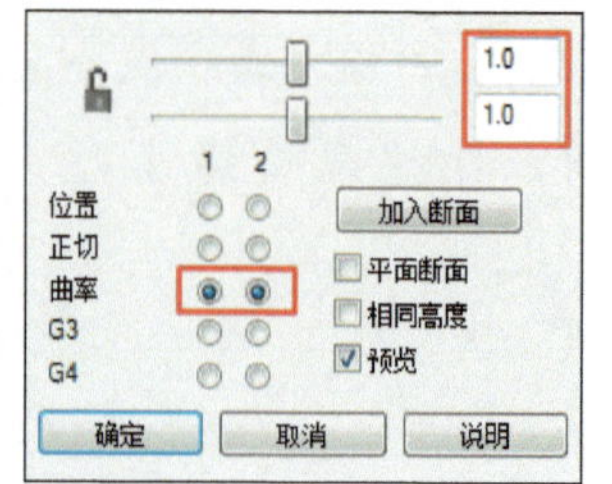

图 1.20　圆角混接

07 单击“组合”工具，依序点选❶❷❸曲面，完成果盘组合，使其成为实体，见图 1.21。

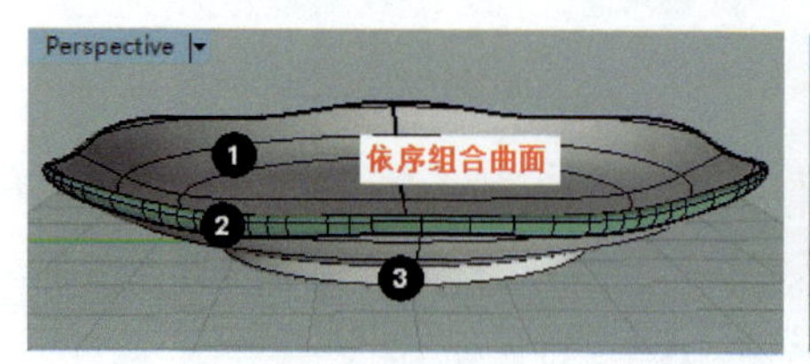

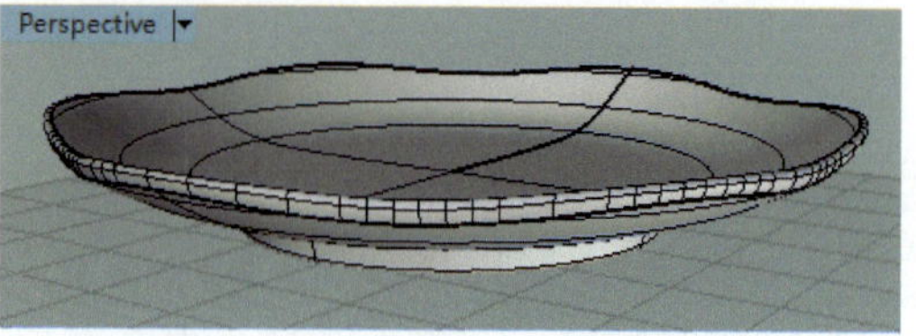

图 1.21　组合成实体

1.4.2　六边曲面果盘建模

建模思路

画出果盘断面线，将断面线截成三部分，用“旋转”工具左右键功能做出 3 个曲面，再混接，见图 1.22。

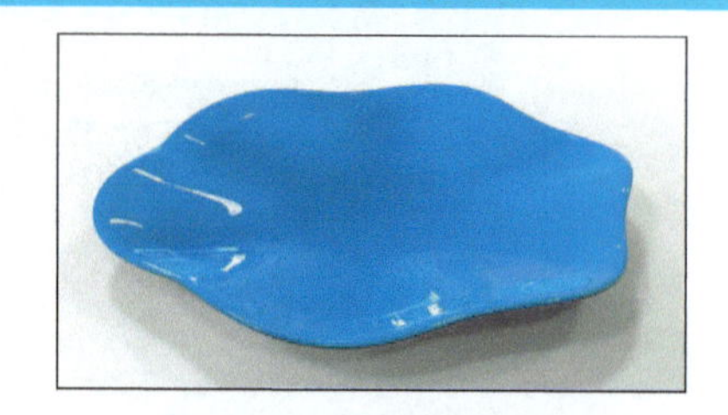

图 1.22　曲面果盘实体

建模步骤

01 点选“曲线”工具，在 Front 视图画出果盘轮廓线。注意：起点和终点必须放在 Y 轴上，曲线保持顺滑，点击“多重直线”工具，绘制 2 条垂线，注意垂线位置和间隔，如图 1.23 所示。

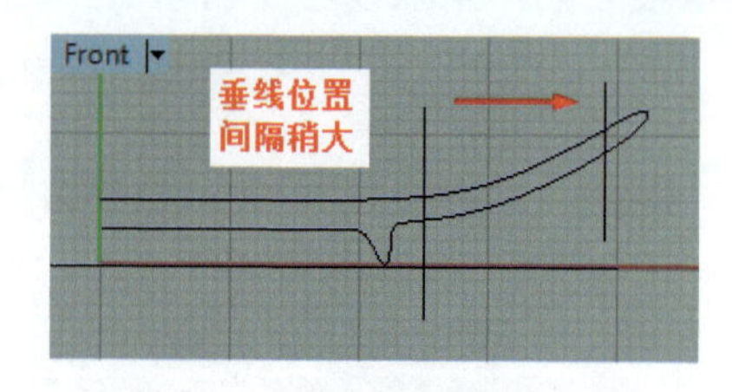

图 1.23　曲面果盘轮廓线（1）

02 点选果盘曲线，单击“分割”工具，点选 2 条垂线，单击右键，果盘曲线被分割，删除其余曲线，如图 1.24 所示。

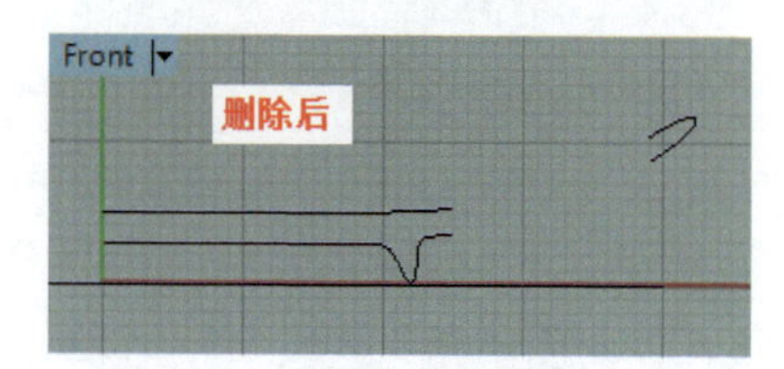

图 1.24　曲面果盘轮廓线（2）

03 单击“圆”工具，在Top视图以原点为圆心画一个圆，与果盘边缘大小相似，按住“控制点曲线”工具，在弹出的工具栏中点击“弹簧线”工具，在命令行输入 a，按回车键，在Top视图点选圆线，输入 t，按回车键；6，按回车键，这时在Top视图单击光标，调整波浪线的形状，单击左键，如图 1.25 所示。

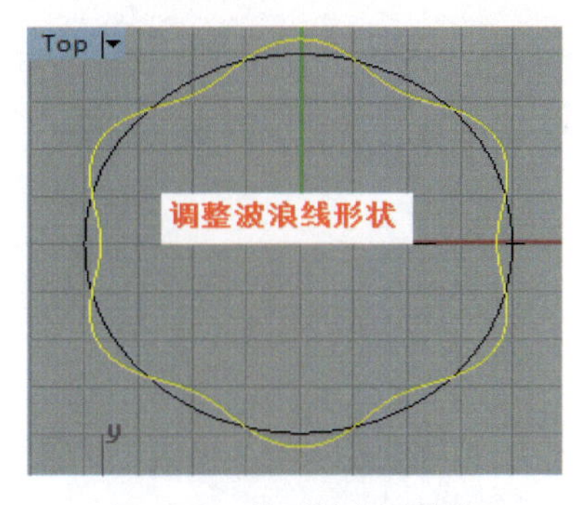

图 1.25　曲面果盘波浪线

04 按住“指定三或四个角建立曲面”工具，在弹出的工具栏中单击右键“沿着路径旋转”工具，在Front视图点选果盘上边缘轮廓线，点选波浪线，点黑 锁定格点，在 Y 轴上点一下，得到果盘上边缘曲面，如图 1.26 所示。

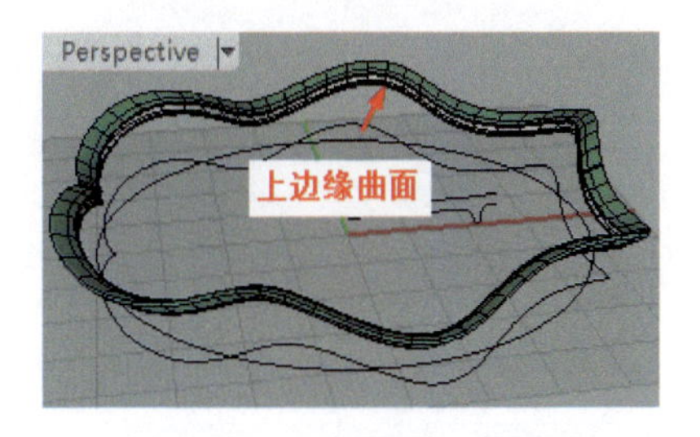

图 1.26　曲面果盘上边缘

05 单击“旋转成形”工具，点选果盘下部 2 条曲线，单击右键，在 Y 轴上点一下，单击右键，再单击右键，旋转出果盘下部 2 个曲面，如图 1.27 所示。

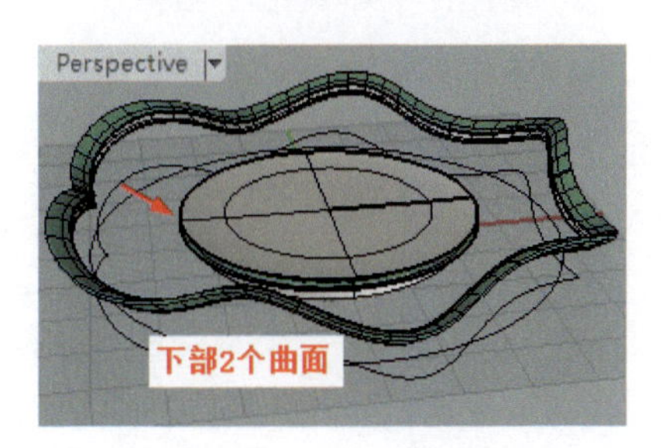

图 1.27　下部的曲面

06 按住“曲面圆角”工具，在弹出的工具栏中单击“混接曲面”工具，在Perspective视图点选❶❷边缘，单击右键，在弹出的对话框中按照红框修改参数，单击“确定”按钮。得到果盘上部曲面。右键（重复混接命令）点选果盘背面❶❷边缘，单击右键，得到果盘下部曲面，见图 1.28。

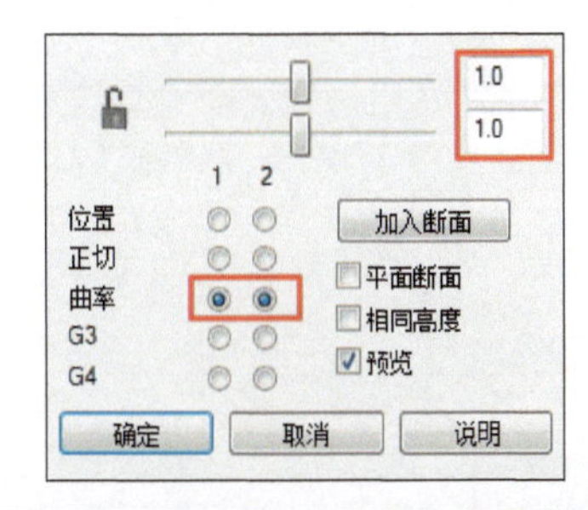

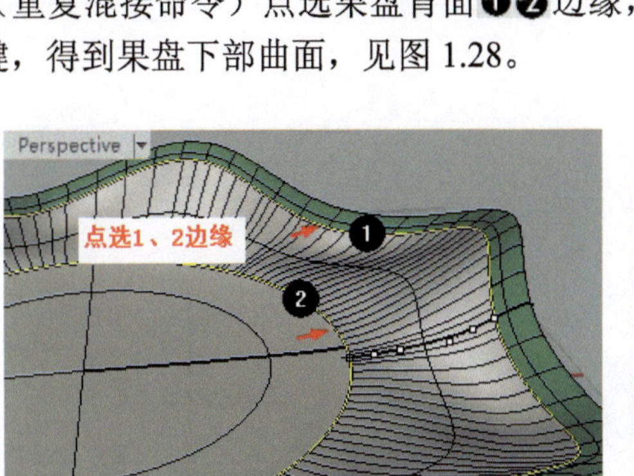

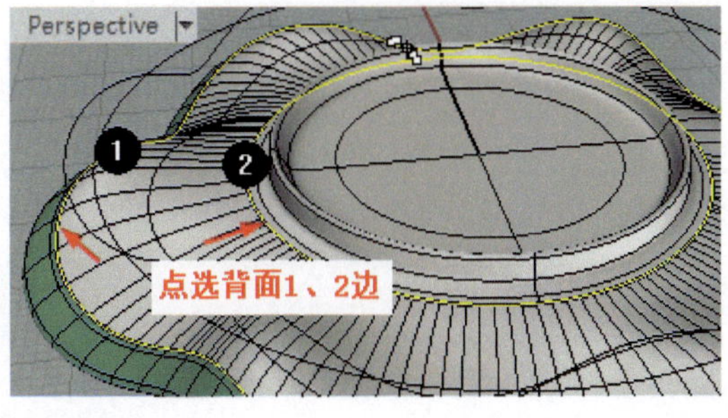

图 1.28　曲线面的混接

07 单击“组合”工具，顺序点选全部曲面，完成果盘组合，使其成为实体，见图 1.29。

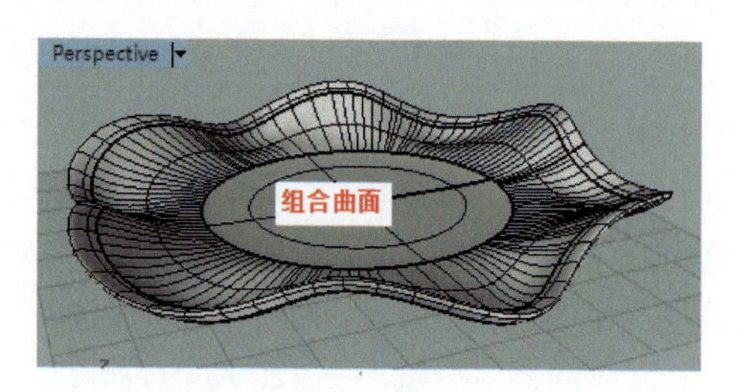

图 1.29　曲线面果盘组合成实体

1.5　玩具飞机建模

建模思路

机身曲面可用旋转成型，机翼曲面应用双轨扫掠，座舱曲面可以网格建模，如图 1.30 所示。

图 1.30　飞机建模实体

建模步骤

01 单击，点选“格线”，按图 1.31 设置参数。

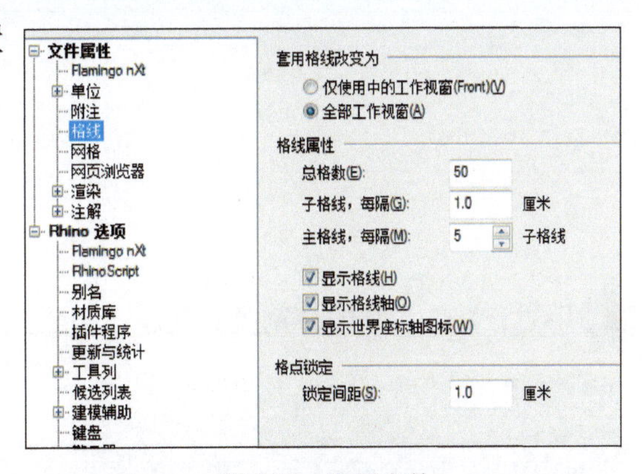

图 1.31　设置参数

02 在 Front 视图以 X 轴为起点和终点绘制机身曲线。注意，是完整的曲线，如图 1.32 所示。

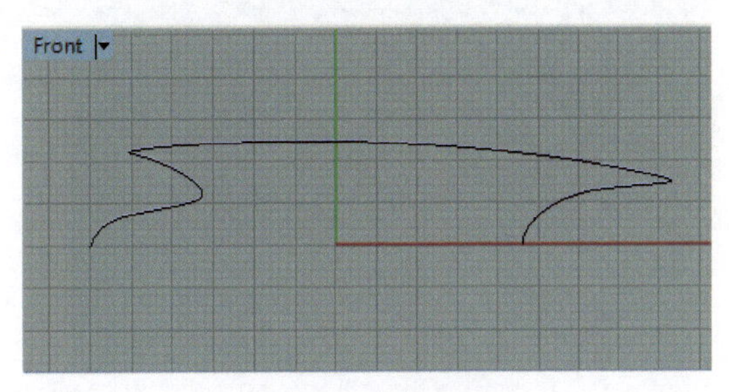

图 1.32　机身曲线

03 用“旋转”工具，做出机身曲面，如图 1.33 所示。

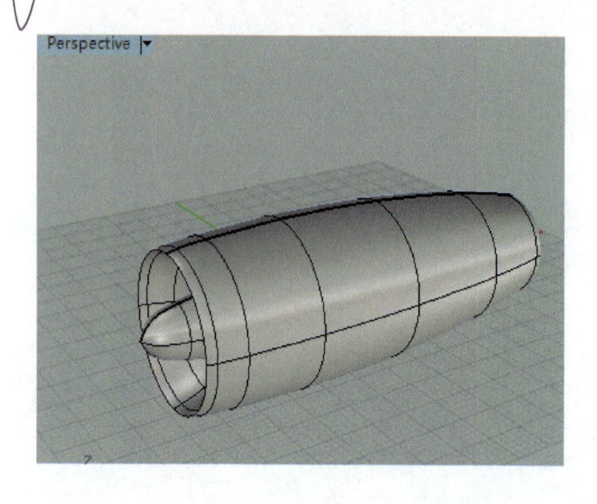

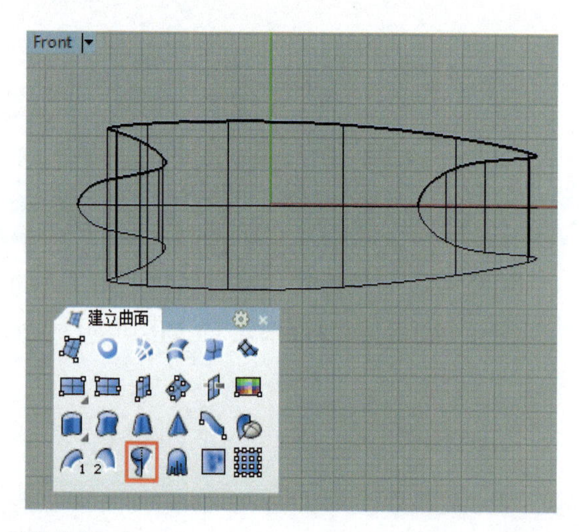

图 1.33　机身曲面

04 用“曲线”工具，在 Front 视图绘制如图 1.34 所示的曲线。

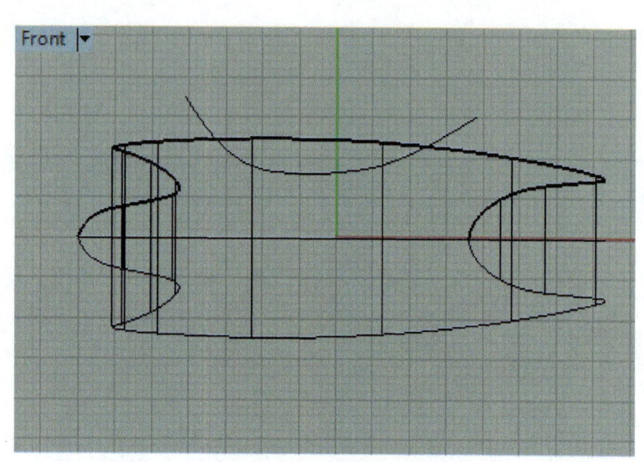

图 1.34　绘制曲线

05 用“分割”工具分割机身曲面，删除分割的小曲面，如图 1.35 所示。

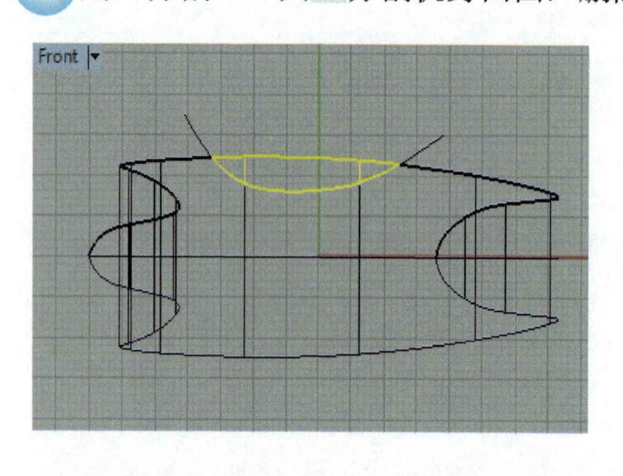

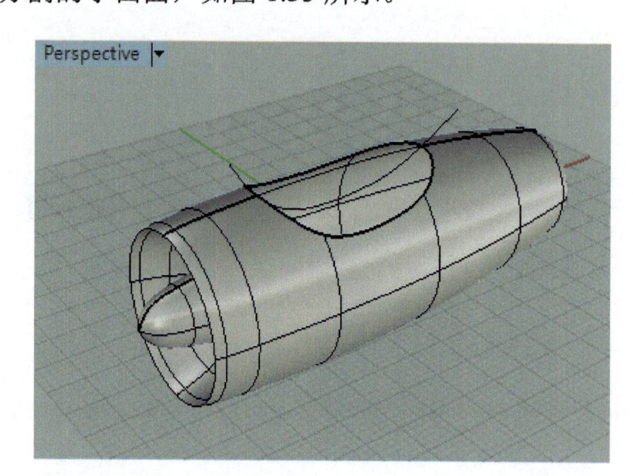

图 1.35　分割机身

06 用“复制边缘”工具提取座舱边缘，如图 1.36 所示。

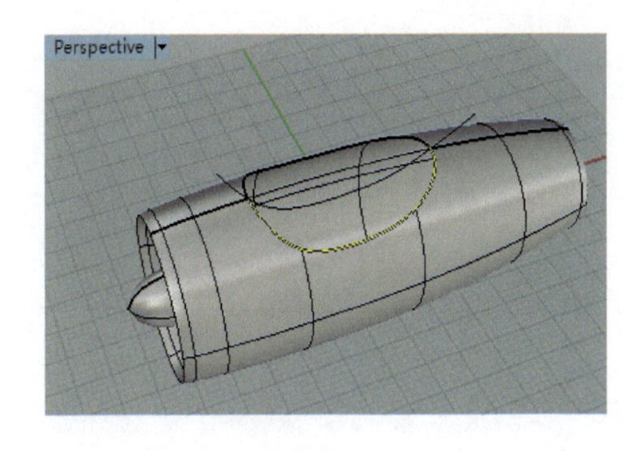

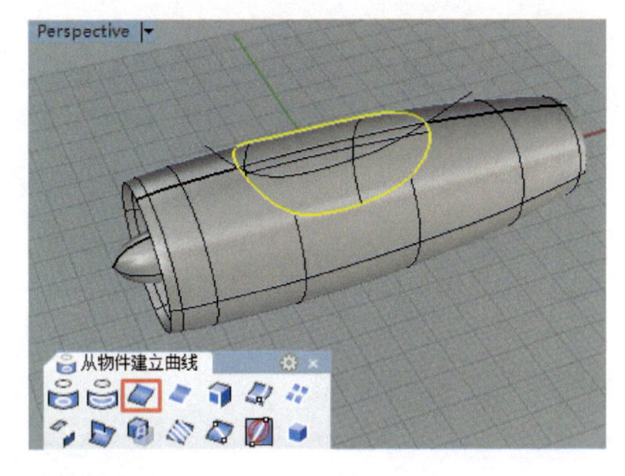

图 1.36　提取座舱边缘

07 用“曲线”工具绘制 2 条座舱轮廓线，注意捕捉“端点”并打开 **平面模式** ，如图 1.37 所示。

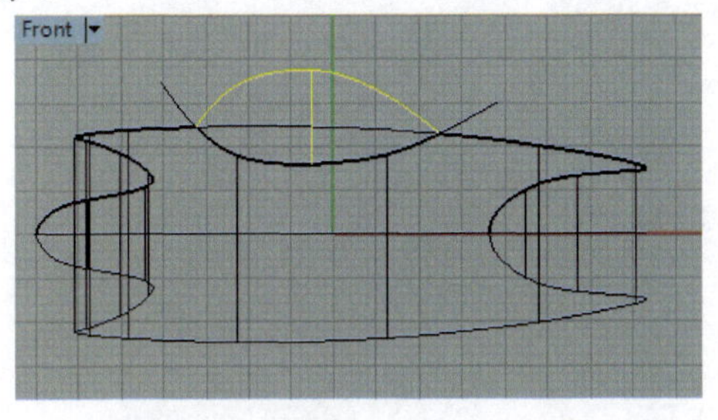

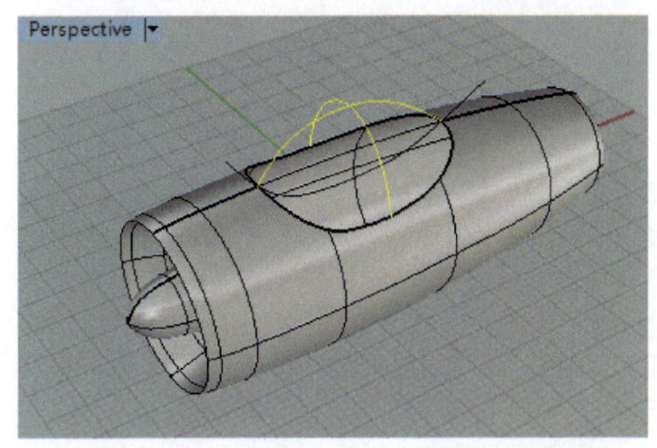

图 1.37　绘制座舱轮廓线

08 用“隐藏物件”工具隐藏机身，用“网线建面”工具依序点选 4 条座舱曲线做出座舱曲面，如图 1.38 所示。

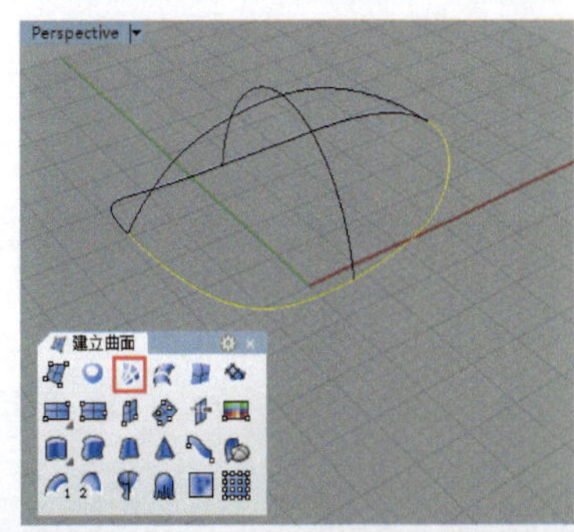

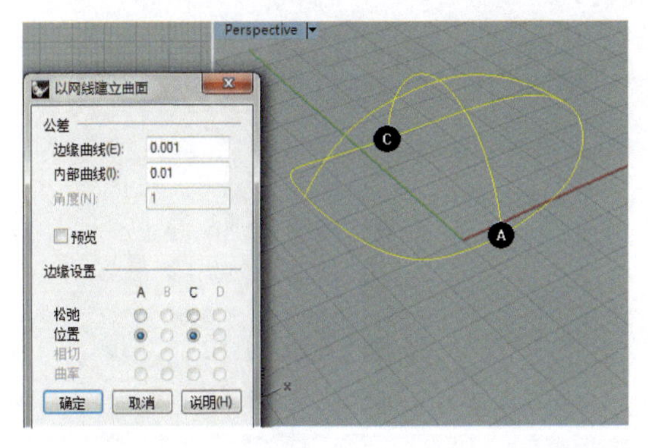

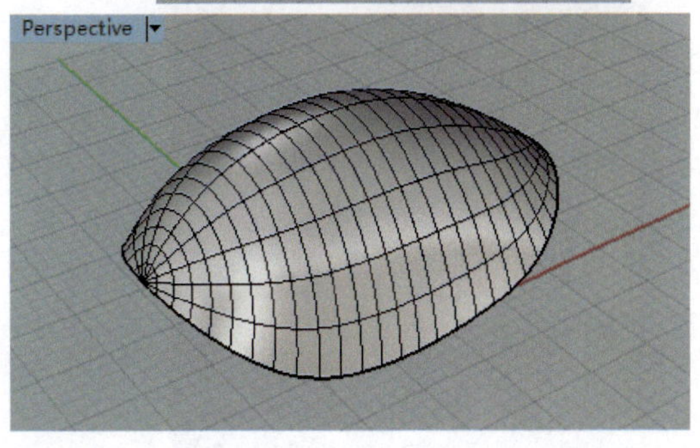

图 1.38　座舱曲面

09 用“隐藏物件”工具的右键显示被隐藏的机身，用“曲线”工具绘制 2 条垂尾轮廓线。注意❶处的“端点”捕捉，如图 1.39 所示。

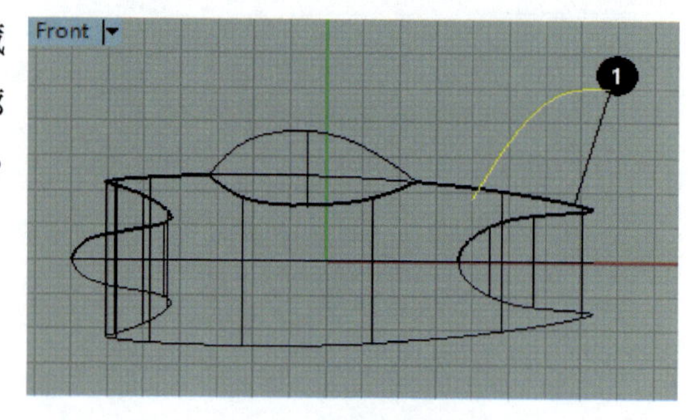

图 1.39　垂尾轮廓线

10 用“隐藏物件”工具隐藏其余物件，打开☑端点捕捉模式，用“直径椭圆”工具绘制椭圆。注意捕捉❶ ❷端点，如图 1.40 所示。

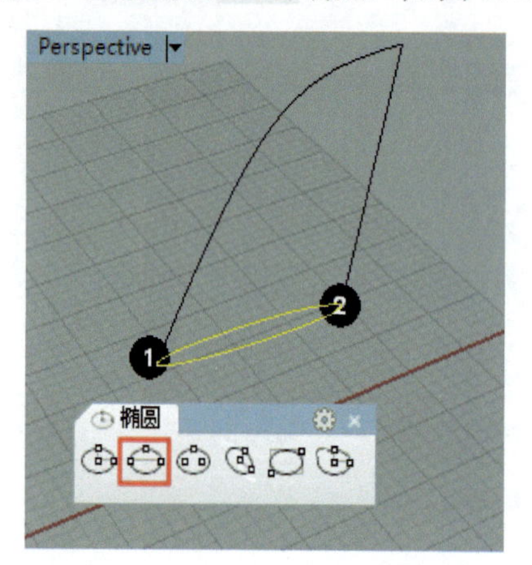

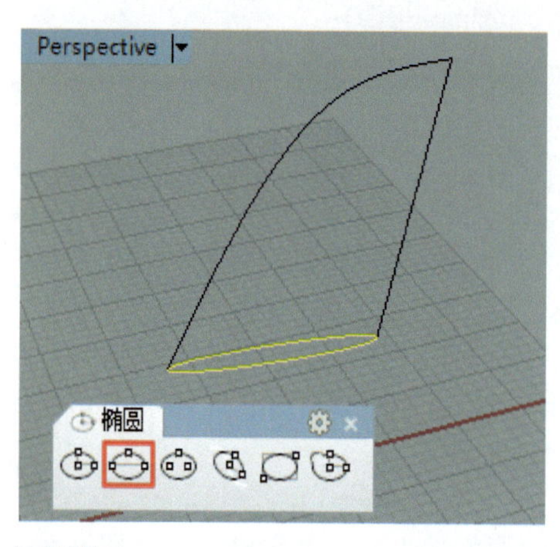

图 1.40　绘制椭圆

11 用“双轨扫掠”工具做出垂尾曲面，用“加盖”工具给垂尾下底加盖，如图 1.41 所示。

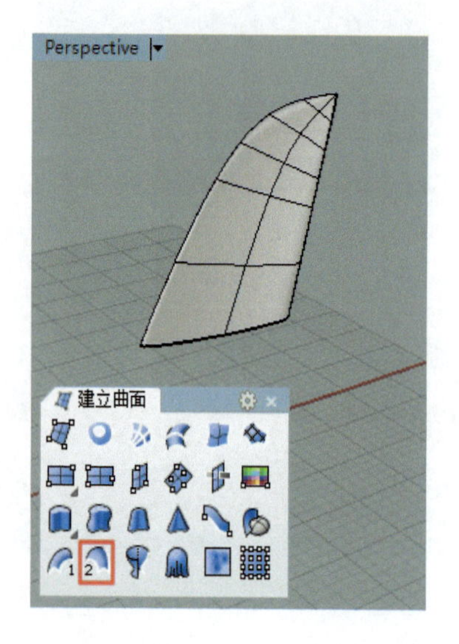

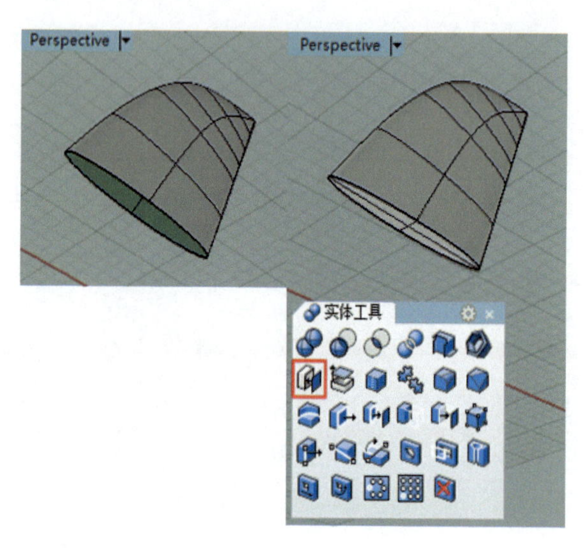

图 1.41　垂尾下底加盖

12 用“隐藏物件”工具的右键显示被隐藏的机身，打开 锁定格点 模式，注意❶❷处的曲线“起点”保持在同一条线上，用“曲线”工具在Top视图绘制 2 条垂尾轮廓线，再用前述第 10、11 步方法做出主机翼曲面，见图 1.42。

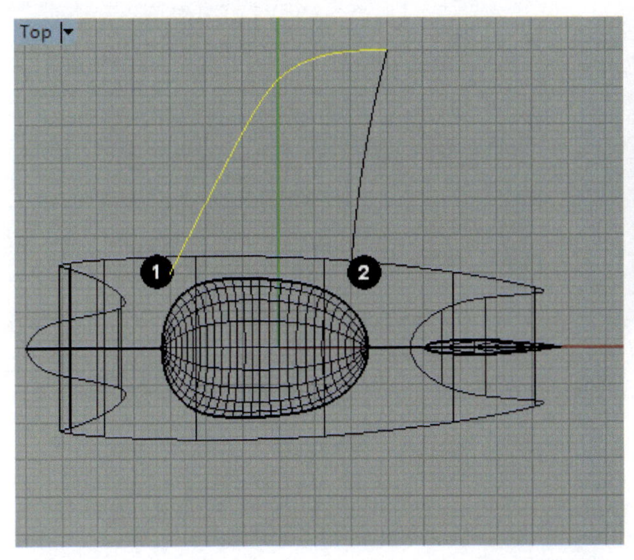

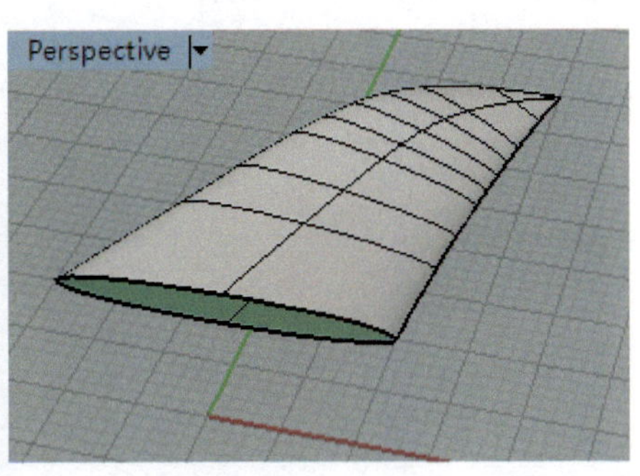

图 1.42　机翼曲面

13 点选“两轴缩放”工具，点选主机翼，单击“确定”按钮，在上方的命令行单击(复制 ©=否):使“否”改成“是”，即(复制 ©=是):，该工具可以既缩放又复制。把缩小的主机翼移动到图 1.43 所示的水平尾翼的位置。

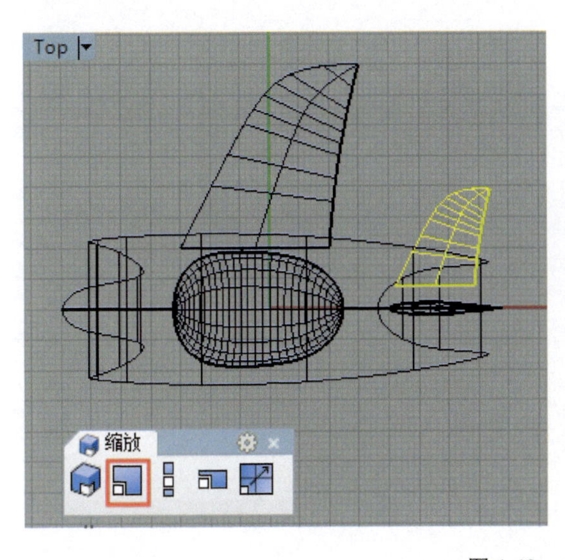

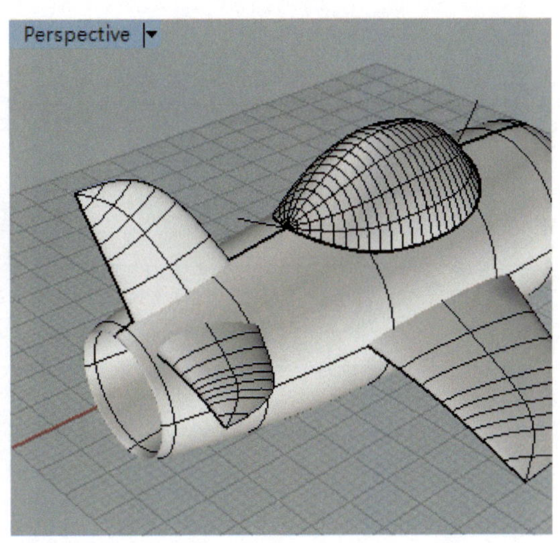

图 1.43　安装机翼

14 点选“镜像”工具，点选主机翼和水平尾翼，单击“确定”按钮，打开 锁定格点 ，在Top视图以 X 轴为镜像轴做出下方的主机翼和水平尾翼，完成建模，见图 1.44。

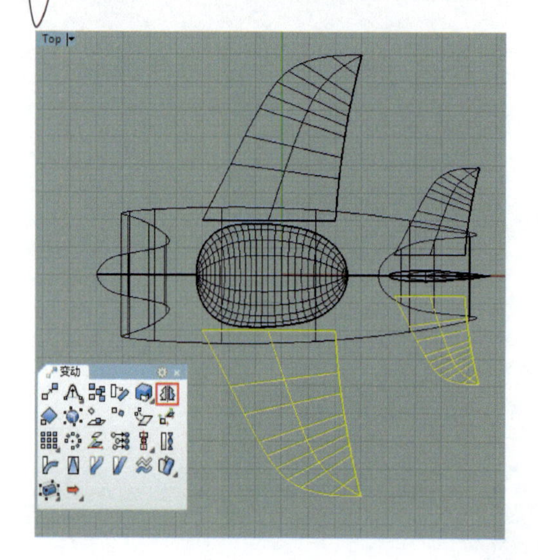

图 1.44　完成建模

1.6 果 盒 建 模

建模思路

在 Front 视图画出果盒主体的半轮廓线，用“旋转成形”工具做出果盒主体，用“建立 UV 曲线”工具展开果盒轮廓线，建立轮廓线平面，用“弹簧线”工具在平面做出“八波浪线”，将该线用“沿着曲面流动”工具放到果盒的正确位置，再将该线用“分割”工具分割果盒主体，做出果盒、果盒盖，如图 1.45 所示。

图 1.45　果盒实体

建模步骤

01 单击“曲线”工具，在 Front 视图画出果盒主体的半轮廓线，轮廓线起点和终点要放在绿轴和原点，如图 1.46 所示。

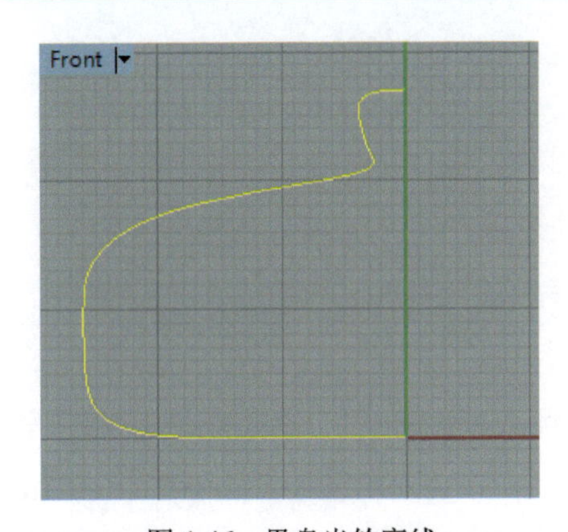

图 1.46　果盘半轮廓线

02 用鼠标左键按住“曲面”工具，在弹出的工具栏单击“旋转成形”工具，在 Front 视图点选轮廓线，单击右键确定，勾选 ☑ 端点，捕捉轮廓线上下端点，在命令行单击“360 度”，**起始角度 <0>** (删除输入物件(D)=否 可塑形的(F)=否 360度(U) 得到果盒主体，如图 1.47 所示。

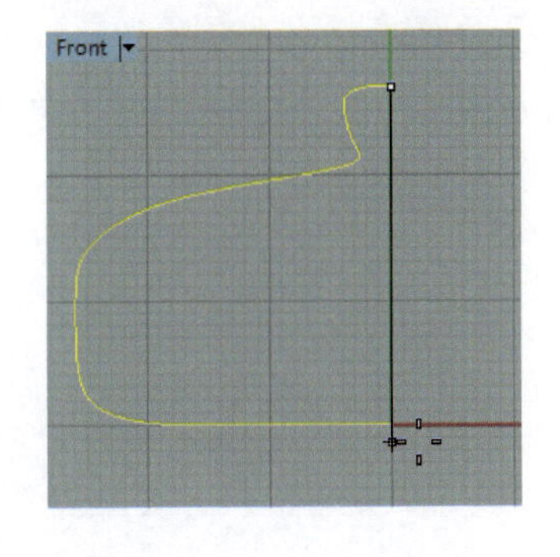

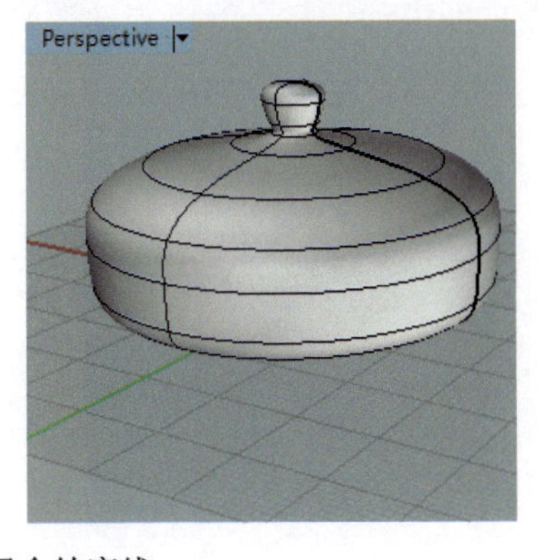

图 1.47　果盒轮廓线

03 用鼠标左键按住“投影曲线”工具，在弹出的工具栏单击“建立 UV 曲线”工具，点选果盒主体，单击“确定”按钮，得到展开的果盒轮廓线。单击“曲面”工具，勾选☑端点，捕捉轮廓线的 4 个端点，得到平面，如图 1.48 所示。

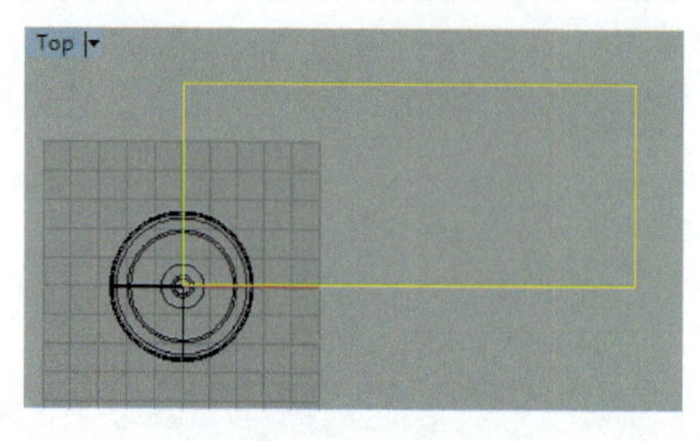

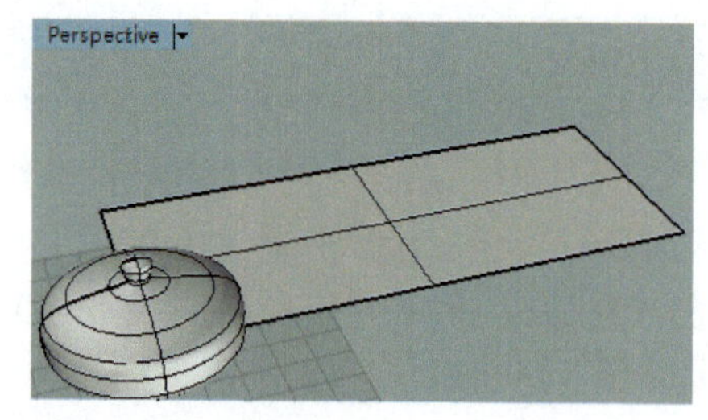

图 1.48　展开曲面

04 用鼠标左键按住“曲线”工具，在弹出的工具栏中单击 “弹簧线”工具，勾选☑最近点点黑 正交 ，在平面上捕捉左边缘，单击左键，平移到右侧捕捉右边缘，单击左键，在命令行单击“圈数=x”，输入 8，**直径和起点 <2.170>** (半径(R) 模式(M)=圈数 圈数(T)=8 螺距，按回车键，调整好线型，单击“确定”按钮，做出“八波浪线”。如图 1.49 所示。

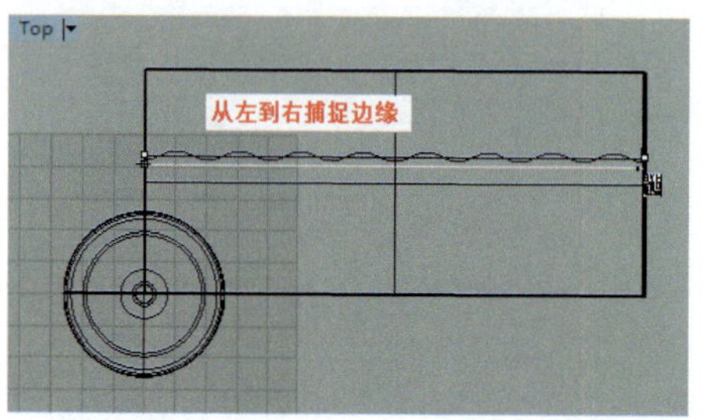

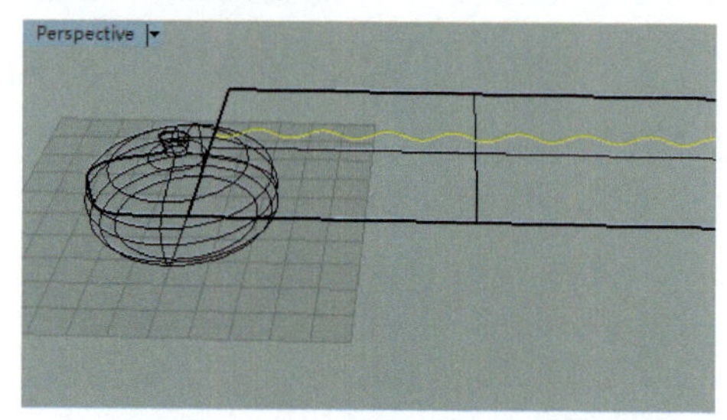

图 1.49　八波浪线

05 单击“投影曲线”工具，在 Top 视图点选波浪线，单击右键确定，点选平面，单击右键确定，这时波浪线被投影到平面得到水平波浪线，删除原波浪线，将水平波浪线下移到图 1.50 所示位置。

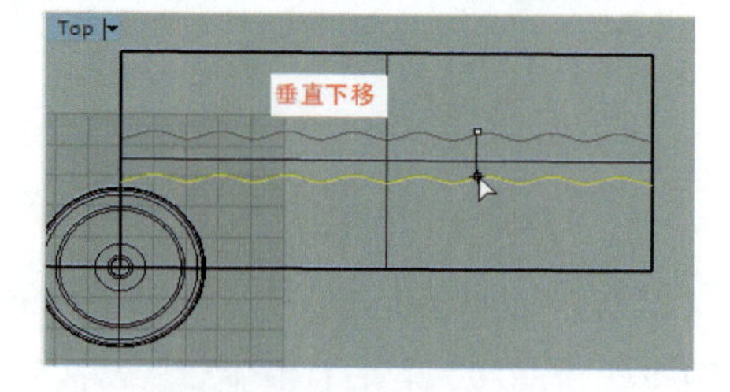

图 1.50　波浪线下移

06 点选“沿着曲面流动”工具，点选波浪线，单击右键确定，点选平面、果盒主体中部，该波浪线被流动到果盒。注意，如果流动到果盒的波浪线位置不正确，可以单击返回，再上下调整平面上的波浪线位置，重新流动，直到正确，如图 1.51 所示。

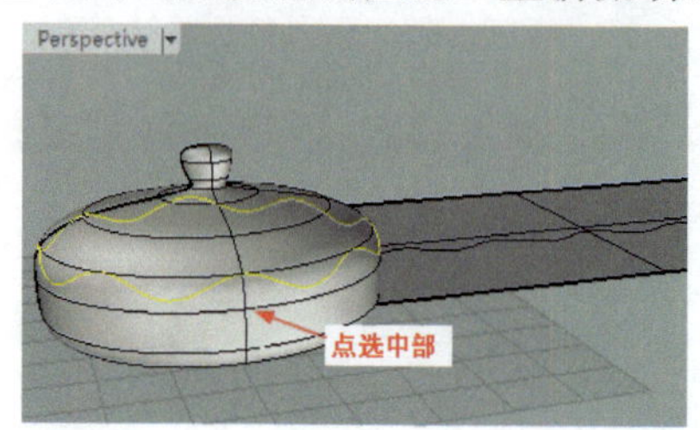

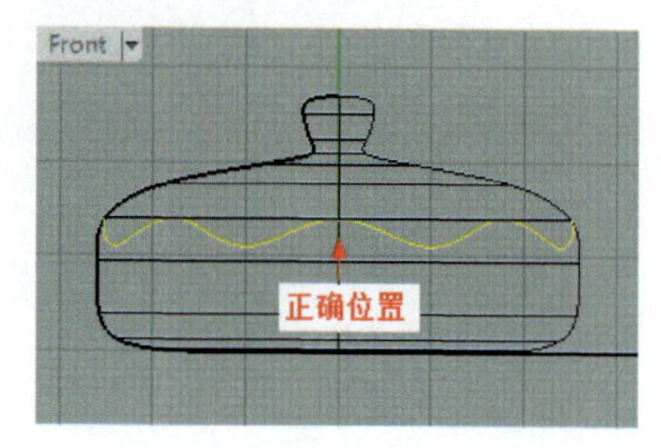

图 1.51　曲线的流动

07 单击“分割”工具，点选果盒，单击右键确定，点选果盒上的波浪线，单击右键确定，果盒被分割成盒体和盒盖两部分，如图1.52所示。

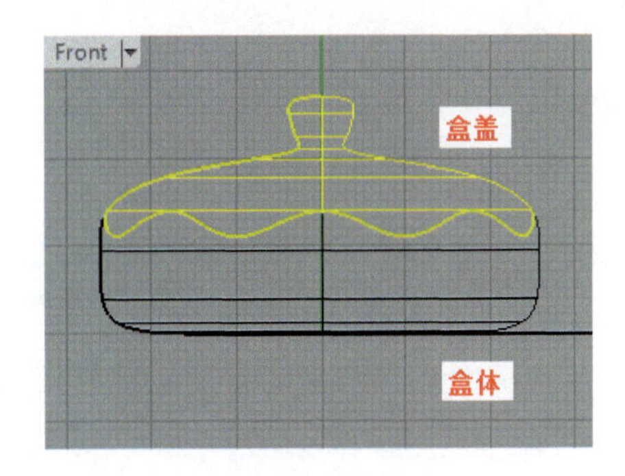

图1.52

08 保留盒体和盒盖，其余部分删除。点选盒盖，单击“隐藏物件”工具，经盒盖隐藏，用鼠标左键按住“曲面圆角”工具，在弹出的工具栏中单击 “偏移曲面”工具，点选盒体，单击右键确定，这时盒体出现白色向外的法线，把光标放在盒体处单击左键，法线向内，观察命令行 实体(S)=是，输入1（根据所画情况确定这个厚度参数），按回车键，再按回车键。得到有厚度的盒体，应用同样的方法将盒盖做成实体，如图1.53所示。

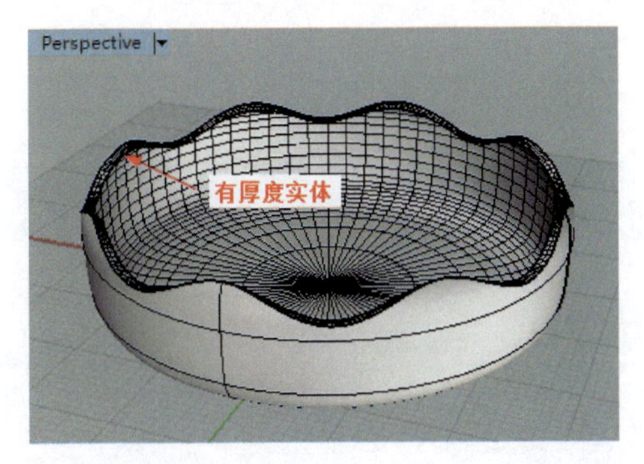

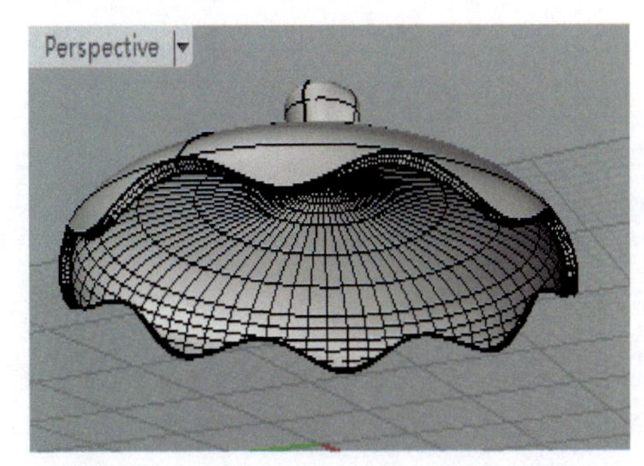

图1.53 有厚度的实体

09 用鼠标左键按住“布尔运算联集”工具，在弹出的工具栏中单击“不等距边缘圆角”工具，输入0.2（根据情况确定半径参数），按回车键，点选盒盖2个边缘，按回车键，再按回车键，给盒盖的边缘倒圆角。同样地给盒体边缘倒角。完成果盒建模，如图1.54所示。

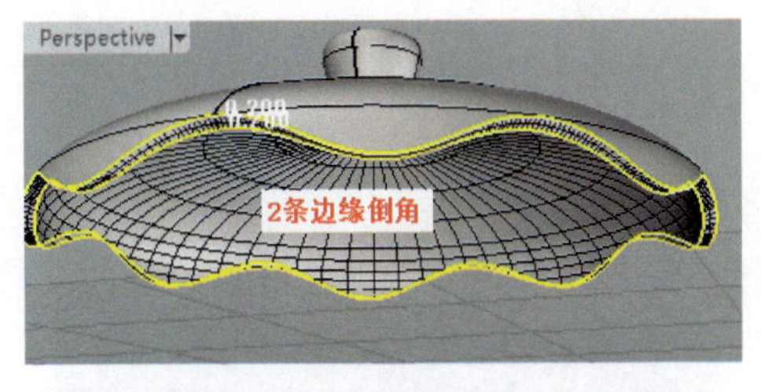

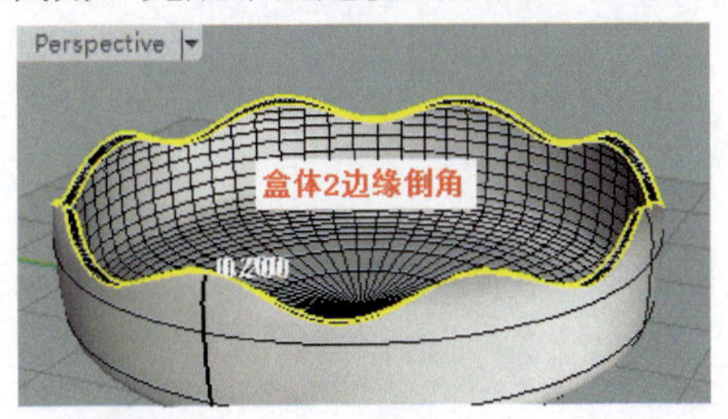

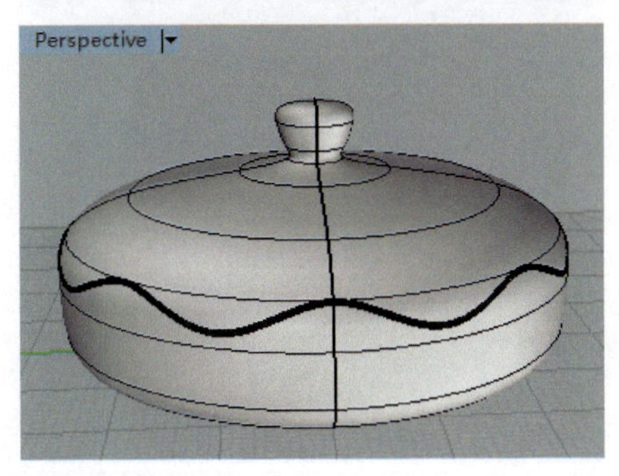

图1.54 完成建模

1.7　螺旋桨建模

建模思路

建立螺旋桨的轮廓线，使用放样工具依序建立曲面，如图 1.55 所示。

图 1.55　螺旋桨建模

建模步骤

01 双击 Front 图标，将其最大化，在工具栏上用鼠标左键单击“椭圆”工具，打开，在下方点黑 锁定格点，中心点取红绿线相交的点（坐标原点）做出椭圆，得到图 1.56 所示的椭圆。

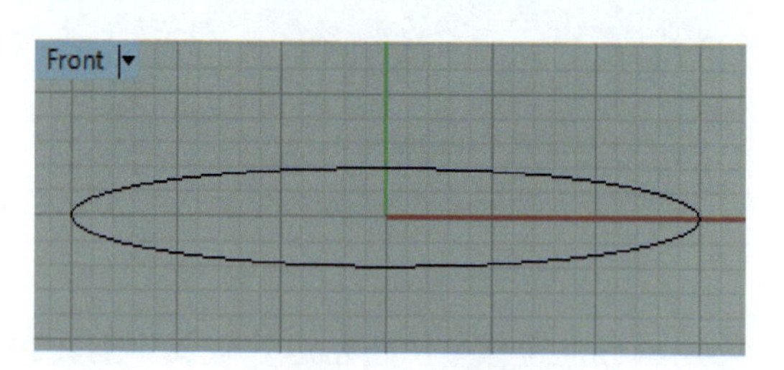

图 1.56　做出椭圆

02 单击，把光标放在 Top 视图，在下方勾选 ☑ 四分点，捕捉左端的四分点位置，单击左键，画出如图 1.57 所示的曲线。注意，该曲线终点在绿线上。

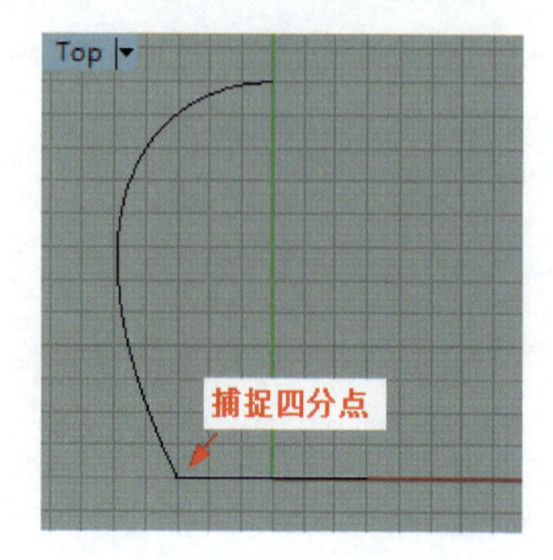

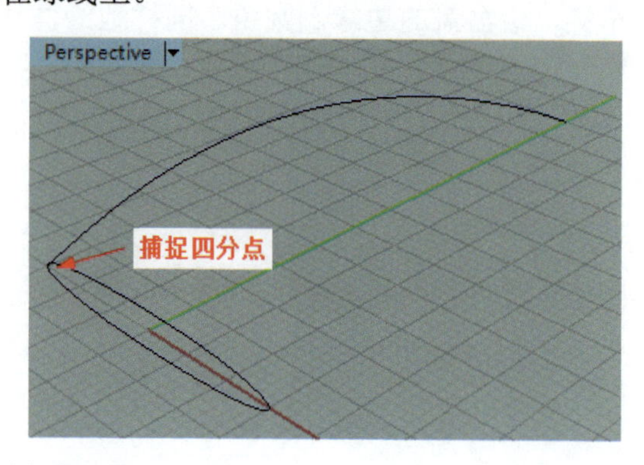

图 1.57　曲线的四分点

03 单击，选取刚刚做好的曲线，单击右键，将❷处的控制点调整到与❶处的控制点在同一水平线，如图 1.58 所示。

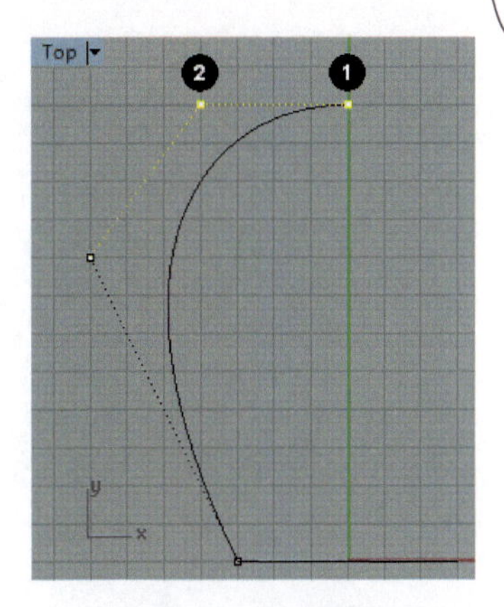

图 1.58　调整曲线

04 按住“移动”工具，单击弹出的工具栏中的“镜像”，单击曲线，单击右键，选取曲线顶端的四分点为镜像平面起点，做一个以绿线为对称轴的曲线，如图 1.59 所示。

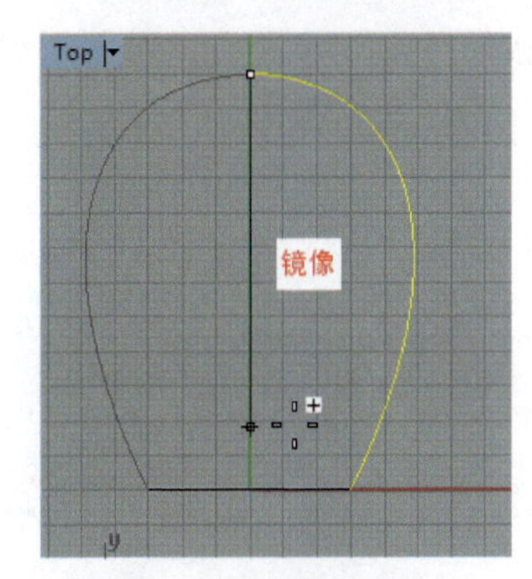

图 1.59　对称的曲线

05 单击，点选图 1.60 中左图的黄色曲线，单击右键，调整控制点，将曲线调整至如图 1.60 右图所示形状。

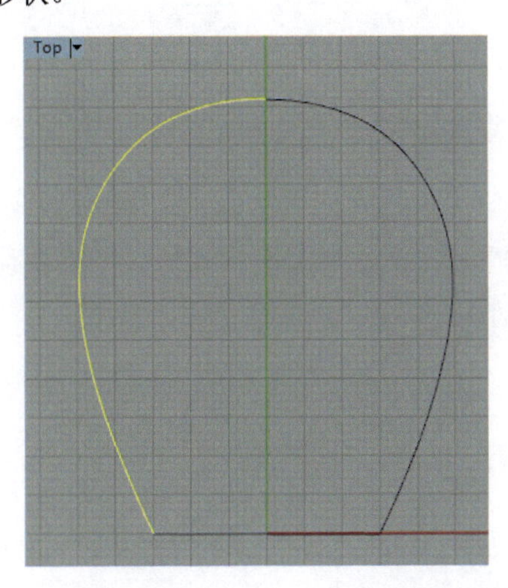

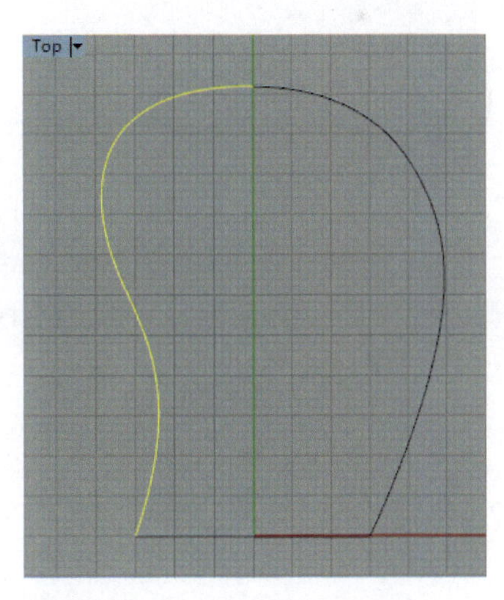

图 1.60　调整曲线（1）

06 单击，在 Right 视图绘制 2 条曲线，曲线起点、终点必须在四分点上，Right 视图中右端 2 条曲线的 3 个控制点必须在一条垂线上，单击“打开点”工具，选取这 2 条曲线，单击右键，选上下的点进行水平移动，与中间的点在同一垂线上，画出如图 1.61 所示的曲线。

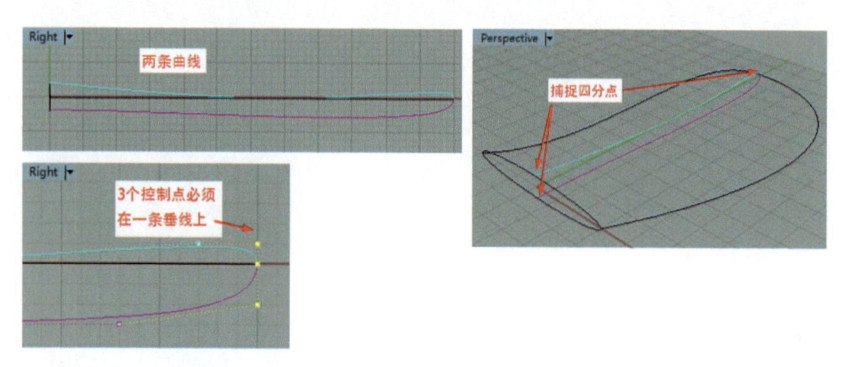

图 1.61　调整曲线（2）

07 删掉椭圆曲线，用左键按住，在弹出的工具栏中单击“放样”，在 Perspective 视图中依序单击 4 条曲线，单击右键，在弹出的窗口中按图 1.62 所示进行设置，单击“确定”按钮，得到图中曲面。

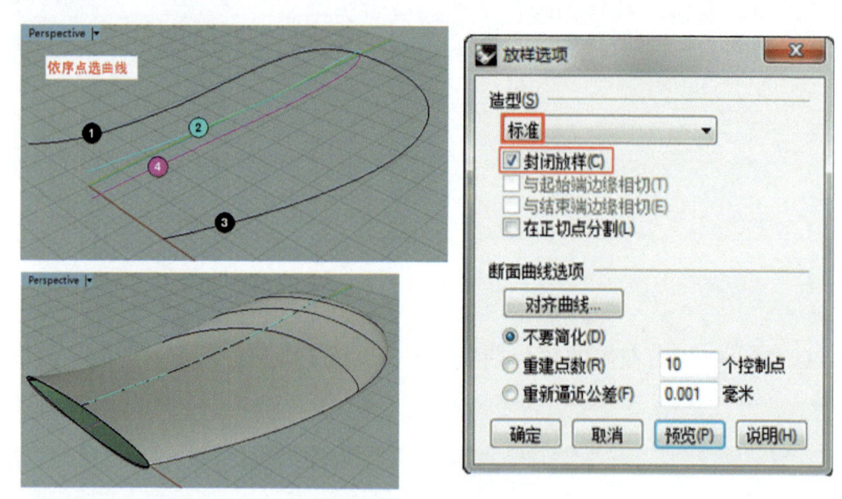

图 1.62　设置曲面

08 按住“立方体”工具，在弹出的工具栏中单击“圆柱管”，光标放在 Top 视图，单击 锁定格点，选择红蓝线交点（坐标原点），单击左键。建立好底面圆后把光标放在 Front 视图，确定圆柱管的高度，得到如图 1.63 所示的圆柱管。

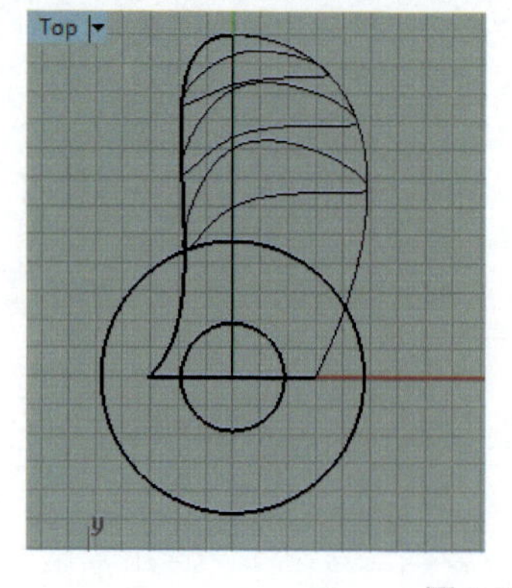

图 1.63　圆柱管

09 单击“立方体”工具，把光标放在 Top 视图，建立立方体底面，注意底面要保持相对红线对称。把光标放在 Front 视图，选取一个高于圆柱管的位置，单击左键，得到如图 1.64 所示的立方体。

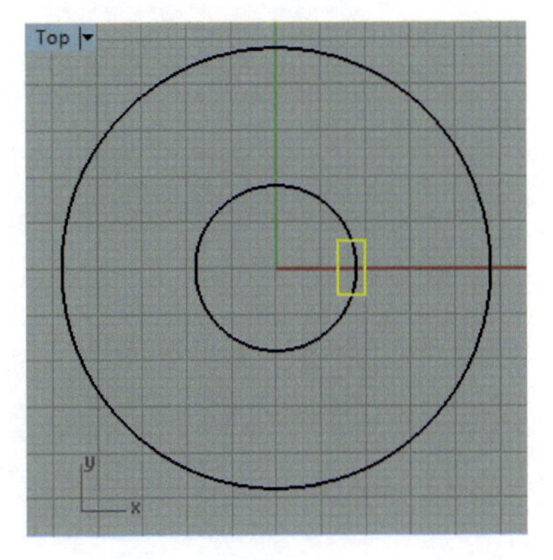

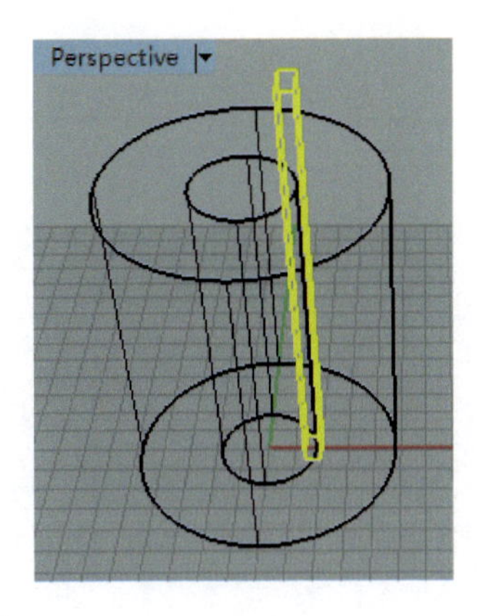

图 1.64 立方体

10 按住“布尔运算”工具，在弹出的工具栏中单击“布尔运算差集”工具，单击圆柱管，单击右键，单击立方体，单击右键，得到如图 1.65 所示的轴承。

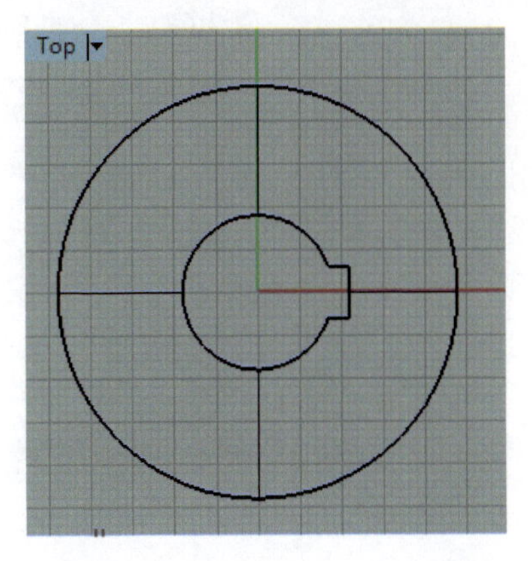

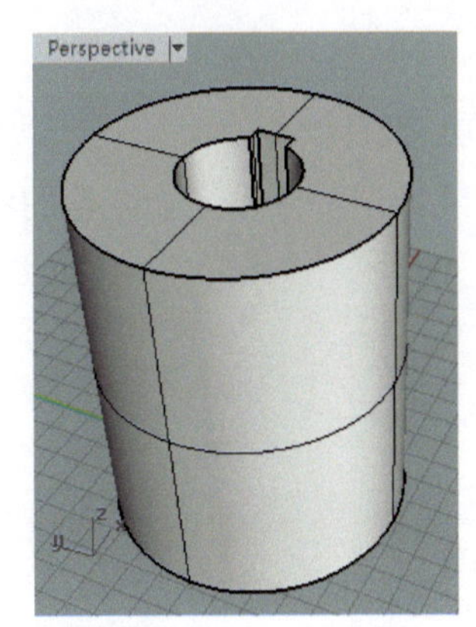

图 1.65 轴承

11 将做好的桨叶移动到轴承合适的位置上，点黑 正交 模式进行调整，如图 1.66 所示。

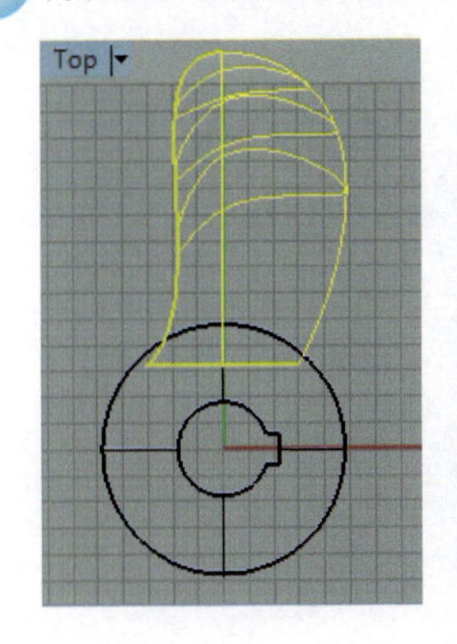

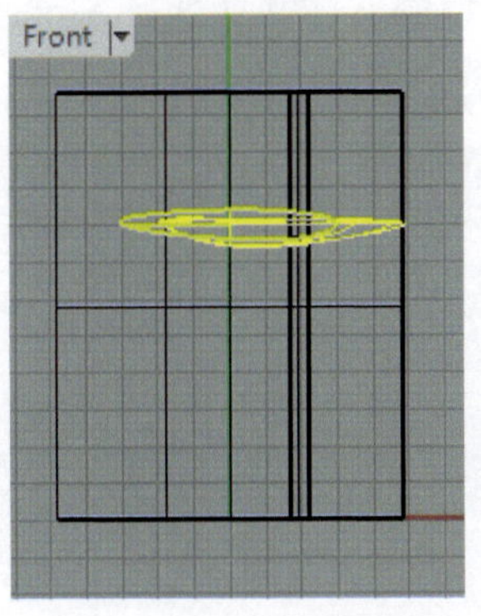

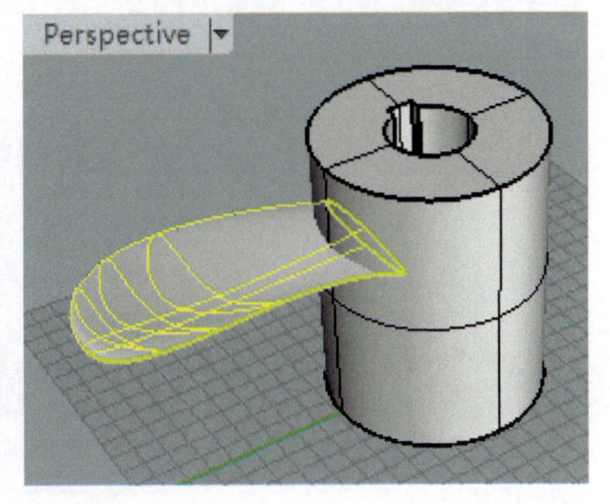

图 1.66 调整桨叶和轴承

12 单击“2D 旋转”工具，在 Front 视图点选桨叶，以❶处为圆心，从❷旋转到❸，大约 30°，如图 1.67 所示。

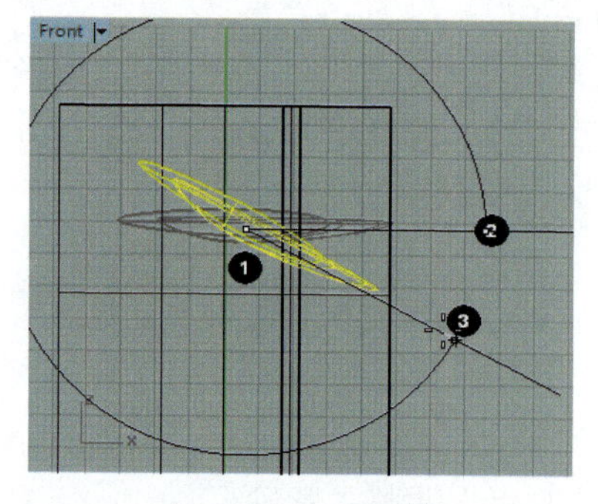

图 1.67　2D 旋转

13 按住“矩形阵列”工具，在弹出的工具栏中单击“环形阵列”，单击桨叶，单击右键，将光标放在 Top 视图，打开“中心点捕捉” 中心点，选取轴的中心点，单击左键，输入 5，按回车键，此时命令行若是 **旋转角度总合或第一参考点** <360> (预览(P)=是 步进角(S) 旋转(R)=是 Z偏移(Z)=0): 按回车键，再按回车键，阵列出环绕轴的 5 桨叶，如图 1.68 所示。

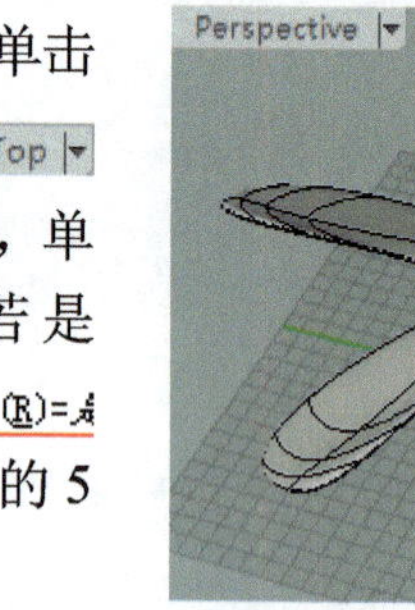

图 1.68　绕轴的 5 桨叶

14 单击“布尔运算联集”，点选所有桨叶和轴，单击右键，将桨叶与轴合为一个完整的物体，如图 1.69 所示。

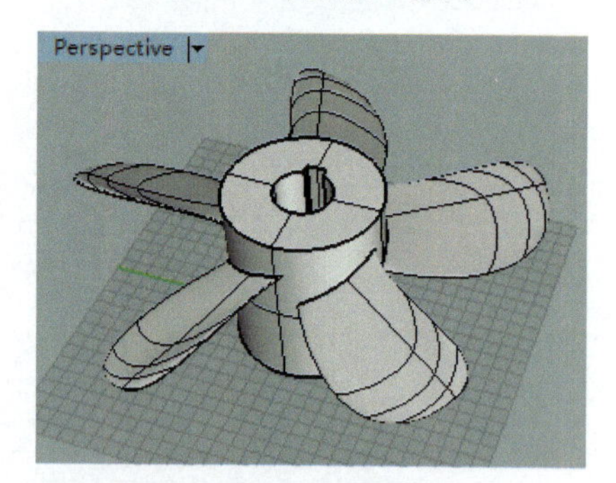

图 1.69　桨叶与轴合体

15 按住“布尔运算联集”，在弹出的工具栏中单击“不等距边缘圆角”，在命令栏输入 1，按回车键，选取所有桨叶与轴相接的边缘（如图 1.70 所示），按回车键，再按回车键，得到最终的物件。注意，如果倒角后出现裂缝、交叉曲面，左键单击上方工具栏的“复原”工具，重新倒角，此时将半径改小，如图 1.70 所示。

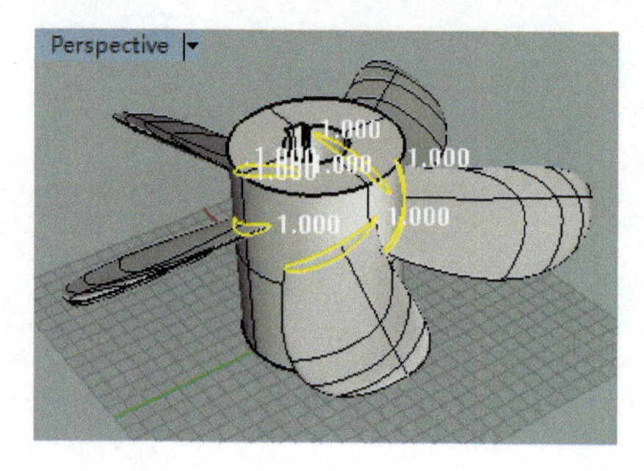

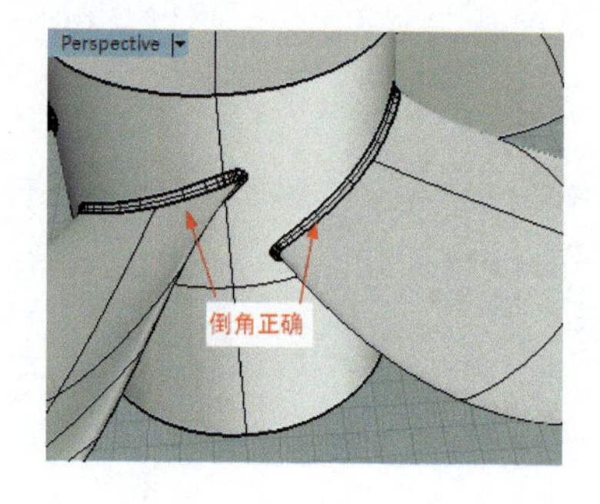

图 1.70　倒角

1.8 茶壶建模

建模思路

绘制一个椭球体，先在Front视图绘制椭球长半径，再到Top视图绘制椭球短半径正圆，重建椭球曲面的“阶数”3 和“点数”9，打开“控制点”，通过移动“控制点”调整“紫砂壶”的曲面形状，差集出壶盖，握把用圆管工具做出，如图 1.71 所示。

图 1.71　茶壶建模

建模步骤

01 单击“椭圆体”工具，将光标放在Front视图，在命令行输入：

0,20,0,回车;
0,40,0,回车;
15,20,0,回车;
0,20,–15,回车。

得到椭圆体，如图 1.72 所示。

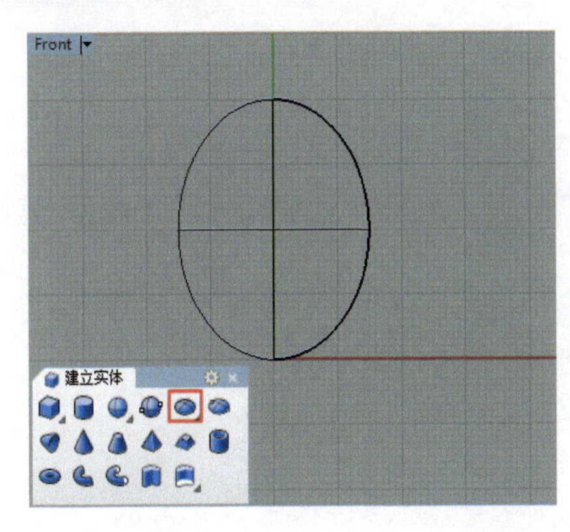

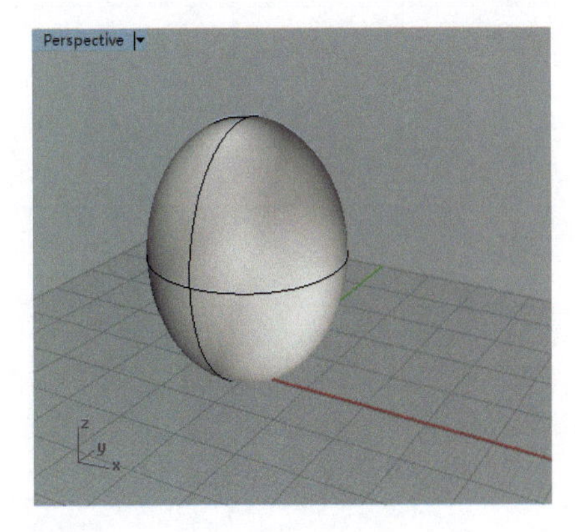

图 1.72　椭圆体

02 按住“曲面圆角”工具，在弹出的工具栏点选“重建曲面”工具，选椭圆体，单击“确定”按钮，在“重建曲面”对话框把“点数”修改为 9，“阶数”修改为 3，单击“确定”按钮，如图 1.73 所示。

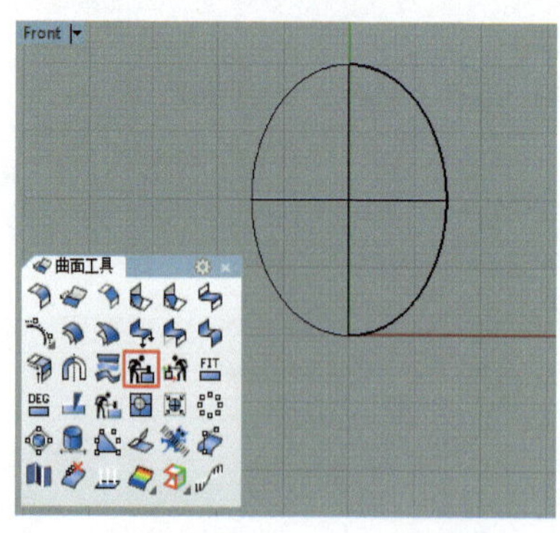

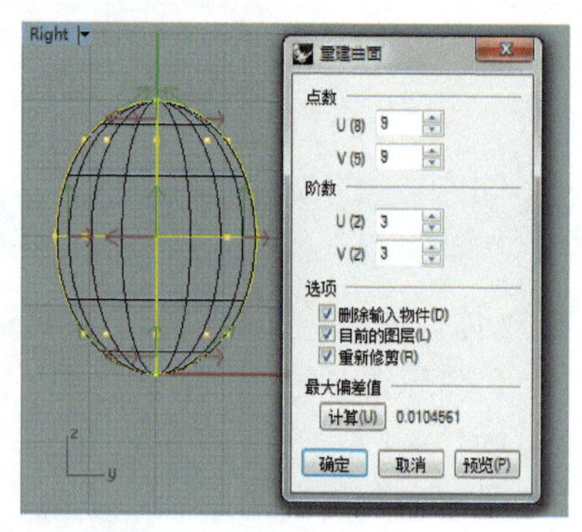

图 1.73　重建曲面

03 单击“打开点”工具，点选椭圆曲面，单击“确定”按钮。在 Front 视图点选❶处的控制点，单击“移动”工具，在下方状态行点黑 **物件锁点** ，勾选☑点捕捉，用光标捕捉❶处的控制点，单击左键，在命令行输入 30,48,0，按回车键，如图 1.74 所示。

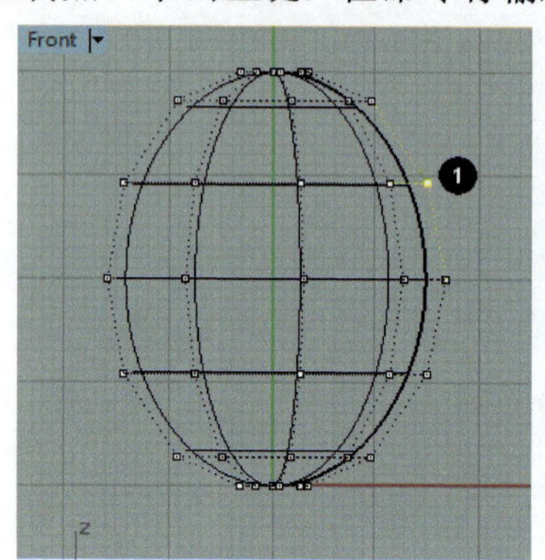

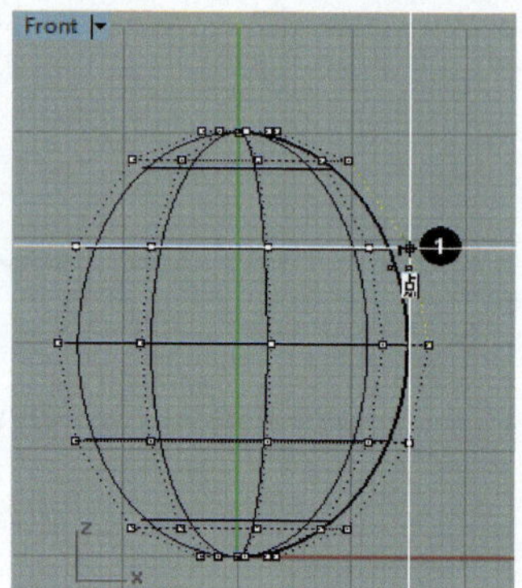

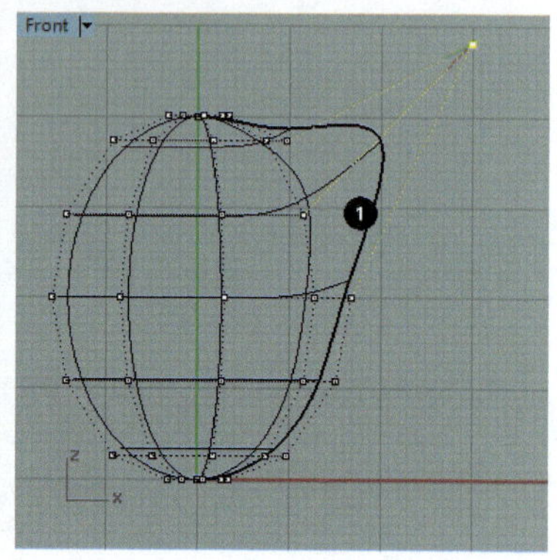

图 1.74　编辑曲面

04 在 Front 视图用光标框选❷处的控制点，在 Top 视图看，是选取了 2 个对称的控制点，如图 1.75 所示。

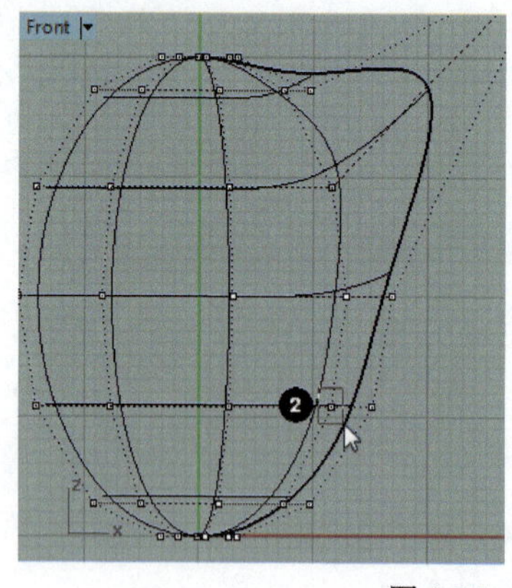

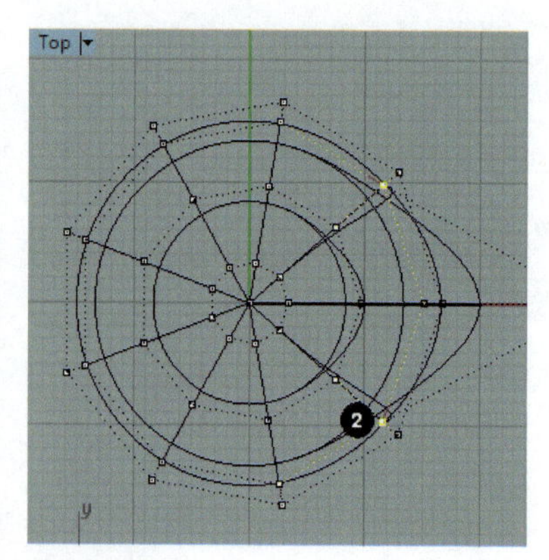

图 1.75　选取控制点

05 单击“移动”工具，在下方状态行点黑 **平面模式** 和 **物件锁点** ，勾选☑点捕捉，在 Front 视图用光标捕捉❷处的控制点，单击左键，在命令行输入 20,–15,9.729，按回车键，如图 1.76 所示。

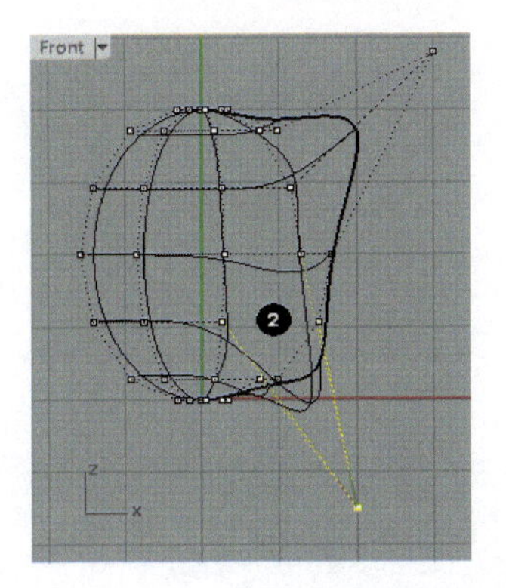

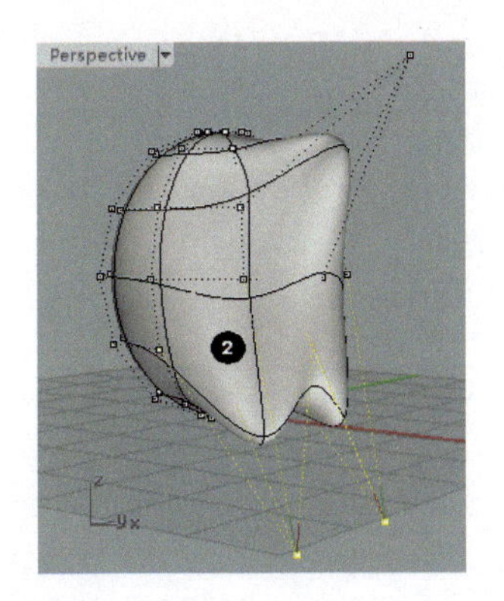

图 1.76　移动控制点

06 在 Front 视图用光标框选❸处的控制点，在 Top 视图看，其实是 2 个对称的控制点，如图 1.77 所示。

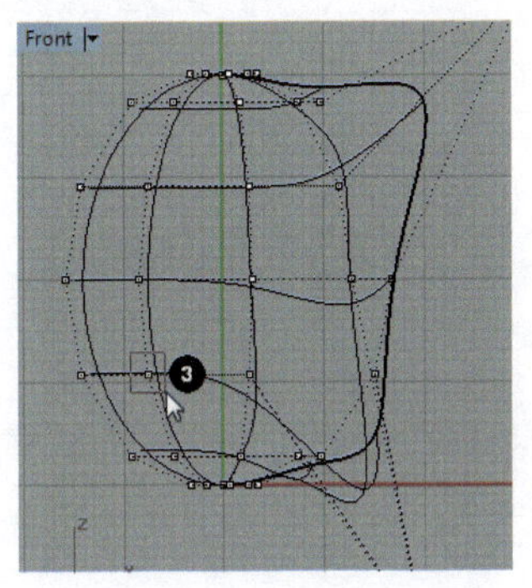

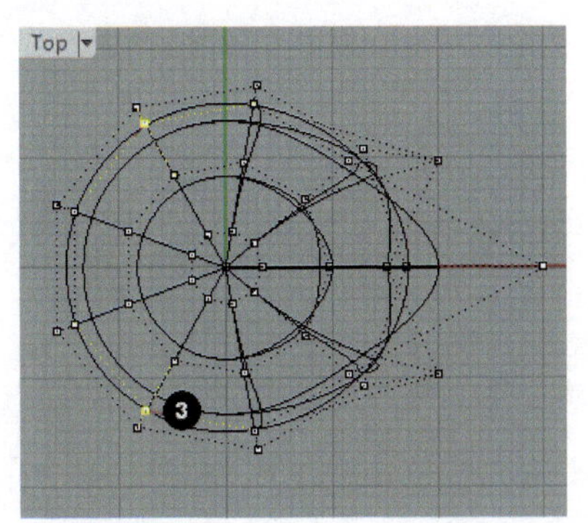

图 1.77　控制点视图

07 单击“移动”工具，在下方状态行点黑 平面模式 和 物件锁点 ，勾选 点捕捉，在 Front 视图用光标捕捉❸处的控制点，单击左键，在命令行输入–20,–15,13.108，按回车键，如图 1.78 所示。

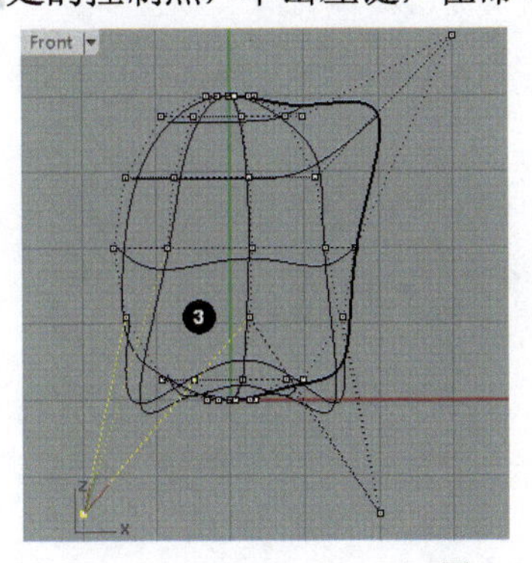

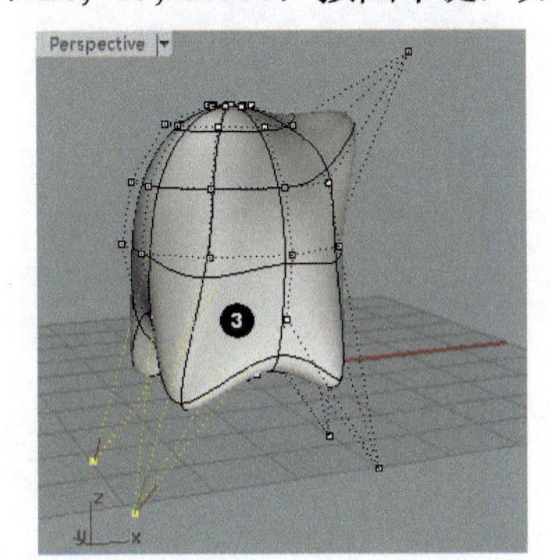

图 1.78　设置控制点

08 在 Right 视图用光标框选内侧的 2 个控制点，单击“单轴缩放”工具，在命令行输入：

0, –15,0，回车;
20, –15,0，回车;
32, –15,0，回车。

使 2 前脚的宽度与后脚一致，如图 1.79 所示。

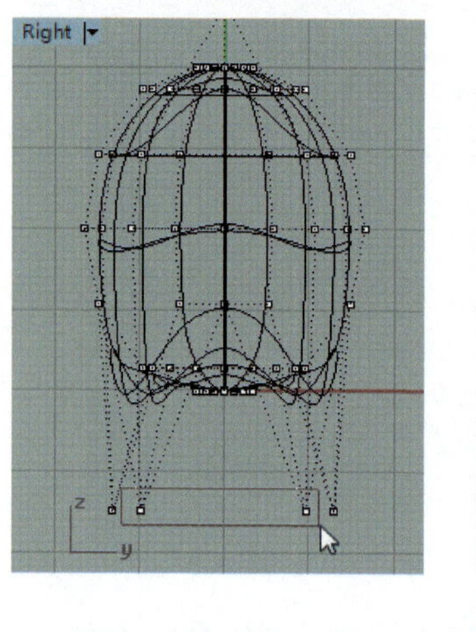

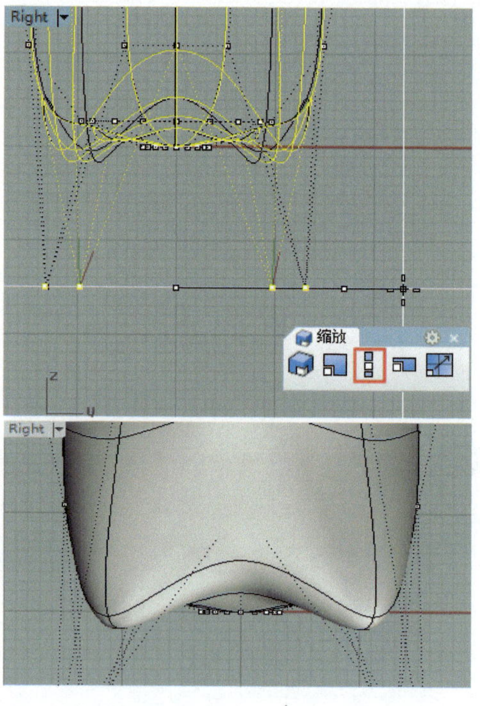

图 1.79　缩放控制点

09 在 Front 视图中用光标点选❹处的控制点，在 Top 视图看是 1 个点，单击 **锁定格点** 和 **正交**，在 Front 视图用光标按住该点向下移动 4 个单位（小方格），目的是调整壶盖和壶嘴形态，如图 1.80 所示。

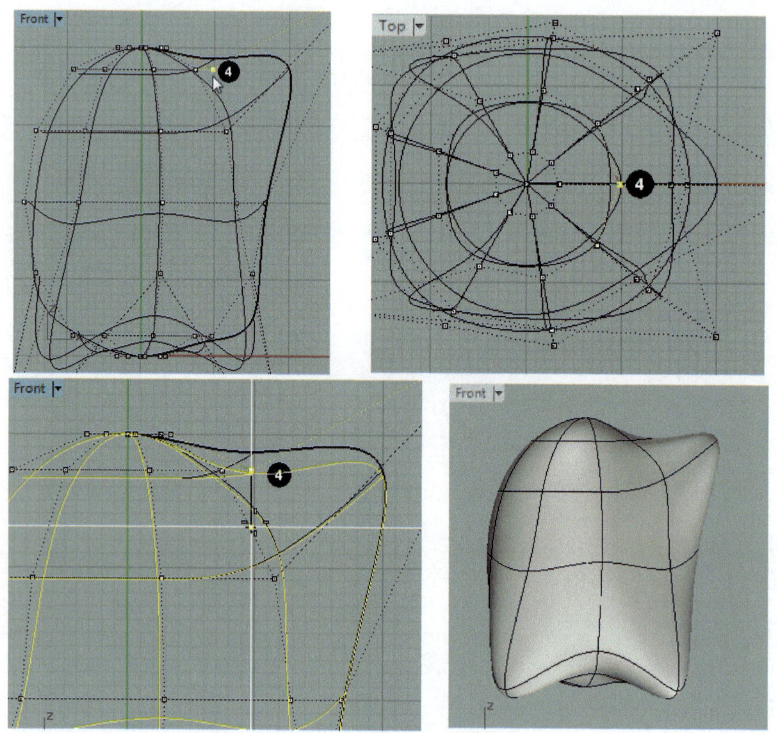

图 1.80　调整壶盖和壶嘴

10 按住“投影曲线”工具，在弹出的工具栏中单击“抽离结构线”工具，在Top视图点选壶体曲面，将光标向右移动与原结构线一格距离，单击左键确定，提取一条壶盖结构线，如图 1.81 所示。

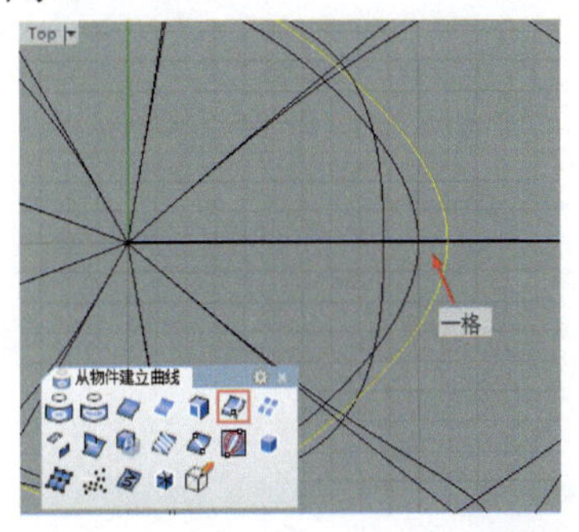

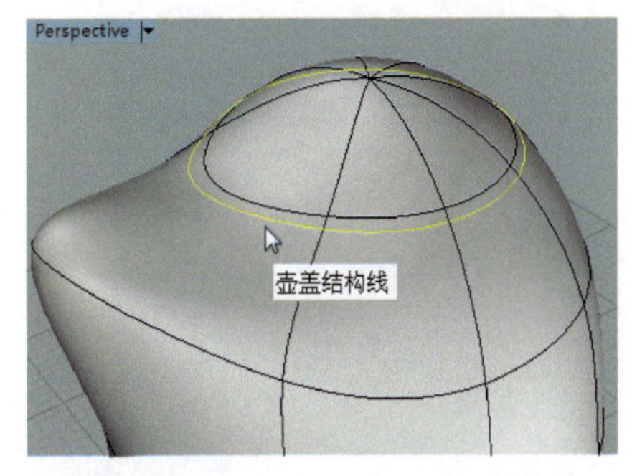

图 1.81　提取壶盖结构线

11 单击“分割”工具，点选壶体曲面，点选提取的壶盖曲线，单击右键，壶体被分割，如图 1.82 所示。

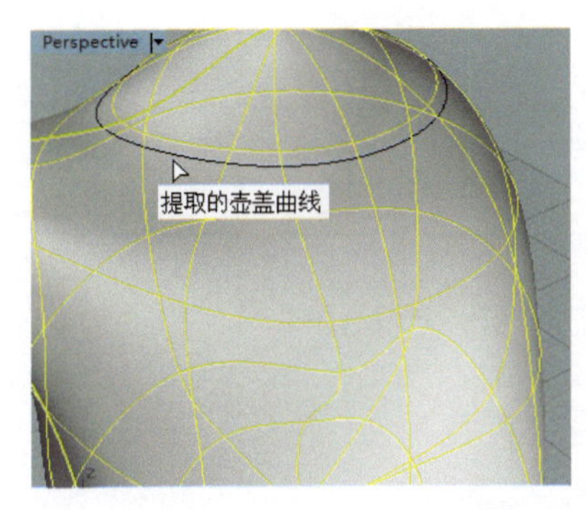

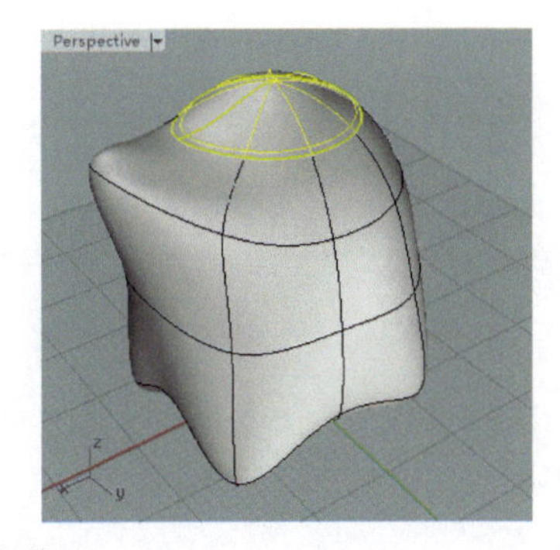

图 1.82　分割壶体

12 点选壶盖曲面，单击“隐藏”工具，将壶盖隐藏，单击“三轴缩放”工具，在Front视图点选壶体曲面，单击右键确定，在命令行单击将“否”改为“是”，即（复制(C)=是）：，输入 0,20,0，按回车键，将光标放到Top视图，输入 20,0,20，按回车键；18.5,0,20，按回车键；再按回车键。缩小复制了 1 个壶体曲面，如图 1.83 所示。

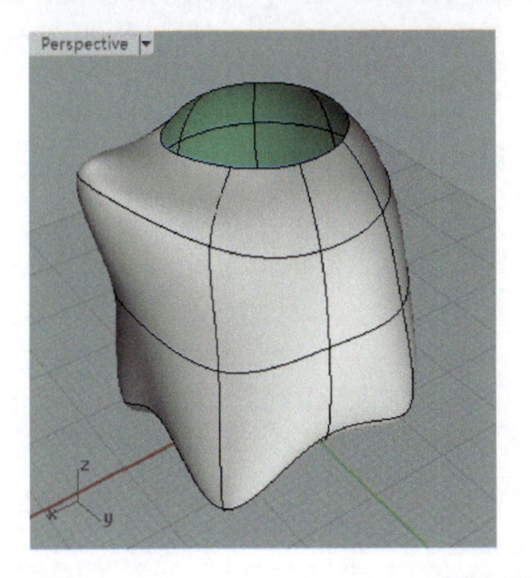

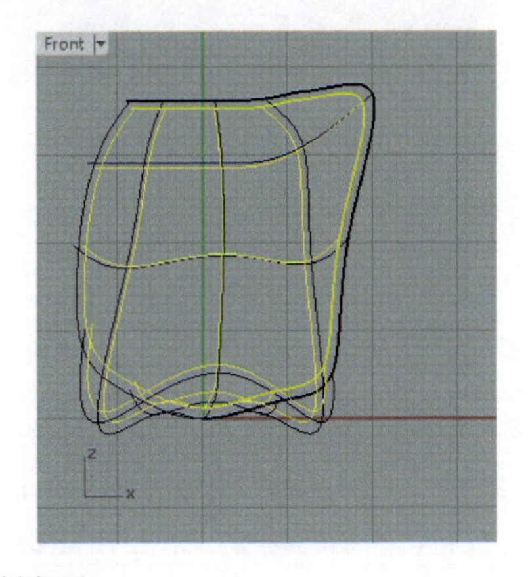

图 1.83　复制壶面

13 按住“投影曲线”工具，在弹出的工具栏中点选“复制边缘”工具，点选内壶口边缘，单击右键提取。按住键盘的 Shift 键，点选大小壶体曲面，单击“隐藏”工具，如图 1.84 所示。

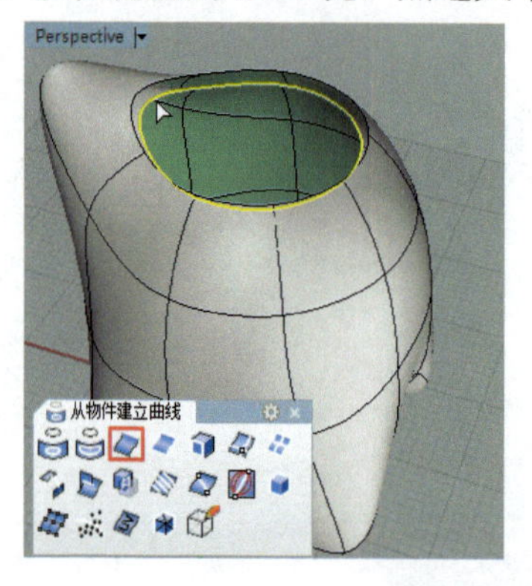

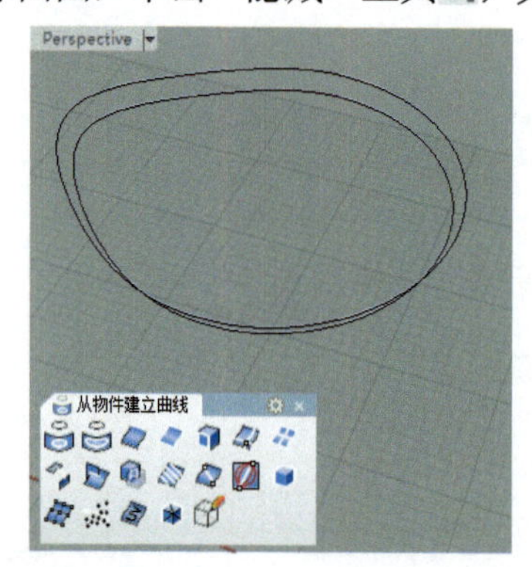

图 1.84　编辑壶口（1）

14 绘制 4 条用于双轨扫掠的壶口梯线，单击“多重直线”工具，将光标放在 Front 视图，输入：

–8.898,36.099,0，回车;
–8.898,35.600,0，回车;
–8.364,35.600,0，回车;
–8.364,35.133,0，回车。

再按回车键。得到 Front 视图里左边的梯线，单击右键，输入：

10.999,37.049,0，回车;
10.999,36.537,0，回车;
10.348,36.537,0，回车;
10.339,36.026,0，回车;再回车。

得到 Front 视图里右边的梯线，如图 1.85 所示。

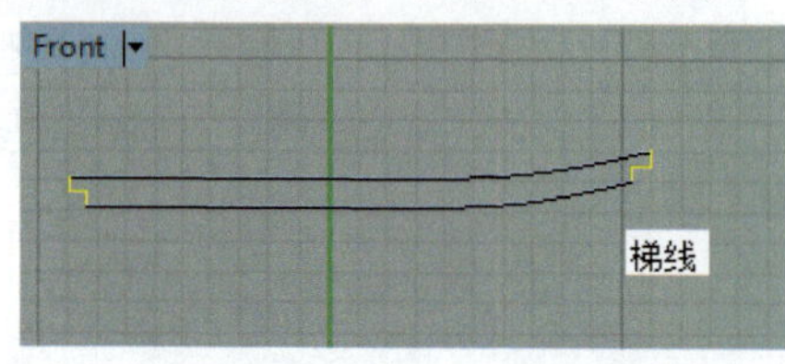

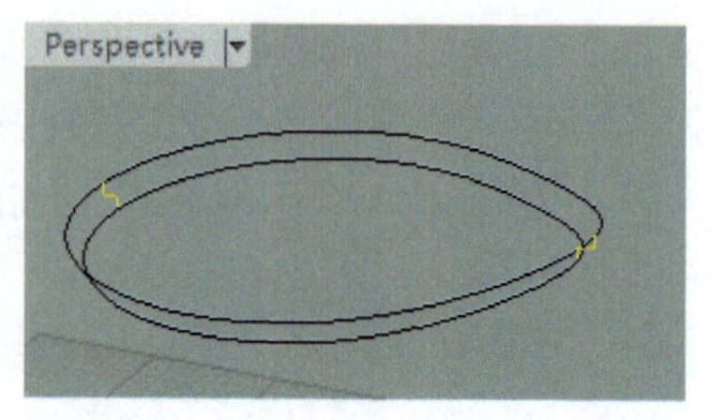

图 1.85　编辑壶口（2）

15 单击右键，将光标放到 Right 视图输入：

–8.901,36.099,0.027,回车;
–8.901,35.618,0.027,回车;
–8.366,35.618,0.027,回车;
–8.367,35.133,0.025,回车；再回车。

得到 Right 视图左边的梯线。点选“移动”工具里的“镜像”工具，单击 **锁定格点**，在 Right 视图里，以绿色 Y 轴为镜像轴，把左边的梯线镜像到右边。至此完成 4 条梯线绘制，如图 1.86 所示。

提示：这4条梯线可以用“多重直线”工具结合捕捉壶口曲线☑四分点的方法灵活绘制，无须输入直线坐标参数。

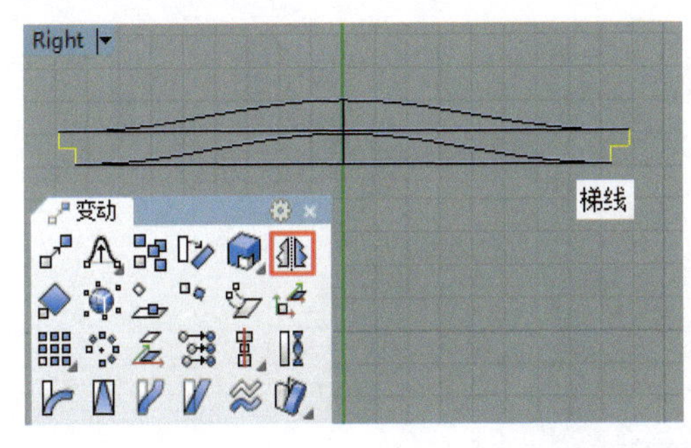

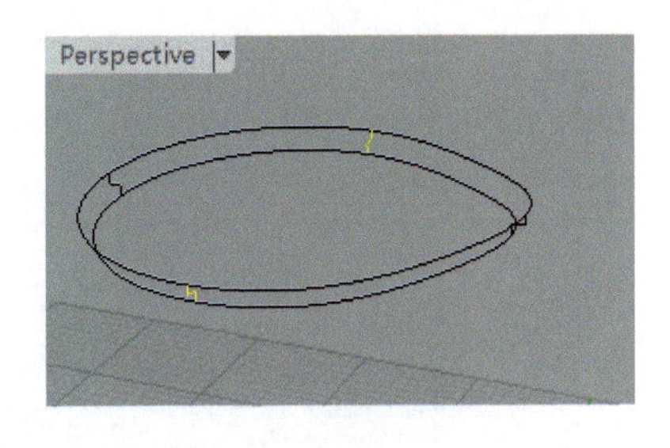

图 1.86　编辑壶口（3）

16 按住“建立曲面”工具，在弹出的工具栏中单击“双轨扫掠”工具，在 Perspective 视图点选2条壶口曲线，再依序点选4条梯线，单击右键，在弹出的对话框中勾选☑封闭扫掠(C)，单击“确定”按钮，如图1.87所示。

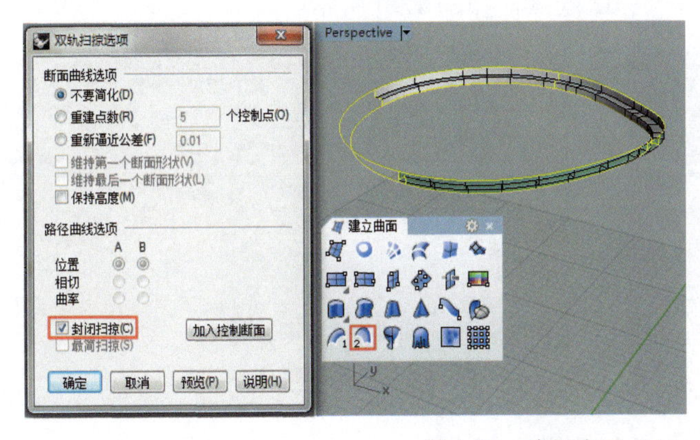

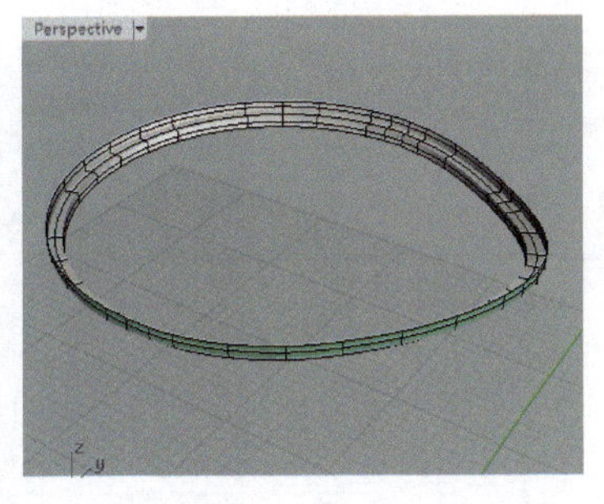

图 1.87　编辑壶口（4）

17 点选这个壶口梯面曲面，**右键**单击“复制”工具，将该梯面曲面原位复制一个。按住上方工具栏的“图层”工具，在弹出的工具栏中单击“更改物件图层”工具，在弹出的对话框中点选 图层 01，将复制的梯面转换到01图层，如图1.88所示。

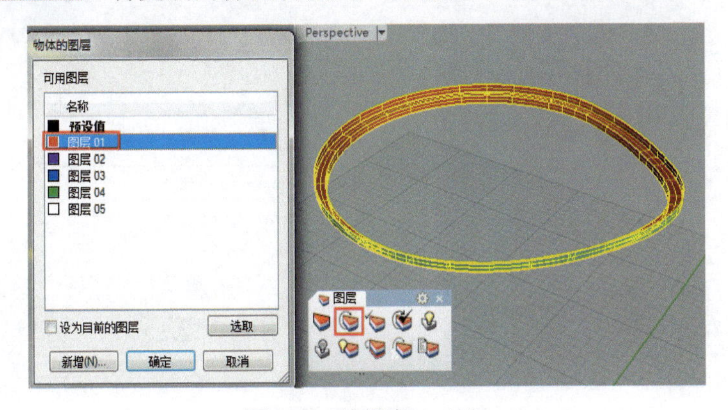

图 1.88　编辑壶口（5）

18 单击右边的图层选项，将“图层 01”的点蓝，即暂时隐藏“图层 01”，如图 1.89 所示。

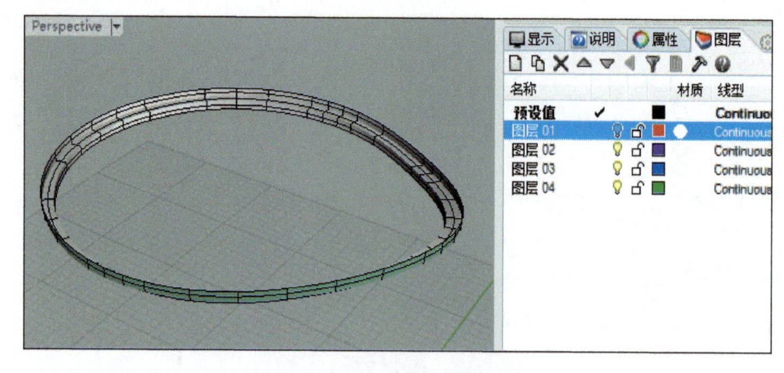

图 1.89　编辑壶口（6）

19 **右键**单击，将隐藏的 2 个壶体和壶盖显示出来，再点选壶盖，按住上方工具栏的“图层”工具，在弹出的工具栏中单击“更改物件图层”工具，在弹出的对话框中点选图层 02，将壶盖转换到图层 02，按第 18 步将图层 02 隐藏，如图 1.90 所示。

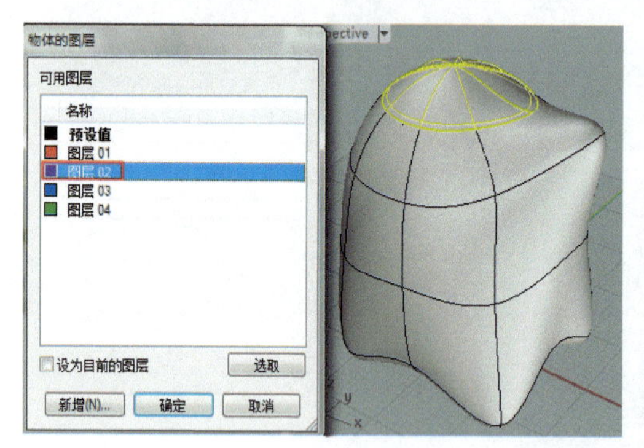

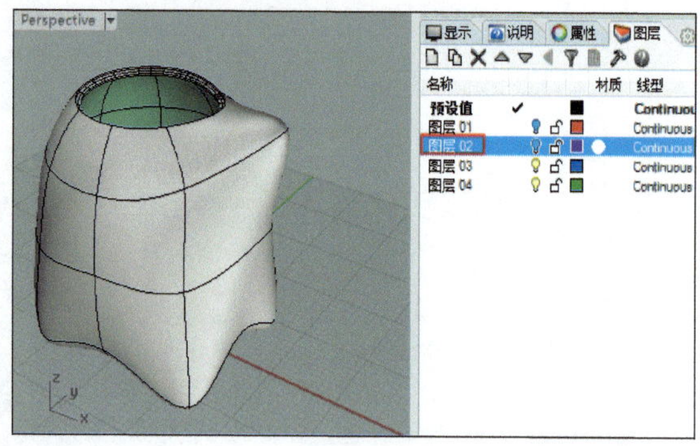

图 1.90　编辑壶口（7）

20 单击“组合”工具，在 Perspective 视图依序点选外壶体曲面、壶口梯面曲面、内壶体曲面，这时 3 个曲面被组合成 1 个实体，如图 1.91 所示。

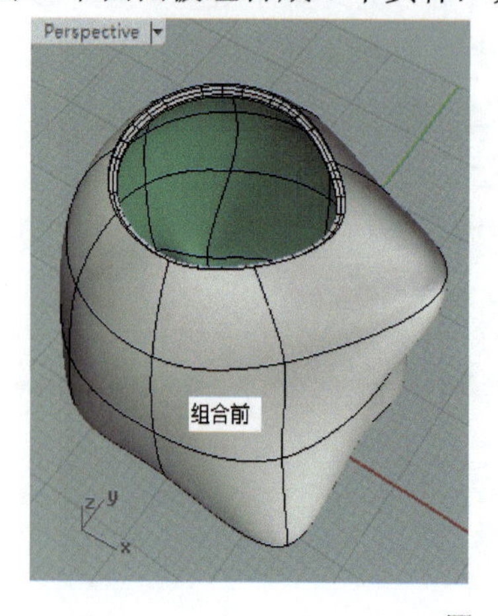

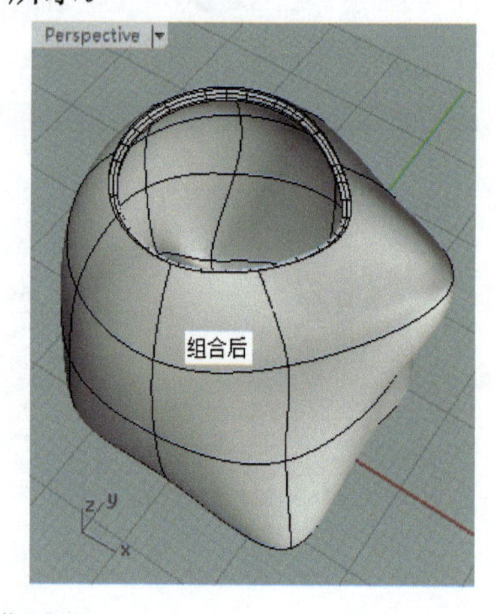

图 1.91　组合曲面

21 按住“布尔运算并集”工具，点选“倒圆角”工具，输入 0.05，按回车键，依序点选壶口梯面的三边，选完右键单击“确定”按钮，给壶口三边倒圆角，如图 1.92 所示。

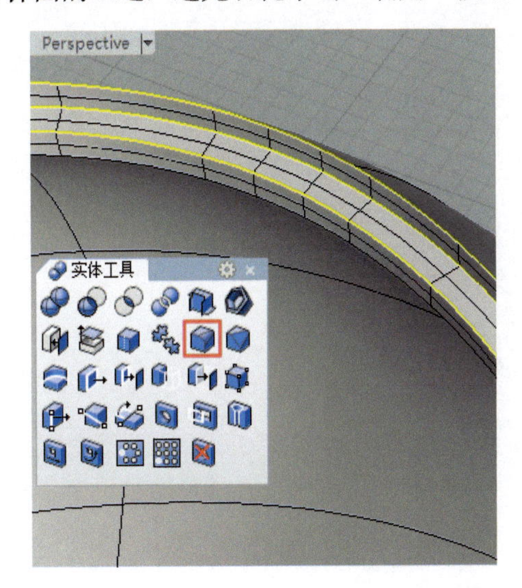

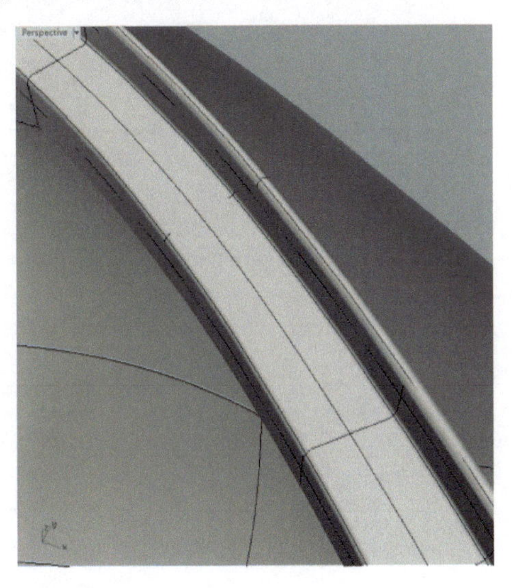

图 1.92　倒角

22 点选壶体，按第 18 步将壶体转换到 图层 03 并隐藏，单击“图层 01”“图层 02”的“灯泡”，显示出壶盖和梯面，如图 1.93 所示。

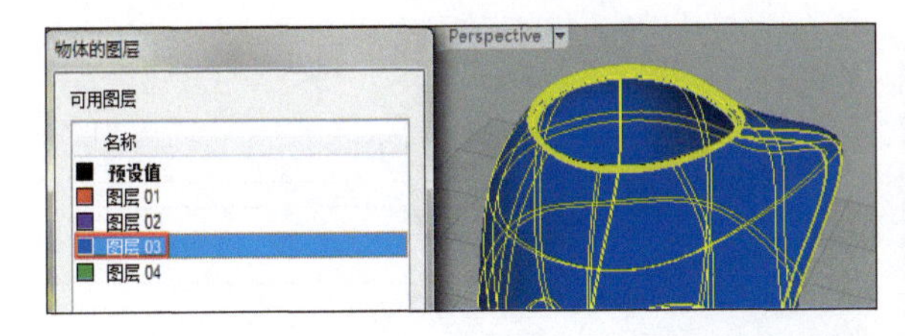

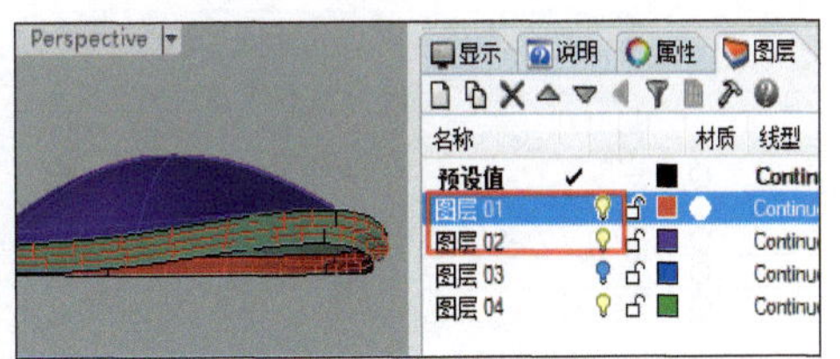

图 1.93　显示图层

23 单击“三轴缩放”工具，在 Front 视图点选壶盖曲面，单击右键确定，在命令行单击将“否”改为“是”，即（复制(C)=是）：，输入：

0,35.5,0,回车;
0,40,0,回车;
0,38.5,0,回车;再回车。

缩小复制了 1 个壶盖，如图 1.94 所示。

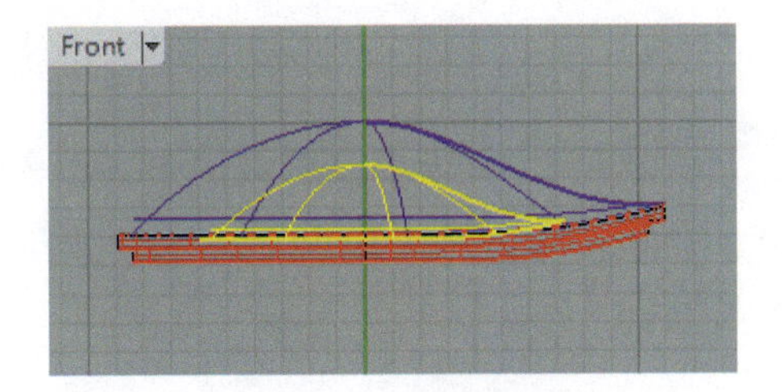

图 1.94　复制壶盖

24 按住“曲面圆角”工具，在弹出的工具栏中点选“混接曲面”工具，点选内壶盖边缘❶梯面下边缘❷，在弹出的对话框中单击，将参数拖到 0.25，点选“正切”选项，单击“确定”按钮，生成 1 个混接面，如图 1.95 所示。

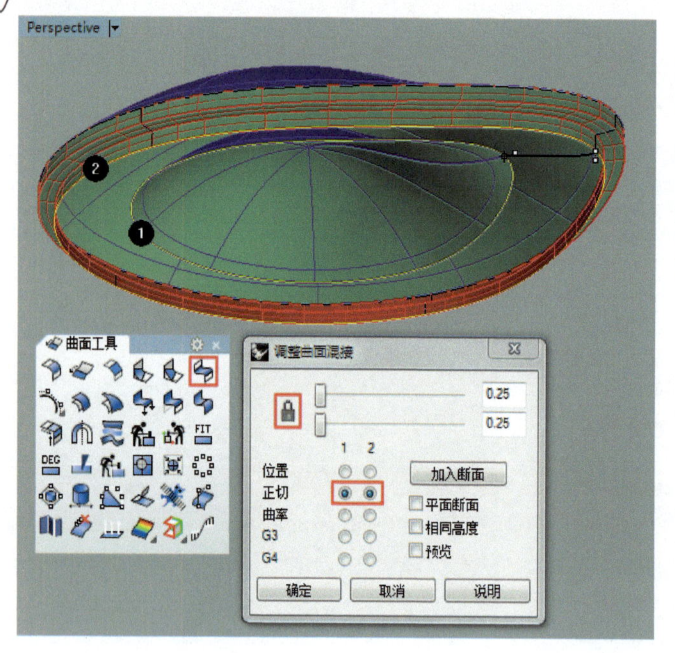

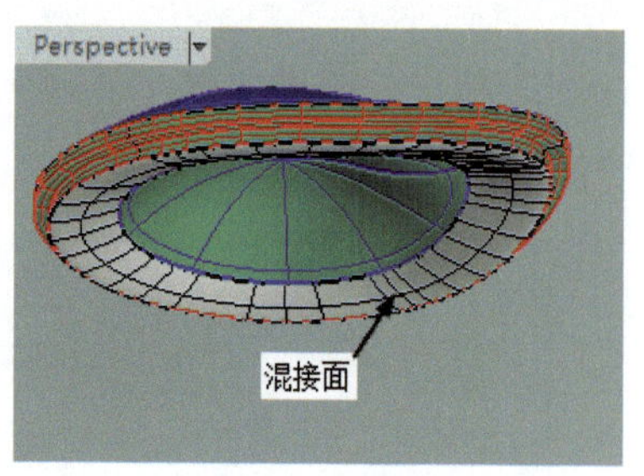

图 1.95　生成混接面

25 单击“组合”工具，顺序点选外壶盖曲面、梯面曲面、混接曲面、内壶盖曲面，这时所有曲面被组合成壶盖实体，如图 1.96 所示。

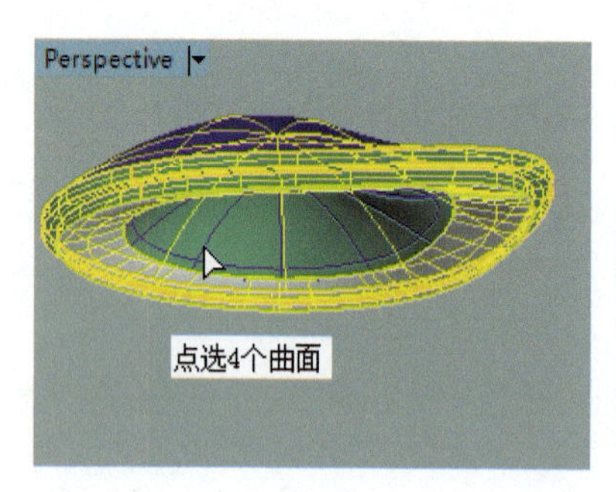

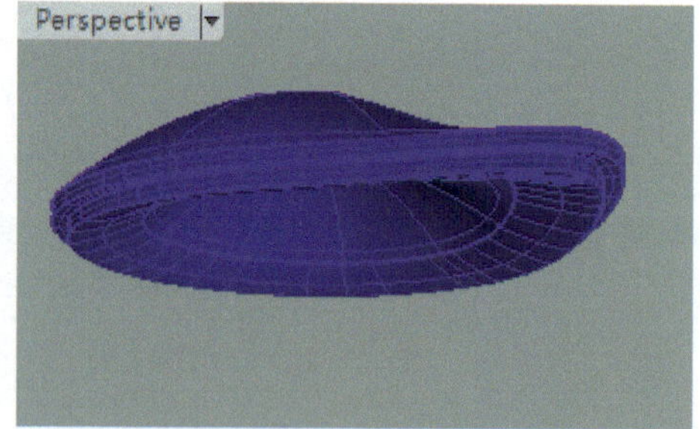

图 1.96　组合成实体

26 右键单击“缩放”工具，在 Top 视图点选壶盖实体，单击右键确定，在命令行（复制(C)=否）：输入：

0,0,0，回车；
20,0,0，回车；
19.8,0,0，回车；

壶盖实体被二轴缩小 0.11 cm，高度不变，这样壶盖与壶口梯面的位置配合才正确，如图 1.97 所示。

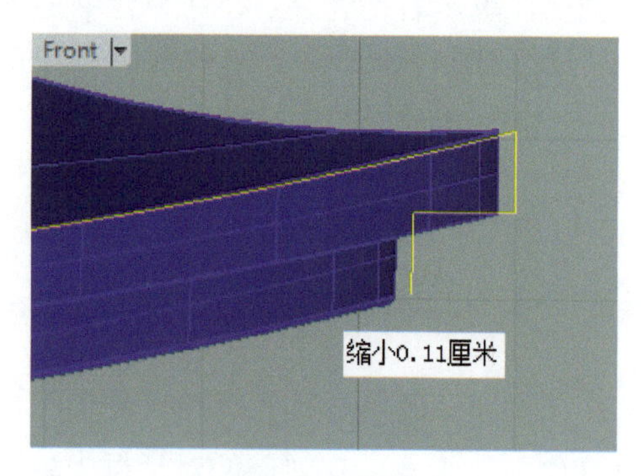

图 1.97　缩放

27 制作壶把，单击“控制点曲线”工具，将光标放在Front视图，在命令行输入：

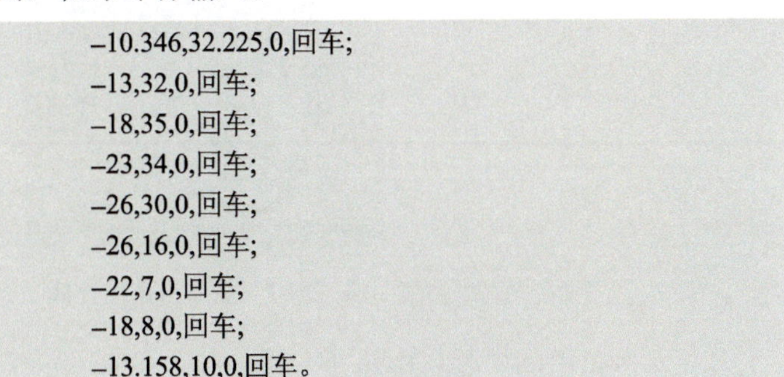
–10.346,32.225,0,回车;
–13,32,0,回车;
–18,35,0,回车;
–23,34,0,回车;
–26,30,0,回车;
–26,16,0,回车;
–22,7,0,回车;
–18,8,0,回车;
–13.158,10,0,回车。

按回车键。得到壶把曲线，如图 1.98 所示。

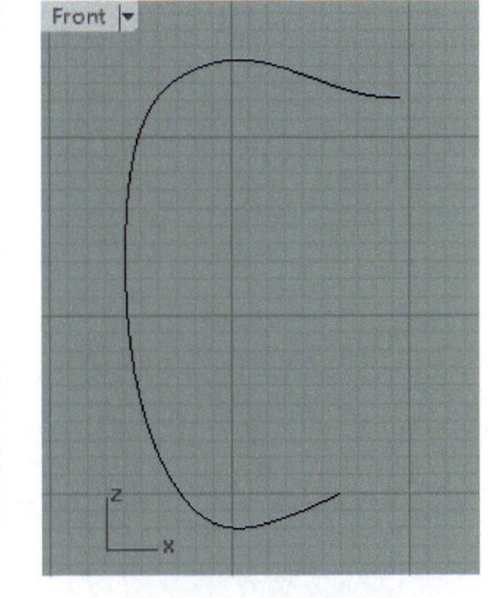

图 1.98　壶把曲线

28 制作壶把断面线，单击“椭圆曲线”工具，将光标放在Right视图，在命令行输入：

0,32.225,–11.044, 回车;
3.002,32.225,–11.044, 回车;
0,31.432, –11.252, 回车。

单击右键，继续输入：

0,10,–13.158, 回车;
3.002,10,–13.158, 回车;
0,9.181,–13.158, 回车。

得到 2 条椭圆断面线，如图 1.99 所示。

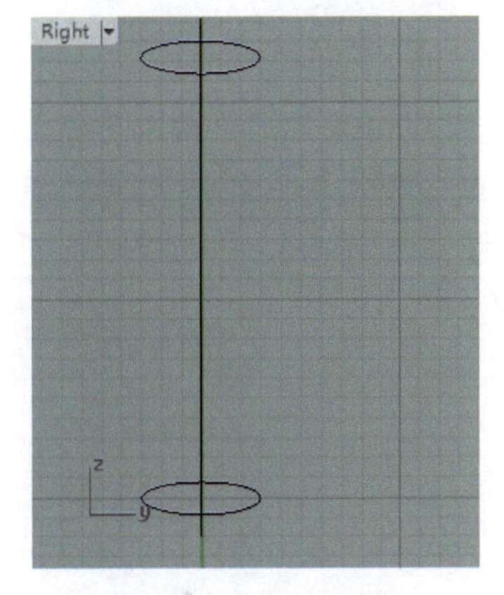

图 1.99　壶把断面线

29 按住“曲面”工具，在弹出的工具栏中单击“单轨扫掠”工具，顺序点选壶把曲线、2 条椭圆断面线，单击右键确定，再单击右键，在弹出的对话框中单击“确定”按钮，得到壶把曲面。如图 1.100 所示。

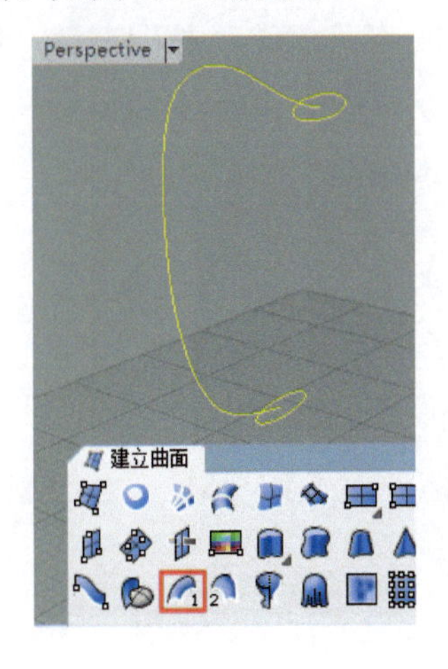

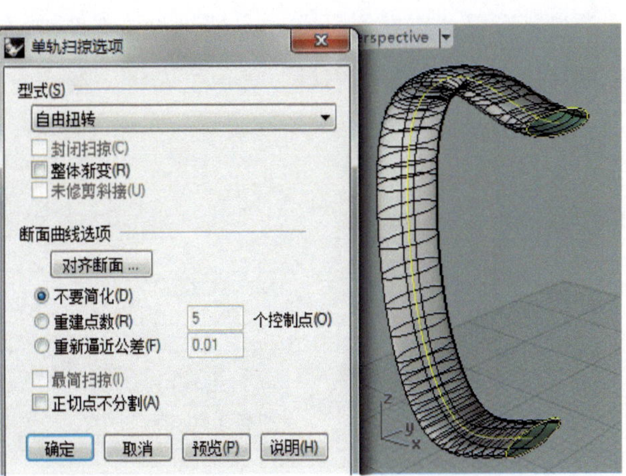

图 1.100　壶把曲线

30 单击“图层 03”“灯泡”使其变黄，显示出壶体，单击“布尔运算并集”工具，依序点选壶体、壶把曲面，右键单击“确定”，这时壶体与壶把并集成一个实体。如图 1.101 所示。

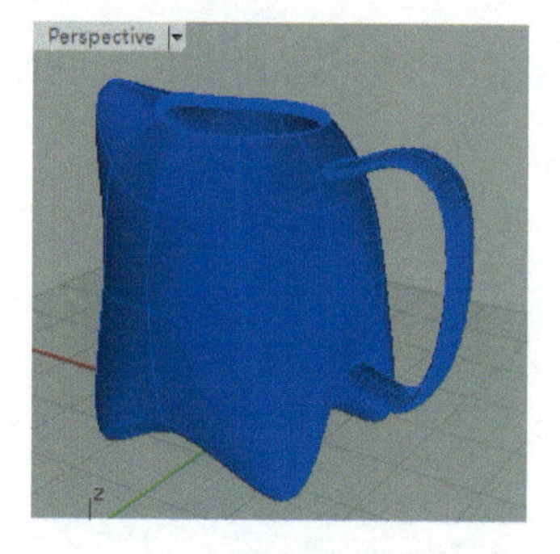

图 1.101　壶体与壶把合体

31 制作壶嘴口，按住“立方体”工具，在弹出的工具栏中单击“圆柱体”工具，在命令行将(方向限制(D)=无 ，将光标放在 Front 视图，在命令行输入：

15.855,33.656,0，回车；
16.892,32.872,0，回车；
21.171,40.694,0，回车。

得到圆柱体。按住“布尔运算并集”工具，在弹出的工具栏中单击“布尔运算差集”工具，点选壶体，单击右键确定，点选圆柱体，单击右键确定，壶嘴口被差集出来。如图 1.102 所示。

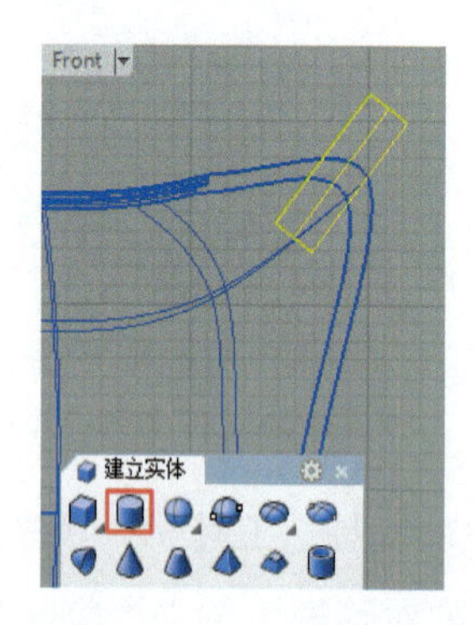

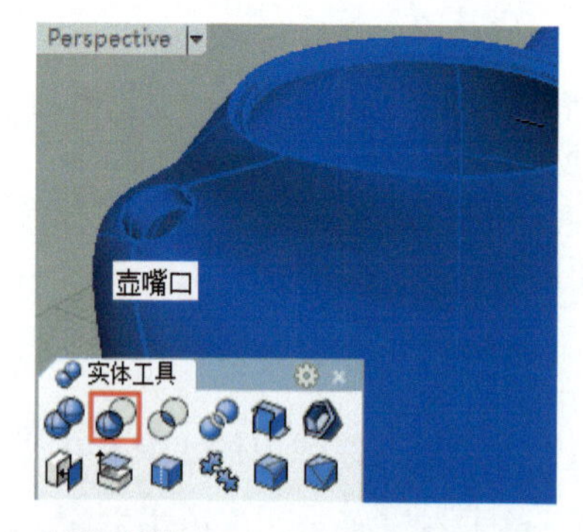

图 1.102　制作壶嘴

32 按住“布尔运算并集”工具，点选“倒圆角”工具，输入 0.01，按回车键，依序点选壶盖梯面的三边，选完单击右键，再单击右键，给壶盖三边倒圆角。如图 1.103 所示。

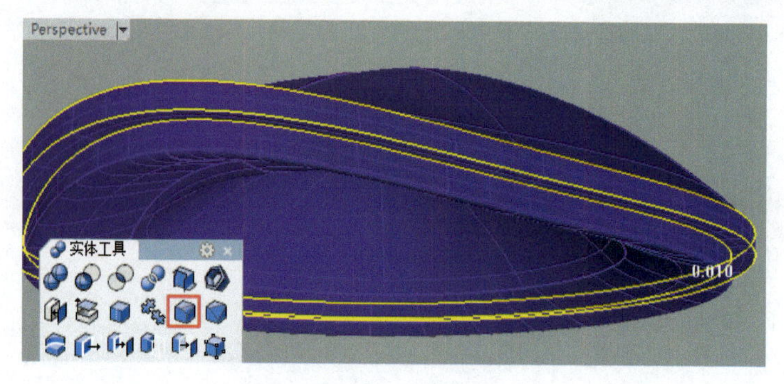

图 1.103　倒角

33 制作盖把，“控制点曲线”工具，将光标放在Front视图，在命令行输入：

0,42,0，回车；
–2,42,0，回车；
–2,41,0，回车；
0,39,0，回车。

得到盖把曲线，按住“曲面”工具，点选“旋转”工具，勾选☑端点，点选盖把曲线，单击右键确定，捕捉盖把曲线2个端点，单击右键确定，再单击右键确定，得到盖把实体。如图1.104所示。

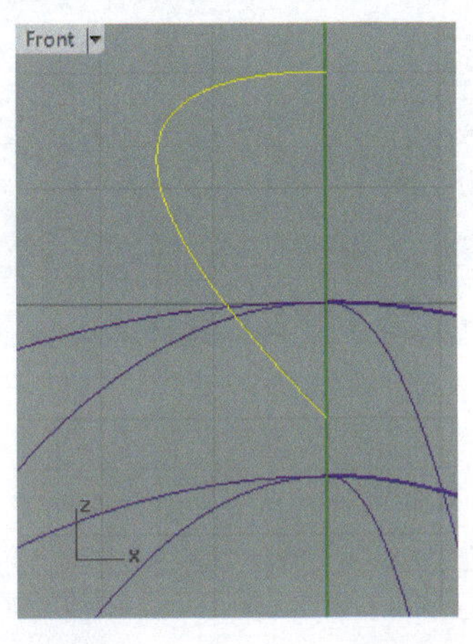

图1.104　制作壶盖把

34 单击“布尔运算并集”工具，依序点选壶盖、盖把曲面，单击右键确定，这时壶盖与盖把并集成一个实体。按住“布尔运算并集”工具，点选“倒圆角”工具，输入0.5，按回车键，点选盖把下端边，选完单击右键，再单击右键，给壶把边倒了圆角。如图1.105所示。

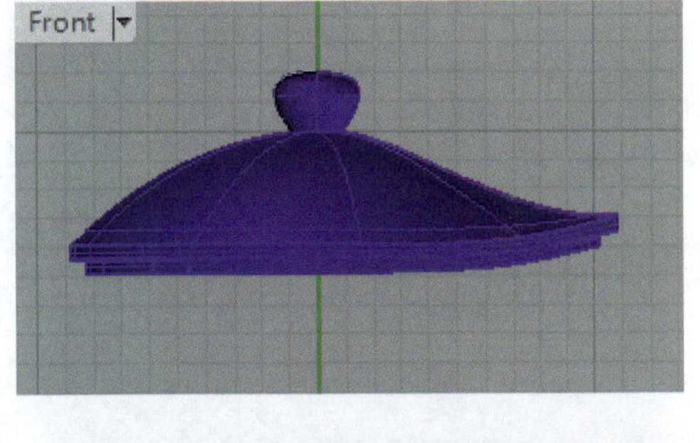

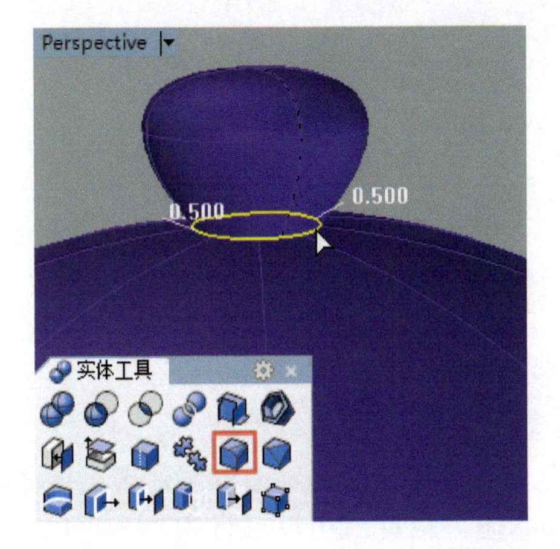

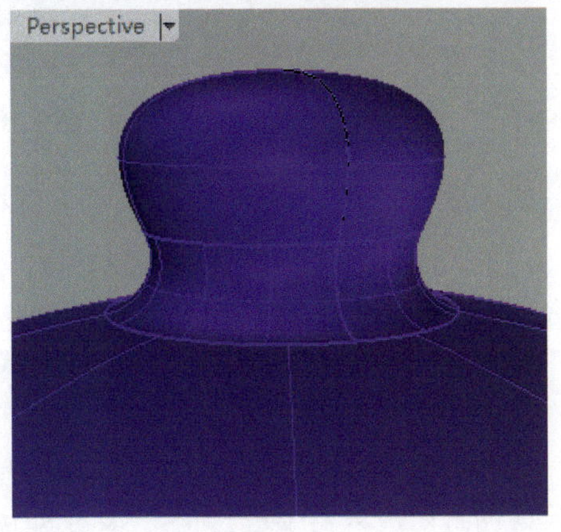

图1.105　壶把倒角（1）

35 给壶把与壶体连接处倒圆角，点黄“图层 03”显示壶体，点选“倒圆角”工具，输入 0.3，按回车键，点选壶体与壶把上下交接处的边，选完单击右键，再单击右键，完成倒角。如图 1.106 所示。

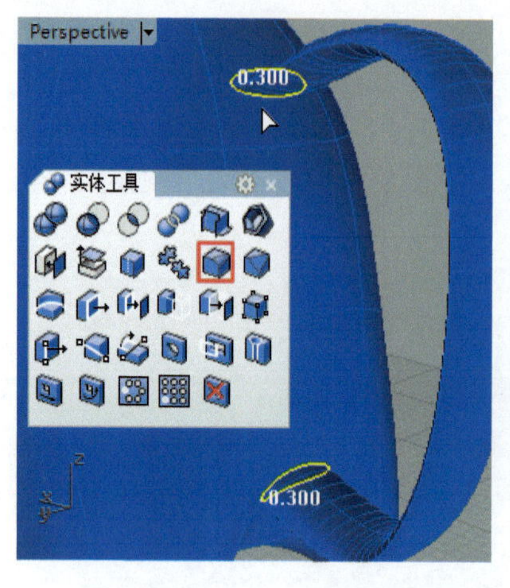

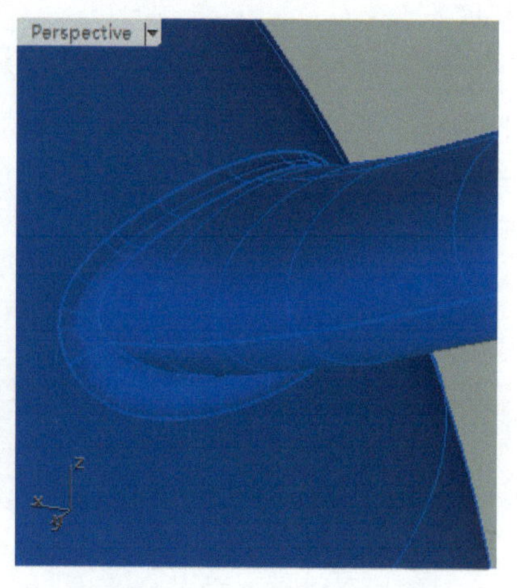

图 1.106　壶把倒角（2）

36 整理图层，点选“图层 01”，单击右键，在弹出的菜单中点选“删除图层”，同样删除“图层 04”，点选“图层 02”，输入文字“壶盖”，同样给“图层 03”命名为“壶体”。至此，茶壶建模完成，保存文件为 3dm 格式。如图 1.107 所示。

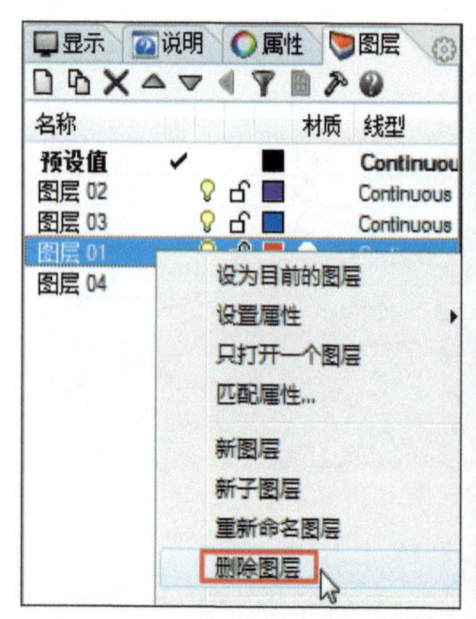

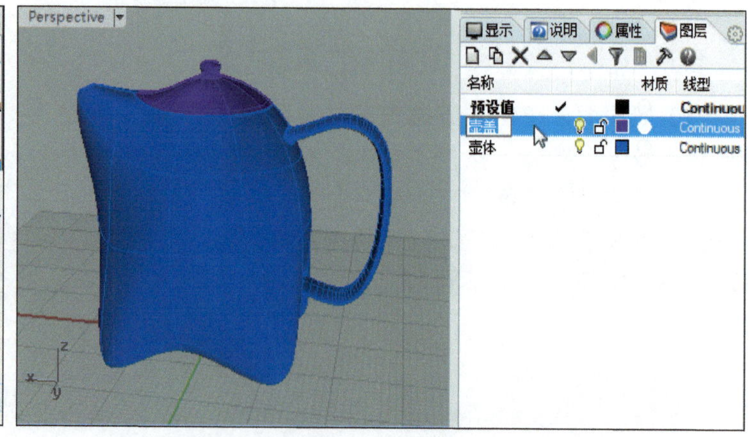

图 1.107　保存建模文件

37 如果要 3D 打印该茶壶，必须确保该模型为实体模型。什么是实体？

在 Rhino 中绘制一个立方体和球体，那么这个就是实体，可以打印。如果是绘制一个面，那么现实中是不存在的，它不是实体，没有厚度，不可以打印。如图 1.108 所示。

Rhino 中有一个简单的方法可以检测模型是不是实体状态，通过边缘分析命令检测：

（1）打开模型，框选要检测的部分，按住分析命令，点选边缘检测工具。

（2）点选 外露边缘(N)，如图 1.109 所示，发现这个模型上面边缘有红线，表示该面没有与其他面封闭，只需要进行合并，即可完成封闭状态，这样就可以进行 3D 打印了。

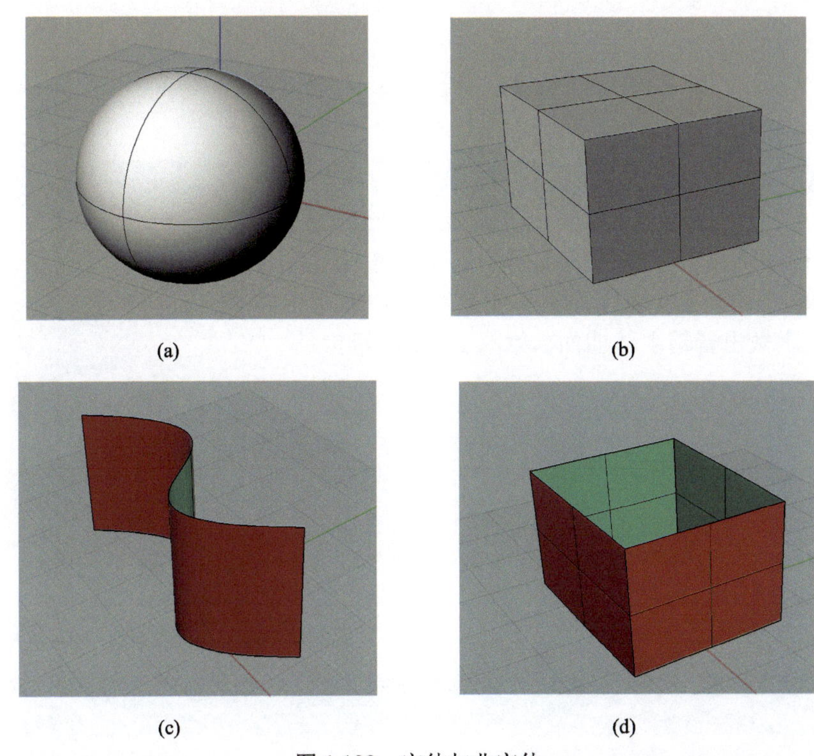

(a) (b)

(c) (d)

图 1.108　实体与非实体

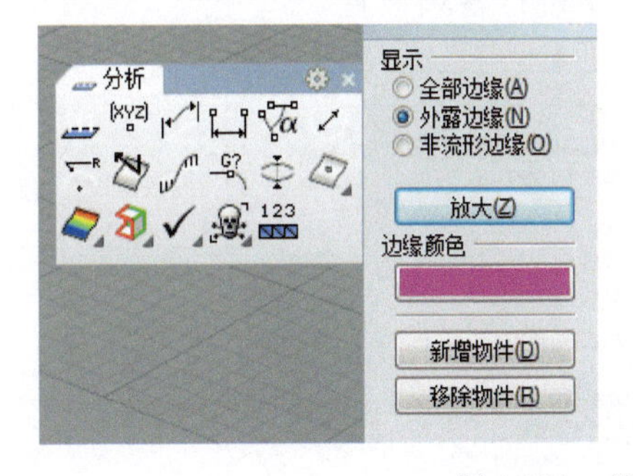

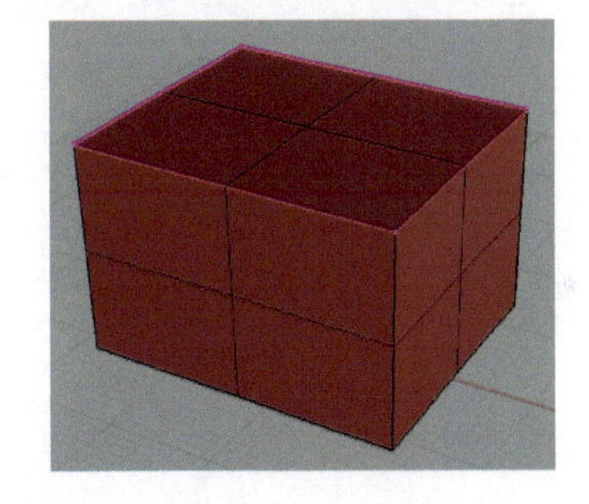

图 1.109　检测是否为实体

38 单击文件(F)，将茶壶模型另存为如图 1.110 所示的 STL 格式，单击“保存”，在弹出的对话框中设置模型网格参数，单击“确定”按钮。这是茶壶模型的 3D 打印格式文件。

图 1.110　打印格式的文件

1.9　音 箱 建 模

建模思路

在 Top 视图画出音箱底部和上部的等边三角轮廓线，在 Front 视图画出音箱侧面主体轮廓线，用“双轨扫掠”工具做出音箱主体曲面，如图 1.111 所示。

图 1.111　音箱建模

建模步骤

01 单击“选项”，单击格线，按图 1.112 所示进行各项设置。

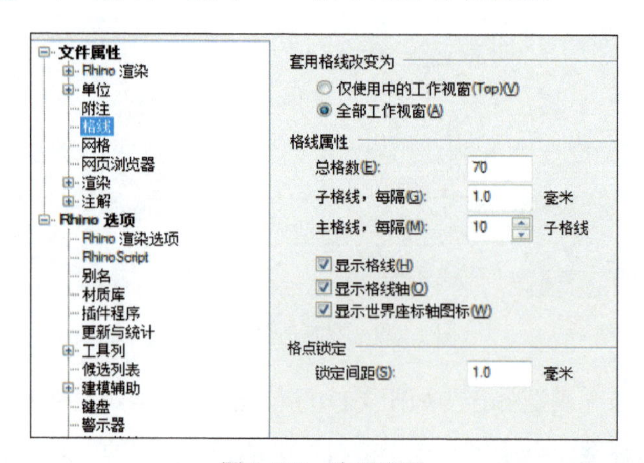

图 1.112　选项设置

02 在 Top 视图中，单击“多边形：中心点、半径”工具，输入 3，按回车键，输入 0,0,0，按回车键，点黑 锁定格点 ，将光标放在绿线上离原点 3 个大格的位置，单击左键。如图 1.113 所示。

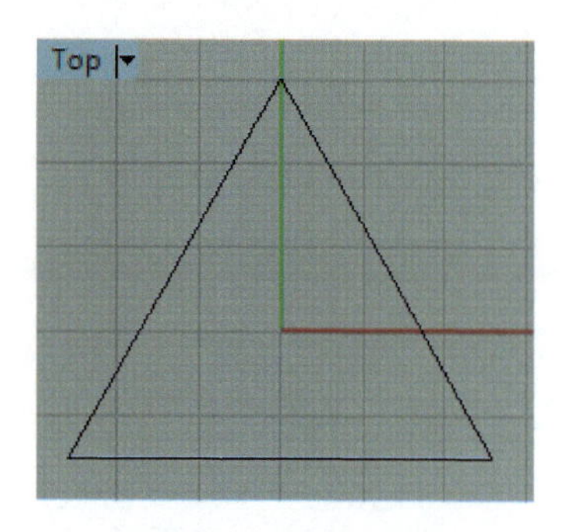

图 1.113　生成多边形

03 按住“圆弧”工具，在弹出的工具栏中单击“圆弧：起点、终点、起点的方向”工具，勾选☑交点，分别选取图 1.114 中箭头所指的两个交点，输入–17,12,0，按回车键。单击“2D 旋转”工具，单击刚刚做好的曲线，单击右键，将命令栏中点为“复制=是”（复制(C)=是）:，单击原点，单击三角形左下角的点，然后依次单击图中❶❷❸点，单击右键，删除原三角形，框选 3 条曲线，单击“组合”工具。关闭☐交点。

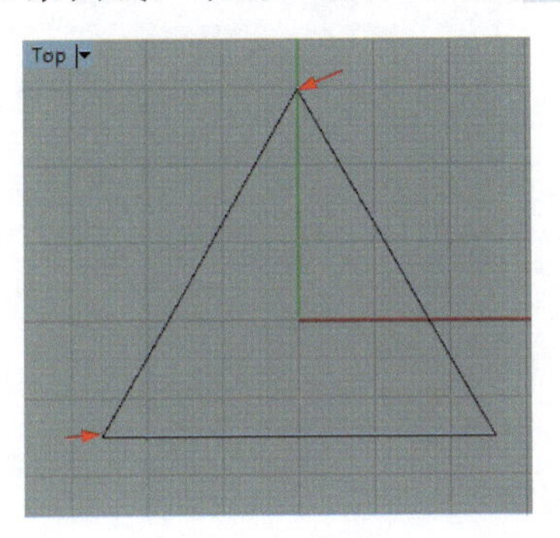

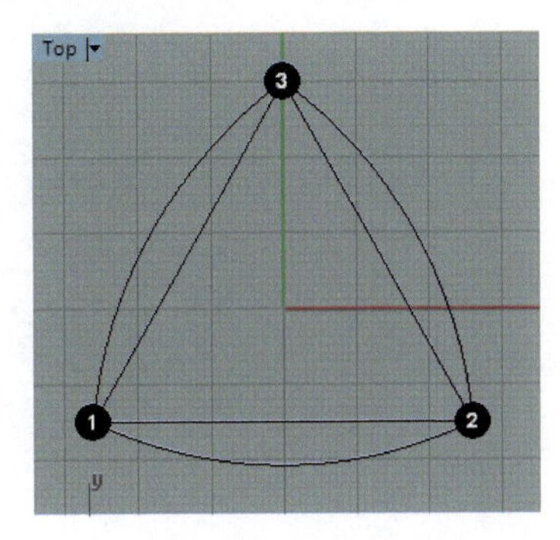

图 1.114　制作曲线

04 按住“曲线圆角”工具，在弹出的工具栏中右键单击“曲线圆角（重复执行）”工具，输入 1，按回车键，依次单击曲线❶❷❸❹❺❻右键，如图 1.115 所示。

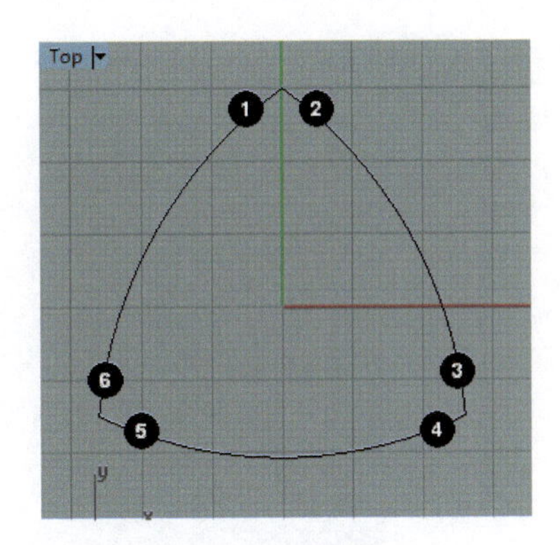

图 1.115　曲线圆角

05 右键单击“二轴缩放”工具，在 Top 视图中单击此封闭曲线。单击右键，将命令栏中选择“复制=是”（复制(C)=是）:，单击原点，输入 0.5，按回车键，再按回车键。将光标移动到 Front 视图，单击 正交，将复制出来小圆弧三角形向上移动 6 个大格，关闭 正交。如图 1.116 所示。

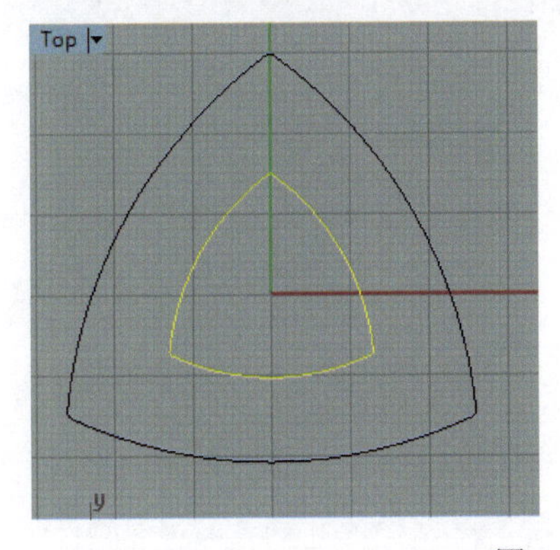

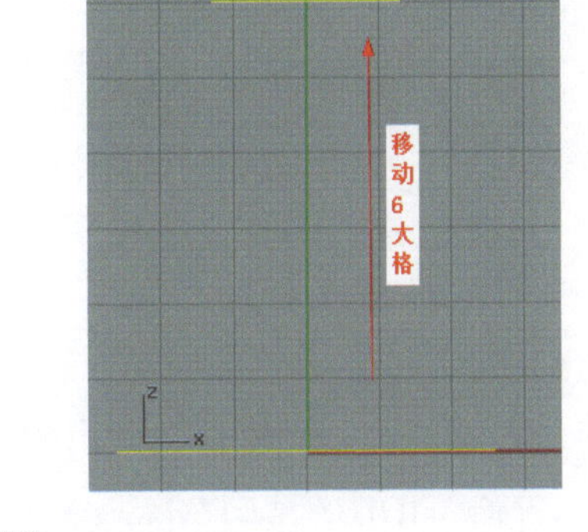

图 1.116　二轴缩放

06 在 Top 视图中，按住“圆弧：中心点、起点、角度”工具，在弹出的工具栏中单击“圆弧：起点、终点、起点的方向”工具，勾选 ☑中点，单击❶❷两中点，将光标移动到 Right 视图，输入–19.62,30.702,0，按回车键。如图 1.117 所示。

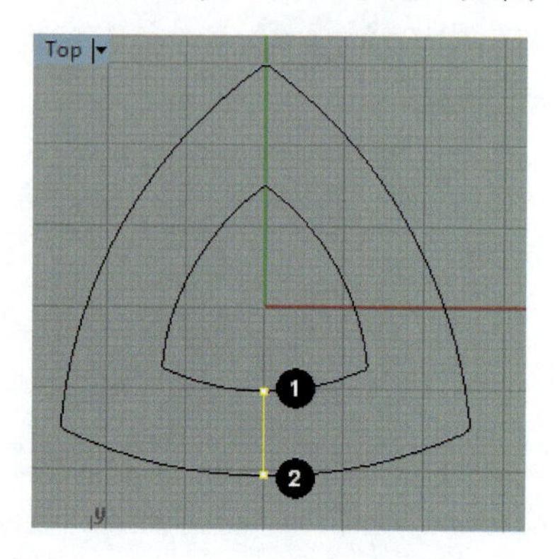

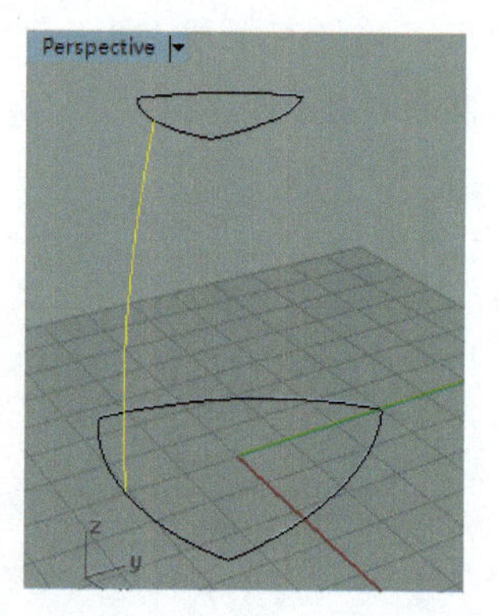

图 1.117　制作圆弧

07 按住“指定三或四个角建立曲面”工具，在弹出的工具栏中单击“双轨扫掠”工具，依次单击❶❷❸曲线，单击右键，按图 1.118 所示进行选项设置，单击“确定”按钮。

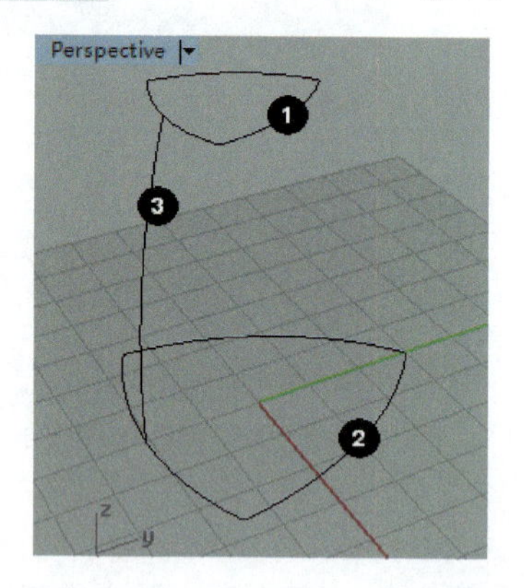

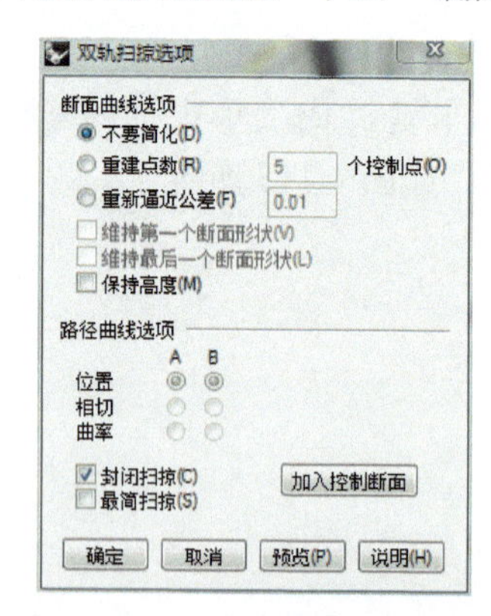

图 1.118　曲面设置

08 按住“布尔运算联集”工具，在弹出的工具栏中单击“将平面洞加盖”工具，单击扫掠出来的图形，单击右键。如图 1.119 所示。

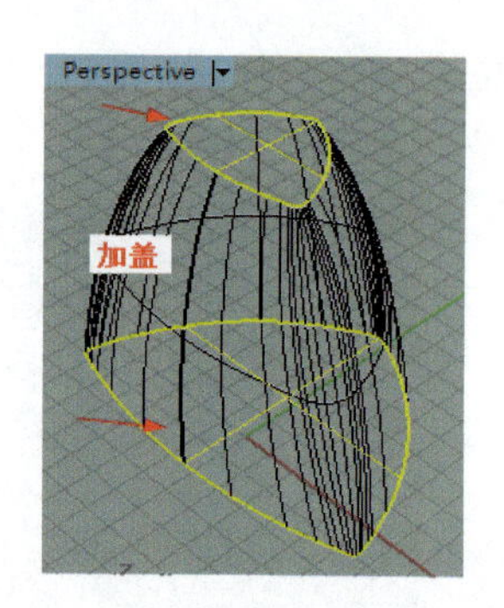

图 1.119　球体加盖（1）

09 按住“立方体”工具，在弹出的工具栏中单击“球体”工具，将光标移动到 Top 视图，在命令行输入 0,0,0，按回车键，输入 42，按回车键，将光标移动到 Front 视图，单击“移动”工具，单击球体，单击右键，输入 0,0,0，按回车键，输入 0,17,0，按回车键。如图 1.120 所示。

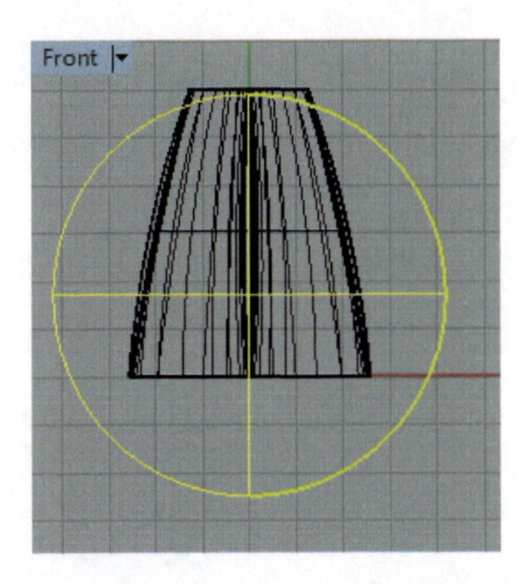

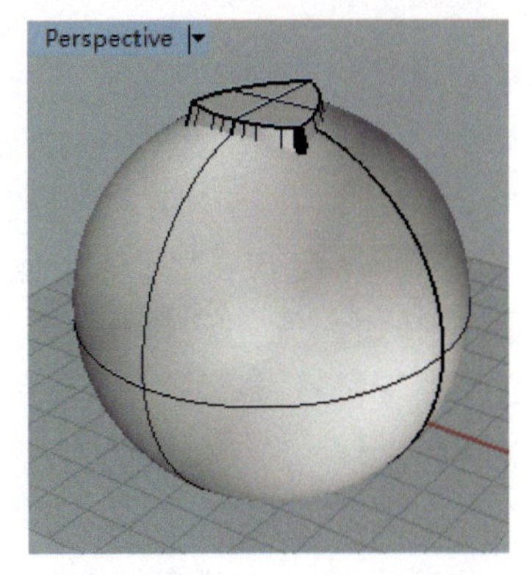

图 1.120　球体加盖（2）

10 按住“布尔运算联集”工具，在弹出的工具栏中右键单击“布尔运算两个物件”工具，单击音箱主体和球体，单击左键直到得到顶面曲面图形，单击右键，删除辅助线。如图 1.121 所示。

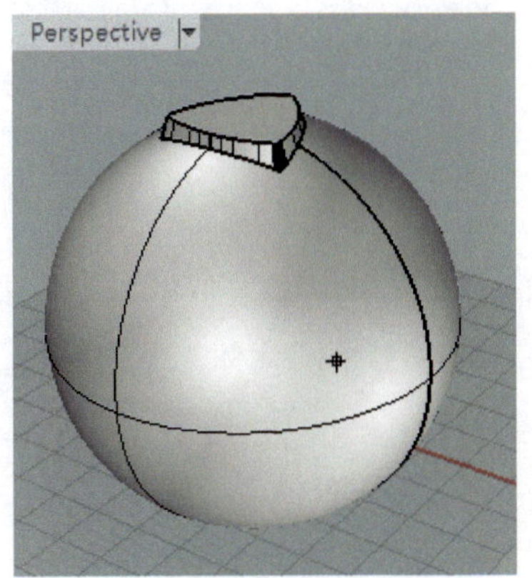

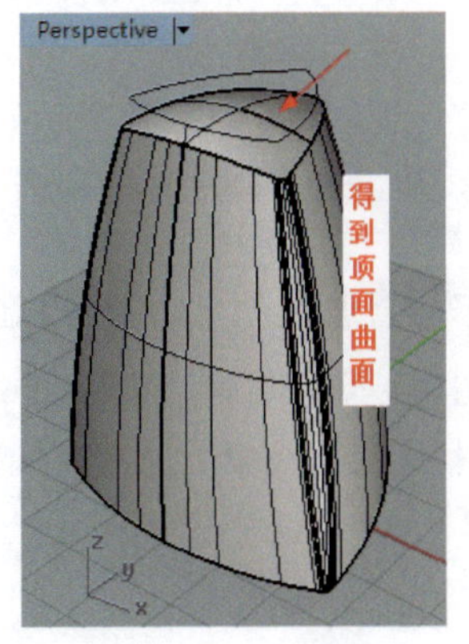

图 1.121　球体加盖（3）

11 在 Front 视图中，单击“多重直线”工具，输入：–45,3,0，按回车键，输入 43,3,0，按回车键，再按回车键，单击“分割”工具，单击音响主体，单击右键，单击直线，单击右键，删除直线。按住工具，在弹出的工具栏中单击，点选底板和音箱主体，单击右键，完成加盖，使这两个部件成为实体。如图 1.122 所示。

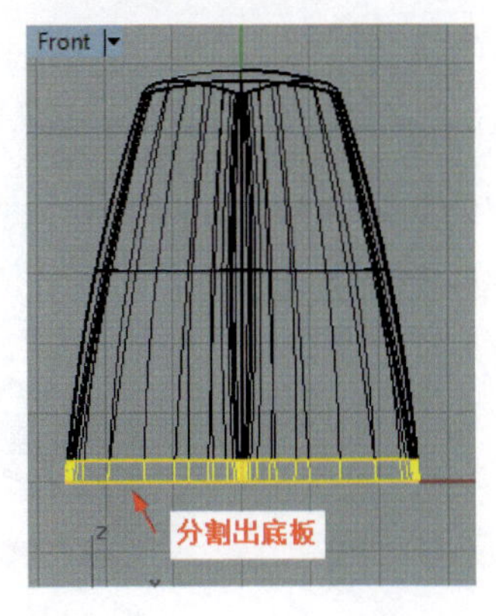

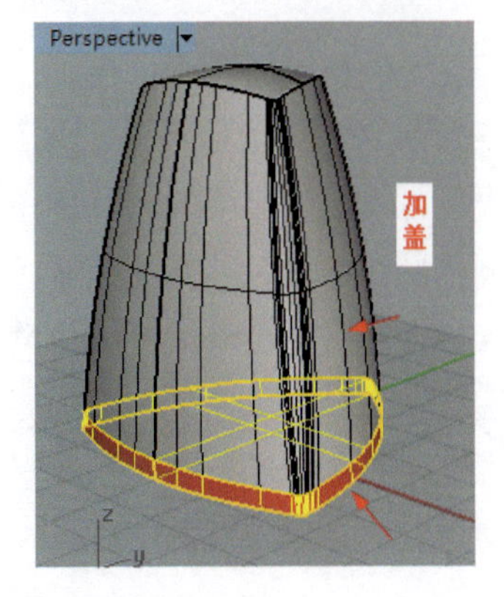

图 1.122　球体加盖（4）

12 新增两个图层，按住“编辑图层”工具，单击“更改物件图层”工具，单击音箱主体，单击右键，在弹出的对话框中选中“图层 01”，单击“确定”按钮，再次单击“更改物件图层”工具，单击被分割出来的底板，选中“图层 02”，单击“确定”按钮，将“图层 01”重命名为“音箱主体”，将“图层 02”重命名为“底板”，更改一下图层的颜色，方便区分。如图 1.123 所示。

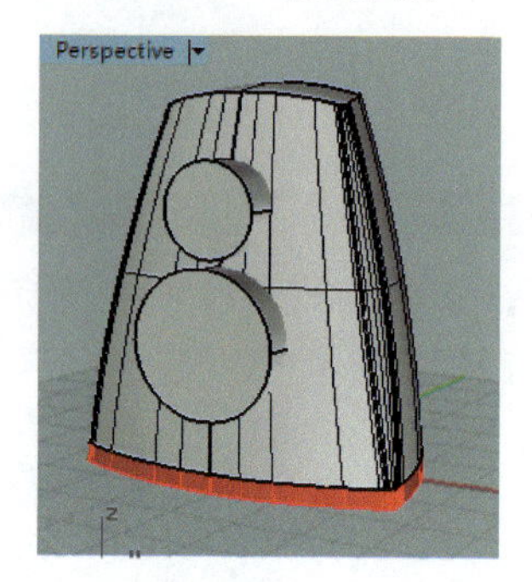

图 1.123　编辑图层

13 按住“立方体”工具，在弹出的工具栏中单击“圆柱体”工具，将光标放在 Front 视图，在命令栏输入 0,41,0，按回车键；输入 7，按回车键，将光标移动到 Right 视图，输入 20，按回车键。单击右键（重复“圆柱体”工具），将光标移动到 Right 视图，在命令栏输入 0,22,0，按回车键；输入 11，按回车键，将光标移动到 Right 视图，输入 22，按回车键，得到如图 1.124 所示的 2 个圆柱体。单击“群组”工具，单击 2 个圆柱体，单击右键。

图 1.124　制作圆柱体

14 按住“布尔运算联集”工具，在弹出的工具栏中单击“布尔运算分割”工具，在 Perspective 视图中，单击音箱主体，单击右键，单击 2 个圆柱体，单击右键，删除 2 个圆柱体。单击 音箱 主体　灯泡。如图 1.125 所示。

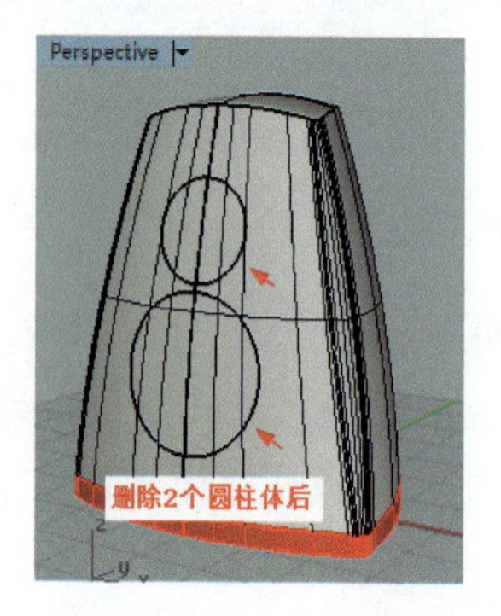

图 1.125　隐藏音箱主体

15 新建图层，将其改名为“喇叭”，按住“编辑图层”工具，单击“更改物件图层”工具，单击分割后的圆柱体，将其更改到“喇叭图层”，将图层换个颜色，方便区分。单击“群组”工具，单击 2 个喇叭，单击右键，如图 1.126 所示。建议保存一下文件！

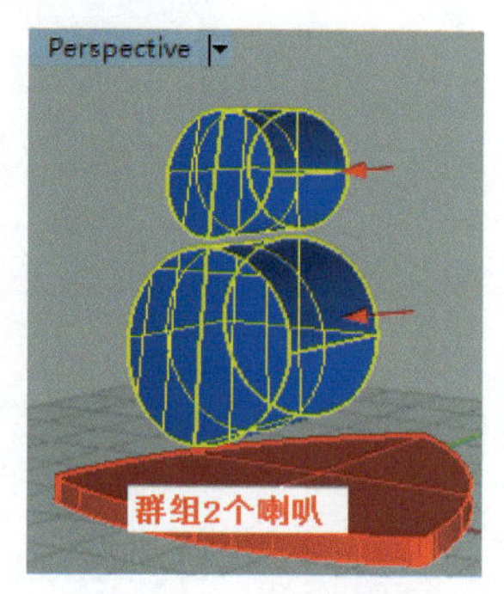

图 1.126　制作喇叭

16 按住“布尔运算联集”工具，在弹出的工具栏中单击“不等距边缘圆角”工具，输入 0.3，按回车键，单击选中左图中的所有黄色曲线，单击右键，再单击右键，在图层栏中将“喇叭”图层的灯泡点蓝。单击选中黄音箱主体和底板图层灯泡，单击右键（重复工具），单击选中图 1.127 中的所有黄色曲线，单击右键，再单击右键。

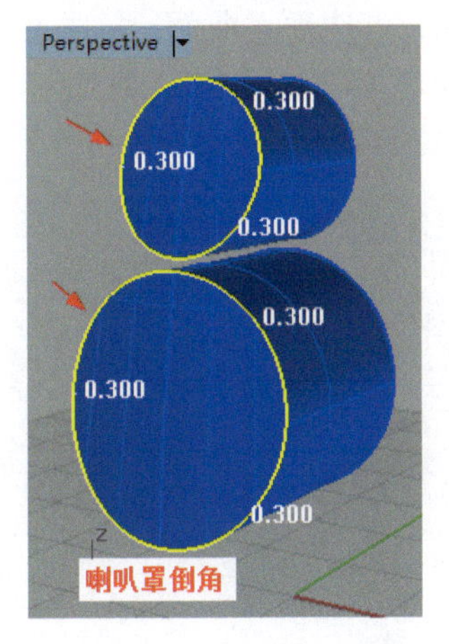

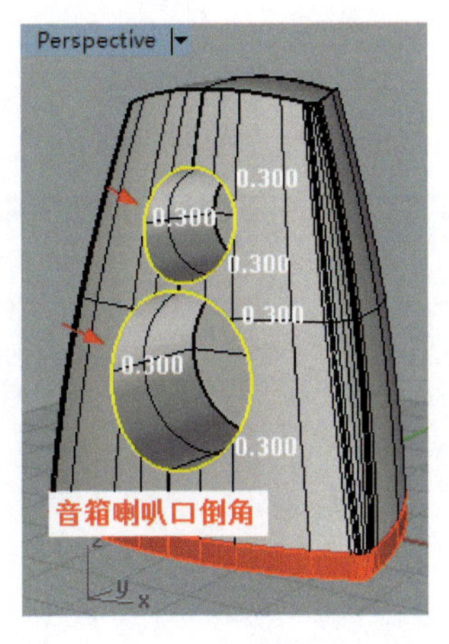

图 1.127 倒角（1）

17 按住“布尔运算联集”工具，在弹出的工具栏中单击“不等距边缘圆角”工具，输入 0.2，按回车键，单击选中图 1.128 中的所有黄色曲线，单击右键，再单击右键。重复此操作，将底板的下边也倒同样半径的圆角。

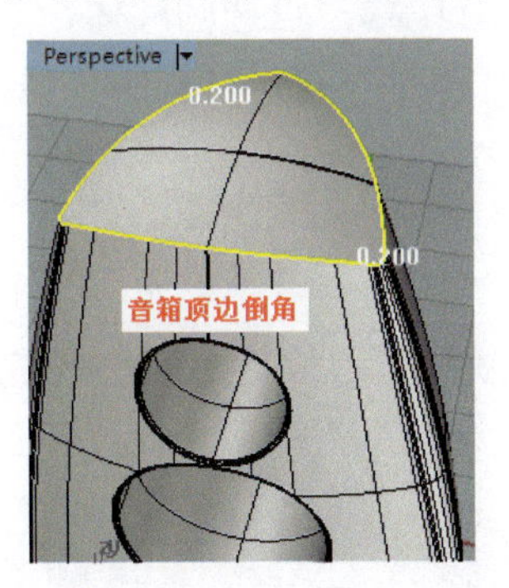

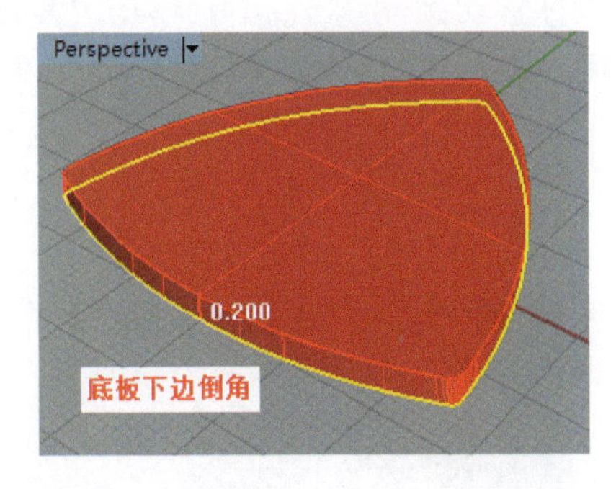

图 1.128 倒角（2）

18 在 Front 视图中，按住“矩形：角对角”工具，在弹出的工具栏中单击“圆角矩形”工具，在命令栏输入–8,55,0，按回车键；输入 8,49,0，按回车键；输入 1，按回车键。在 Right 视图中，按住“立方体：角对角、高对高”工具，在弹出的工具栏中单击“挤出封闭的平面曲线”工具，单击刚刚画好的圆角矩形线，单击右键，输入–17，按回车键，删除圆角矩形线。如图 1.129 所示。

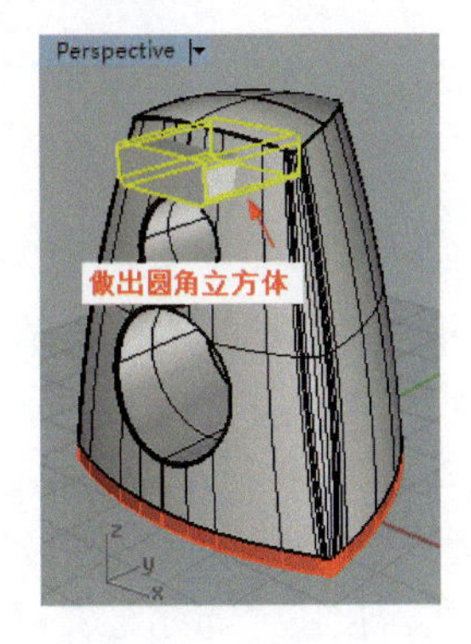

图 1.129 倒角（3）

19 按住“布尔运算联集”工具，在弹出的工具栏中单击“布尔运算分割”工具，单击音响主体，单击右键，单击圆角立方体，单击右键，删除圆角立方体。单击“隐藏物件”工具，单击音箱主体，单击右键，将音响主体隐藏。按住“布尔运算联集”工具，在弹出的工具栏中单击“抽离曲面”工具，选取图中黄色的曲面，单击右键。删除抽离的曲面以外的其他面。单击“移动”工具，在 Right 视图中，点选垂直曲面，单击右键，输入 0,52,0，按回车键；输入–11,52,0，按回车键。新建图层，命名为“显示屏”，框选这 2 个面，将其改到“显示屏”图层中，给此图层换个颜色。如图 1.130 所示。

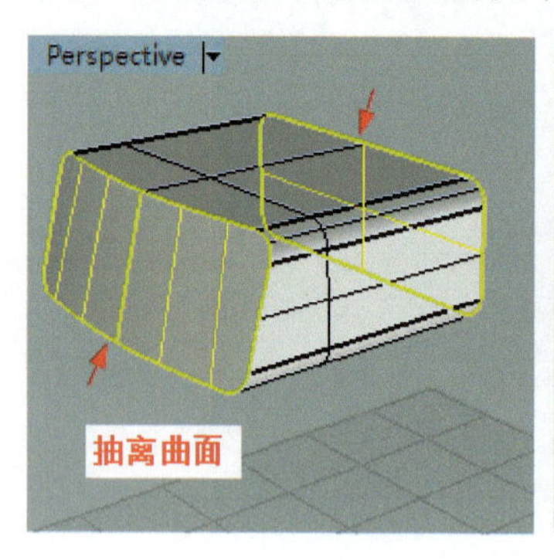

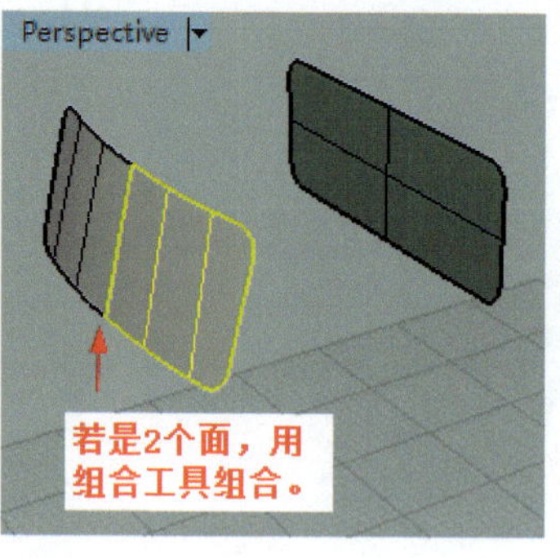

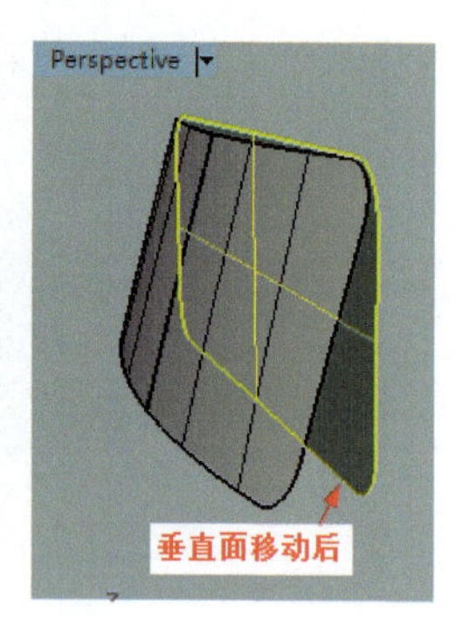

图 1.130 步骤（19）

20 按住“立方体”工具，在弹出的工具栏中单击“圆柱体”工具，将光标放在 Front 视图中，在命令栏输入 0,7,0，按回车键；输入 2，按回车键；将光标移动到 Right 视图，输入 24，按回车键。将光标移动到 Front 视图，单击“复制”工具，点选圆柱体，单击右键，输入 0,7,0，按回车键；输入 8,7,0，按回车键；输入–8,7,0，按回车键；再按回车键。见图 1.131。

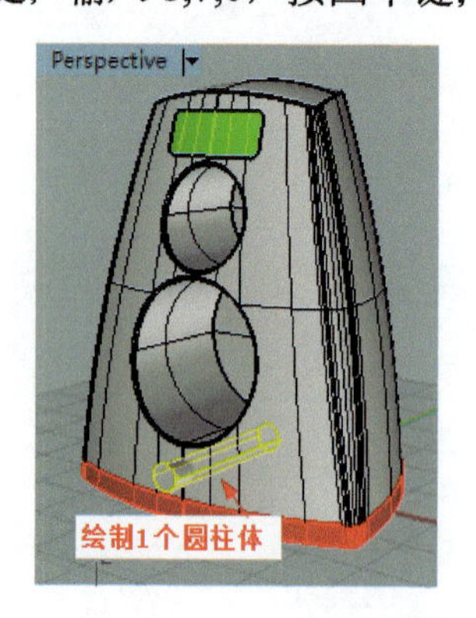

图 1.131 步骤（20）

21 按住“布尔运算联集”工具，在弹出的工具栏中单击“布尔运算分割”工具，单击音箱主体，单击右键，单击三个圆柱体，单击右键。单击“群组”工具，单击三个圆柱体，单击右键。按住“布尔运算联集”工具，在弹出的工具栏中单击“不等距边缘圆角”工具，输入 0.1，按回车键，单击图 1.132 中黄色曲线，单击右键，再单击右键，新建图层，命名为“旋钮”，将这 3 个圆柱体改到“旋钮”图层中，将此图层灯泡点蓝。右键单击“显示物件”工具，按住“布尔运算联集”工具，在弹出的工具栏中单击“不等距边缘圆角”工具，输入 0.1，按回车键，单击右下图中黄色曲线，单击右键，再单击右键。

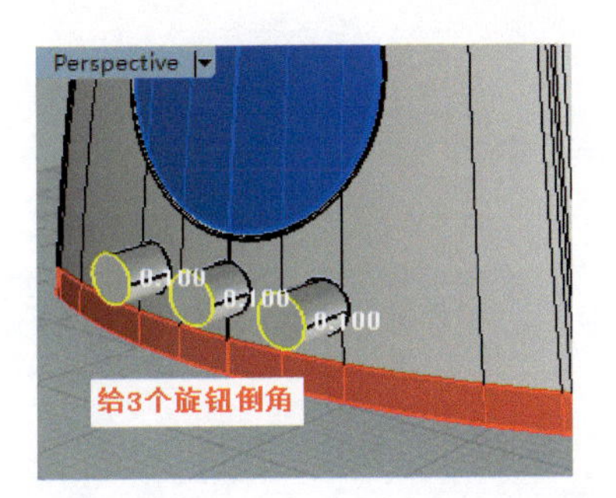

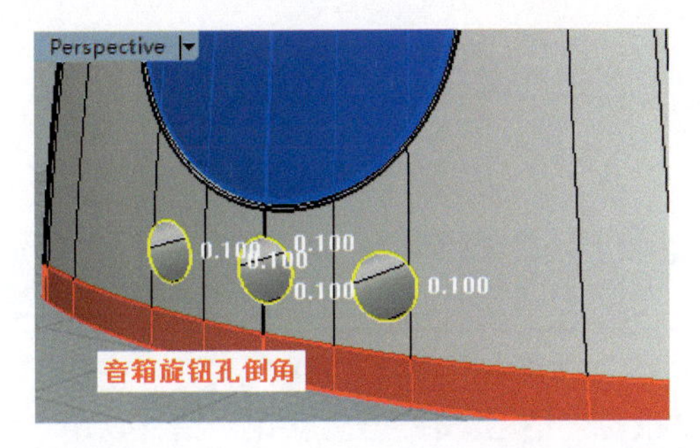

图 1.132　步骤（21）

22 将所有图层灯泡点亮，单击上方工具栏的“着色”工具 ，显示如图 1.133 所示，最后得到完整的音箱。

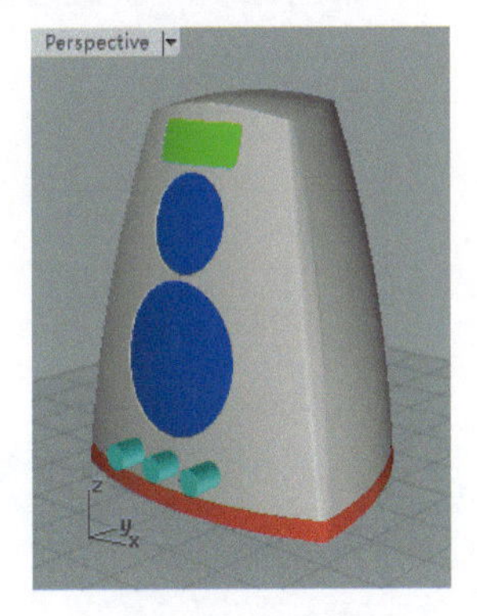

图 1.133　效果

1.10　钻 头 建 模

建模思路

绘制钻头横断面线图形，由此图形“挤出”钻杆实体。用“扭转”工具做出“麻花”钻杆，用“圆锥体”分割钻杆做出钻头，再做圆柱体与钻杆并集，如图 1.134 所示。

图 1.134　钻头建模

建模步骤

01 单击，按图 1.135 所示设置参数。单位为毫米。

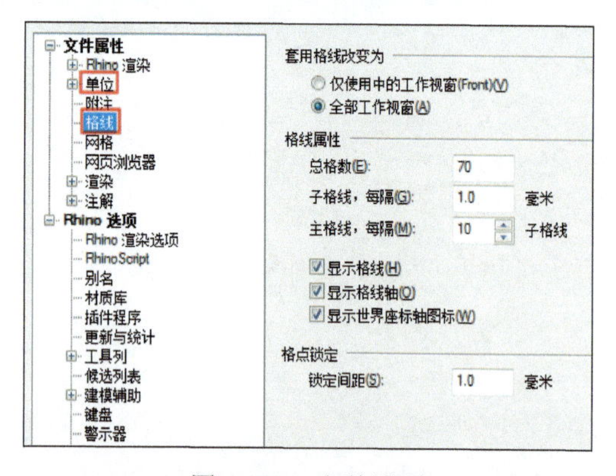

图 1.135　参数设置

02 在 Top 视图中，单击“圆”工具，在命令行输入 0,0,0，按回车键；输入 10，按回车键；得到如图 1.136 所示的圆，右键单击“原地复制”工具，单击此圆，单击右键，单击复制出的圆，在上方工具栏单击“隐藏物件”，将复制出的圆隐藏。

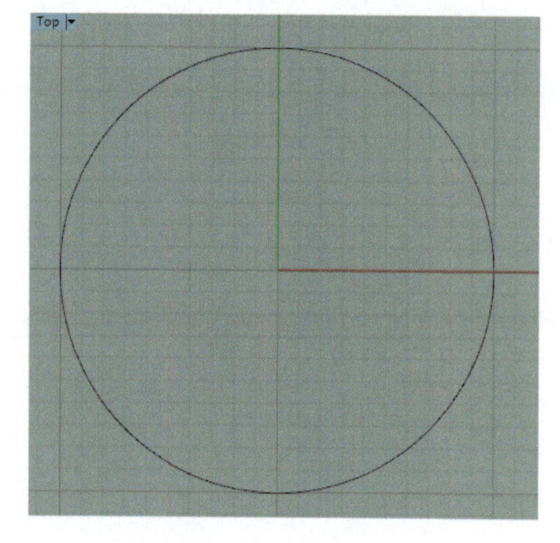

图 1.136　制作圆

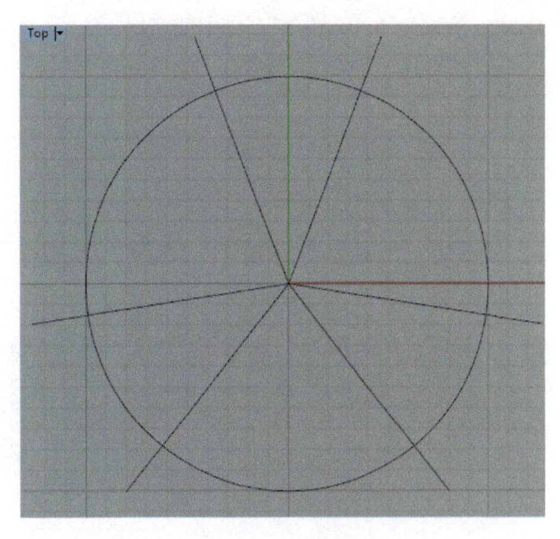

图 1.137　编辑圆

03 单击“多重直线”工具，在命令行输入 0,0,0，按回车键；输入 8,–10,0，按回车键；再按回车键；再次单击此工具，在命令行输入 0,0,0，按回车键；输入–8,–10,0，按回车键；再按回车键。在下方勾选 ☑交点，左键按住“矩形阵列”工具，在弹出的工具栏中单击“环形阵列”工具，单击刚刚画好的两条直线段，单击右键，单击两线段的交点，输入 3，按回车键；输入 360，按回车键，得到如图 1.137 所示的线段，在下方取消勾选 ☐交点。

04 单击“分割”工具，单击圆，单击右键，单击所有的直线段，单击右键，删除分割出来的 3 条较长的弧线，再单击“分割”工具，单击所有的直线段，单击右键，单击所有圆弧，单击右键，删掉分割出来的较短的直线段。如图 1.138 所示。

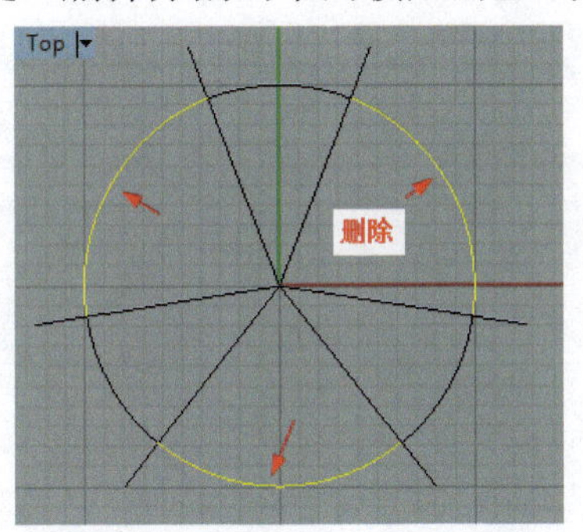

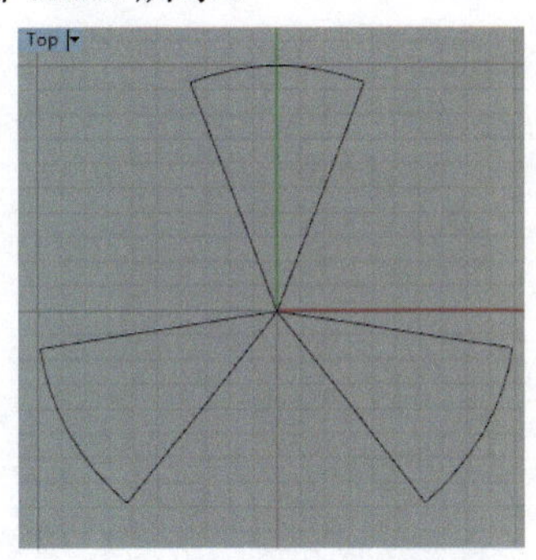

图 1.138　分割圆

05 按住“曲线圆角”工具，在弹出的工具栏中右键单击“曲线圆角（重复执行）”工具，输入 3.5，按回车键，依次单击夹角较大的相邻线段，将所有直线段变为如图 1.139 所示的形状。

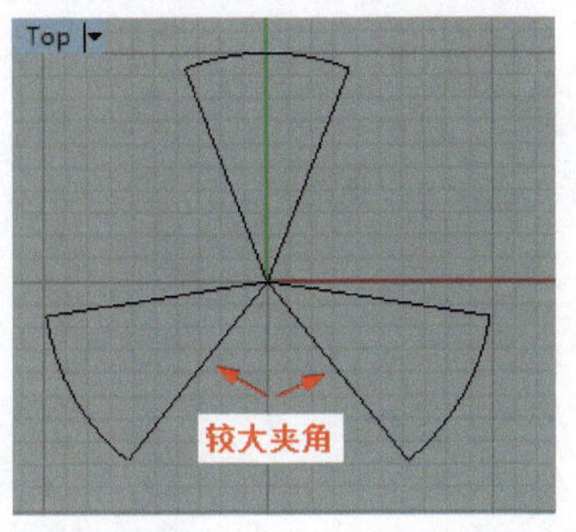

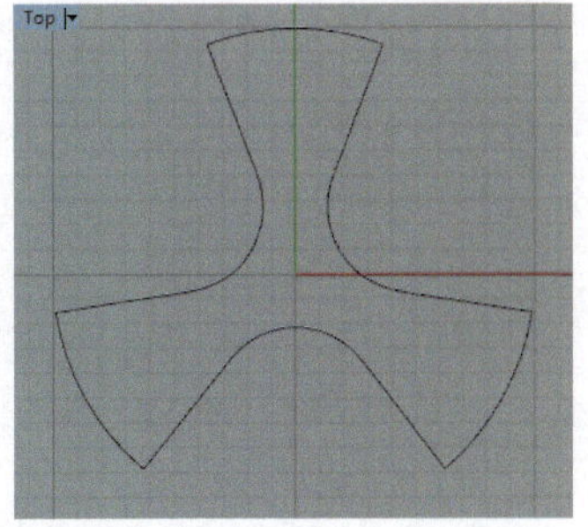

图 1.139　处理圆角（1）

06 按住“曲线圆角”工具，在弹出的工具栏中右键单击“偏移曲线”工具，单击上方的圆弧，输入 0.5，按回车键，光标移动到弧线下方，左键单击，单击“多重直线”工具，在命令行输入 1.338,9.91,0，按回车键；输入 1.226,9.42,0，按回车键；按回车键。单击“分割”

工具，单击上方的弧线和刚刚偏移出来的弧线，单击右键，单击刚刚画好的直线段，单击右键，将黄线删除。如图 1.140 所示。

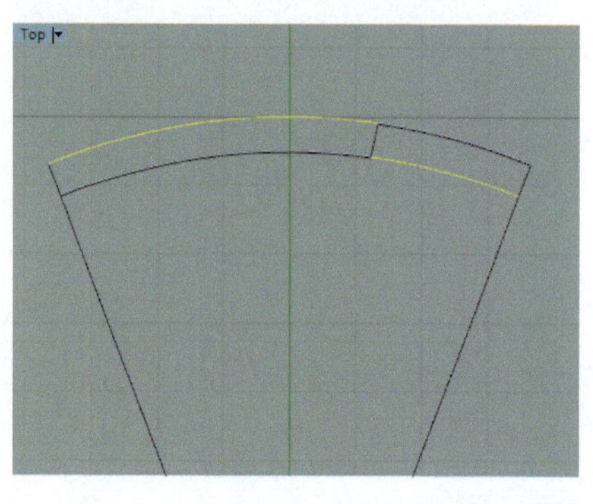

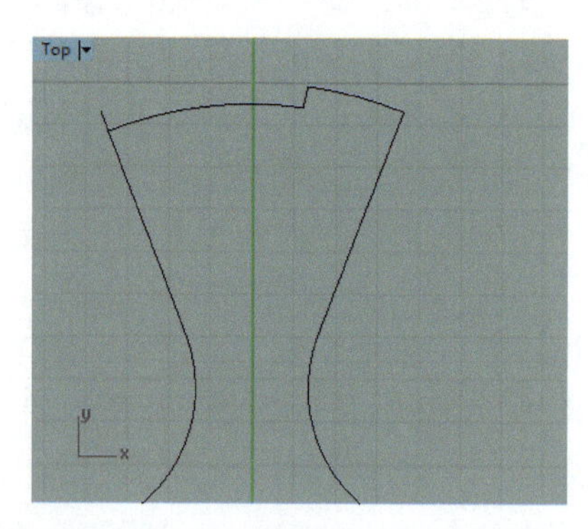

图 1.140　处理圆角（2）

07 单击“组合”工具，选取一长一短两条弧线及直线段，单击右键。单击“分割”工具，单击左边的直线段❶，单击右键，单击曲线❷，单击右键，删除左边直线上部分较短的直线段，得到如图 1.141 所示的图形。

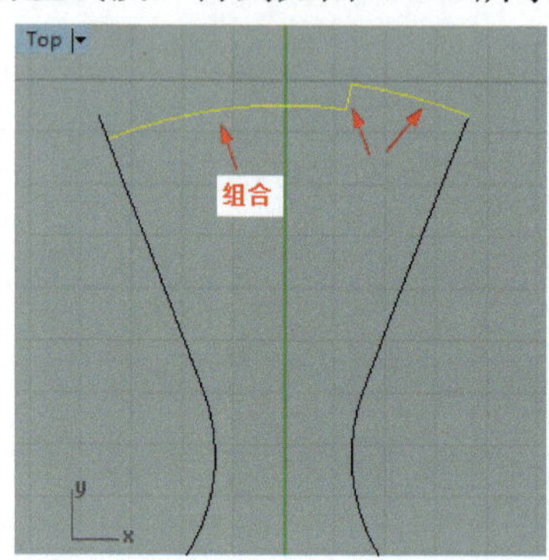

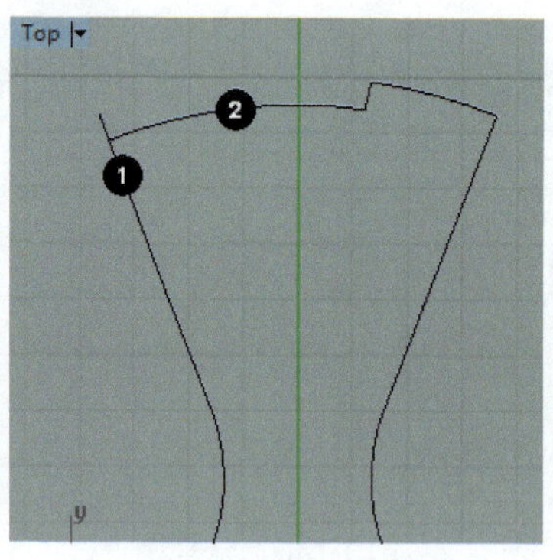

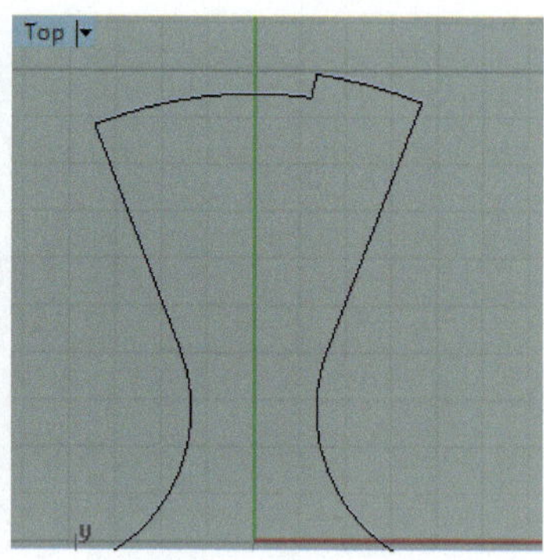

图 1.141　处理圆角（3）

08 单击“2D 旋转”工具，单击曲线❶、单击右键，在上方命令栏，将复制选项单击为“是”（复制(C)=是），输入 0,0,0，按回车键，在下方勾选 ☑ 交点，移动光标单击交点，依次复制两条曲线，单击右键。删除两条黄色弧线。如图 1.142 所示。

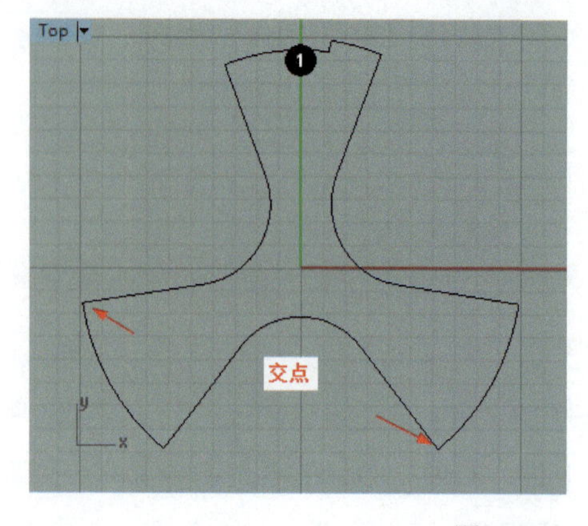

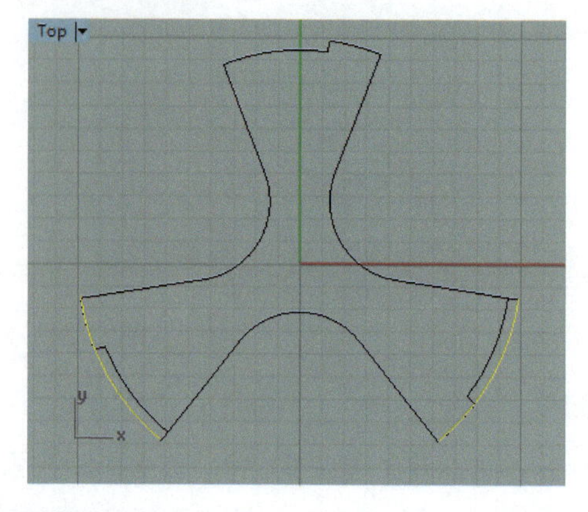

图 1.142　处理圆角（4）

09 单击“分割”工具，点选曲线❶❷，单击右键；点选曲线❸❹，单击右键。删除分割后剩下的较短的直线段。框选所有线，单击“组合”工具。如图 1.143 所示。

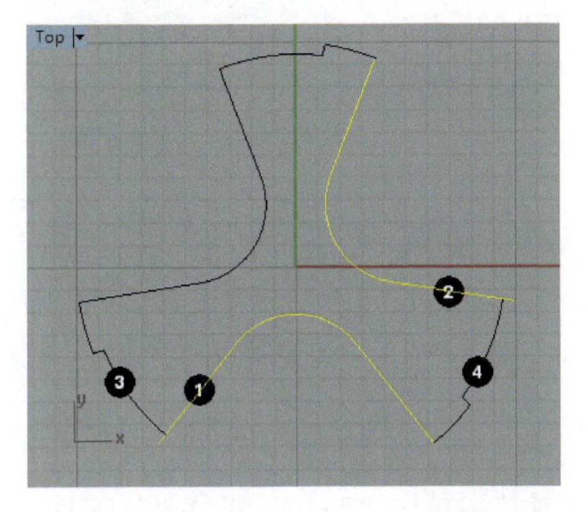

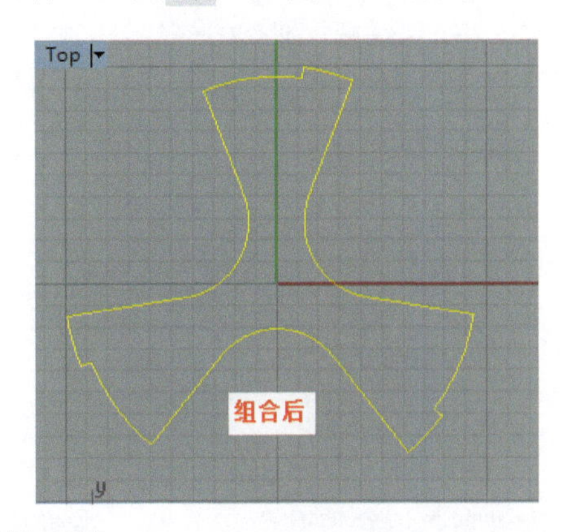

图 1.143　分割与组合

10 在 Front 视图中，按住“立方体：角对角、高度”工具，在弹出的工具栏中单击“挤出封闭的平面曲线”工具，单击此封闭图形，单击右键，将命令栏中的两侧点为否 两侧(B)=否，输入 70，按回车键，得到如图 1.144 所示的物体，删除上一步做好的封闭图形。

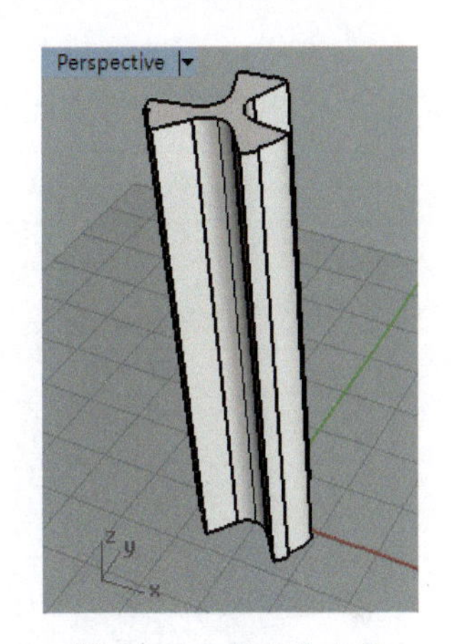

图 1.144　处理立方体

11 在 Front 视图中点黑 锁定格点 与 正交，按住“移动”工具，在弹出的工具栏中单击“扭转”工具，单击刚刚做好的物体，单击右键，输入 0,0,0，按回车键；输入 0,70,0，按回车键。

将光标移动到 Top 视图，关闭 正交，在绿线上随意取一点，光标逆时针旋转一周回到绿线上，单击左键，得到钻杆实体。如图 1.145 所示。

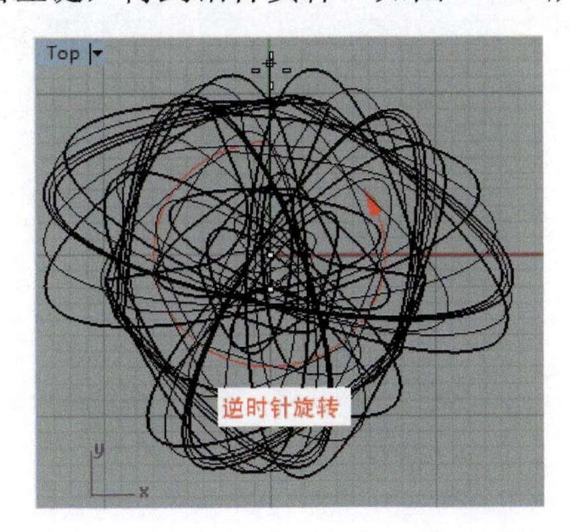

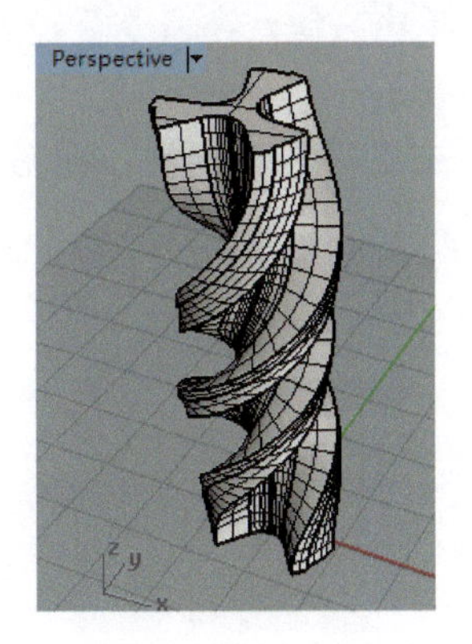

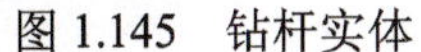
图 1.145　钻杆实体

12 按住“立方体：角对角、高度”工具，在弹出的工具栏中单击“圆锥体”工具，在Front视图中，输入0,60,0，按回车键；将光标移动到Top视图，输入11，按回车键；将光标移动到Front视图，输入0,66,0，按回车键；得到圆锥体，如图1.146所示。

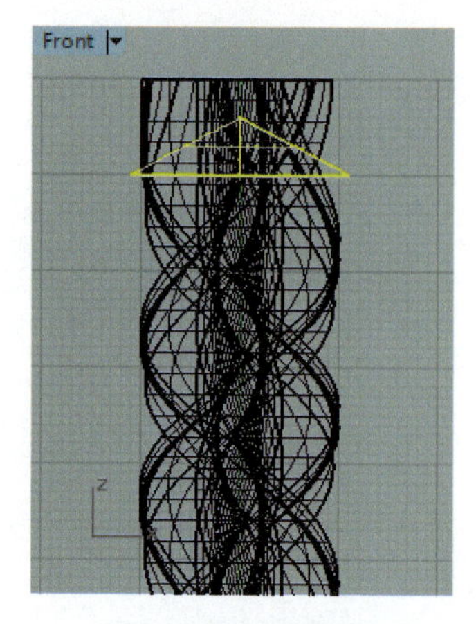

图1.146　圆锥体

13 按住“布尔运算联集”工具，在弹出的工具栏中单击“布尔运算分割”工具，点选钻杆，单击右键，点选圆锥体，单击右键，删除圆锥体和钻杆上部，单击工具，点选钻头和钻杆，单击右键，使钻头和钻杆“并集”成一个实体。如图1.147所示。

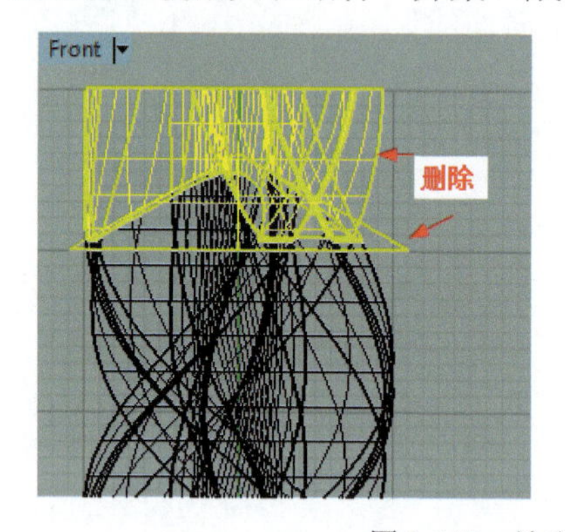

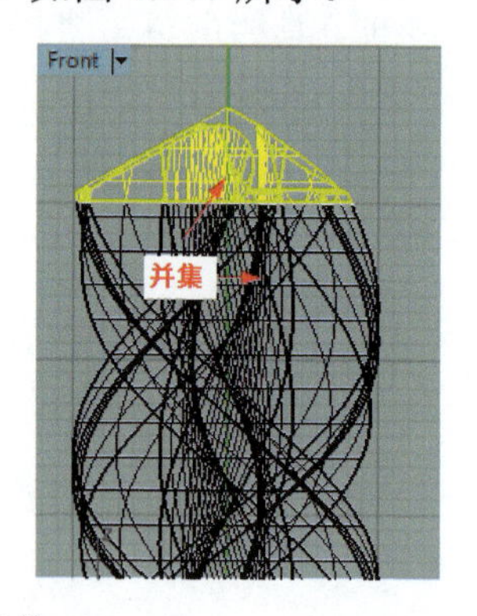

图1.147　钻头与钻相干合体

14 右键单击“显示物件”工具，将圆线显示出来，按住“立方体”工具，在弹出的工具栏中单击“挤出封闭的平面曲线”工具，点选圆线，单击右键，在命令行输入-40，按回车键，得到圆柱体，单击工具，点选圆柱体和钻杆，单击右键，使圆柱体和钻杆“并集”成一个实体。如图1.148所示。

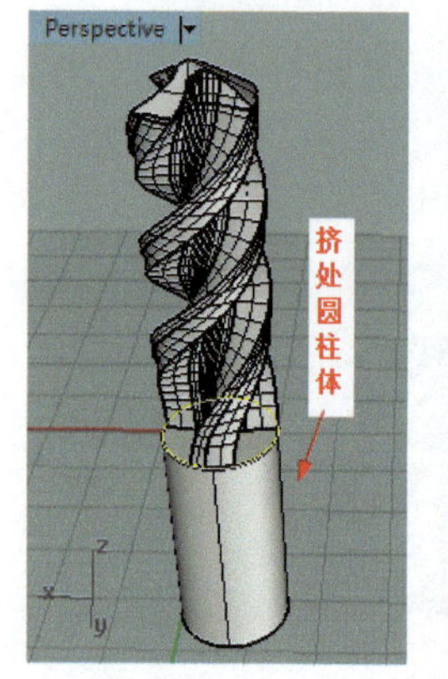

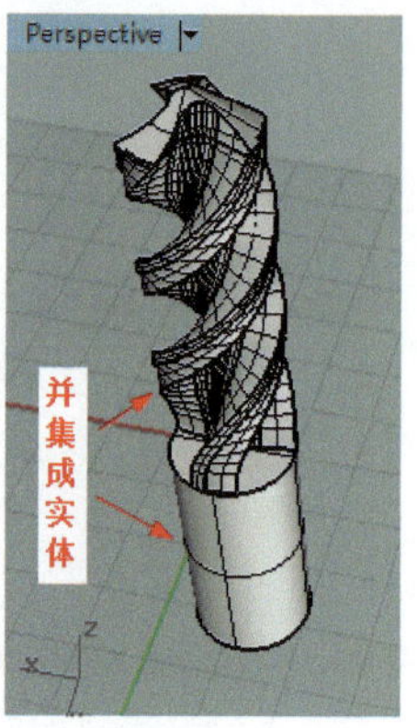

图1.148　圆柱体和钻杆合集

1.11 喇叭花建模

建模思路

绘制出喇叭花主体和花蒂轮廓线，再用双轨工具建模。如图 1.149 所示。

图 1.149 喇叭花建模

建模步骤

01 单击，“单位”设置为毫米，“格线”属性按图 1.150 所示进行设置。

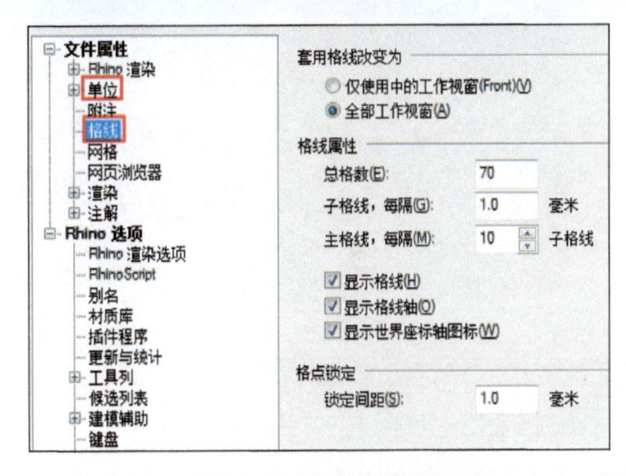

图 1.150 属性设置

02 双击 Front 图标，将其最大化，在上方工具栏用鼠标左键按住“四个工作视窗”工具，在弹出的工具栏中单击“背景图”工具，在对话框找到“喇叭花”图片打开，用鼠标滚轮把 Front 视图缩小到全图面视图，按住左键将光标从视图左上方向右下方移动，放开左键，背景图被导入。在命令行单击灰阶(G)=否，背景图显示为彩色。如图 1.151 所示。

图 1.151 导入背景图

03 在上方工具栏用鼠标左键按住“四个工作视窗”工具，在弹出的工具栏中右键单击“关闭工作平面格线”，点选“控制点曲线”工具，绘制❶ ❷两条轮廓线。如图 1.152 所示。

图 1.152　绘制轮廓线

04 用鼠标左键按住“圆”工具，在弹出的工具栏中点选“圆：直径”工具，在命令行关闭**直径起点**（垂直(V)）：，在下方状态行勾选☑端点 ☑最近点，参照图示位置在 Front 视图绘制 3 个圆，上圆和下圆要捕捉轮廓线的“端点”，中间圆捕捉“最近点”。如图 1.153 所示。

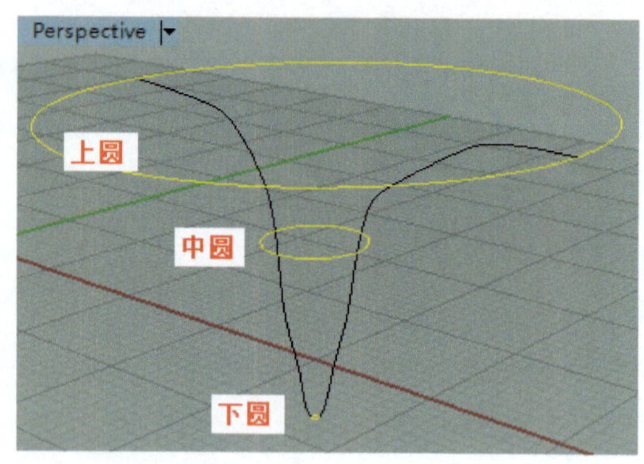

图 1.153　制作 3 个圆

05 用鼠标左键按住“控制点曲线”工具，点选“弹簧线”工具，在命令行单击环绕曲线(A)）：，点选上圆，在命令行单击圈数(T)=5，输入 9，按回车键，在 Front 视图移动光标，调整“弹簧线”图示高度，单击右键确定。如图 1.154 所示。

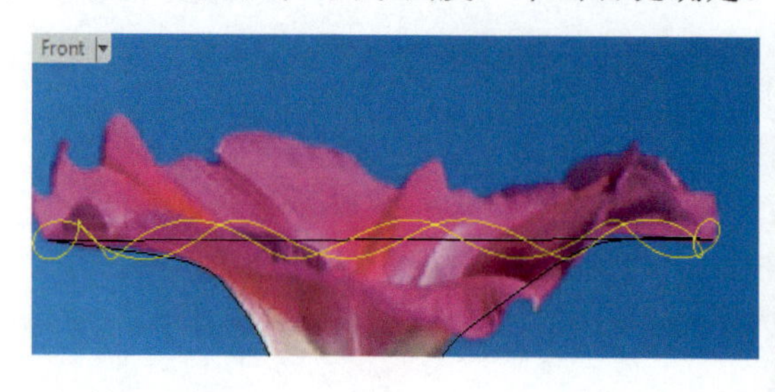

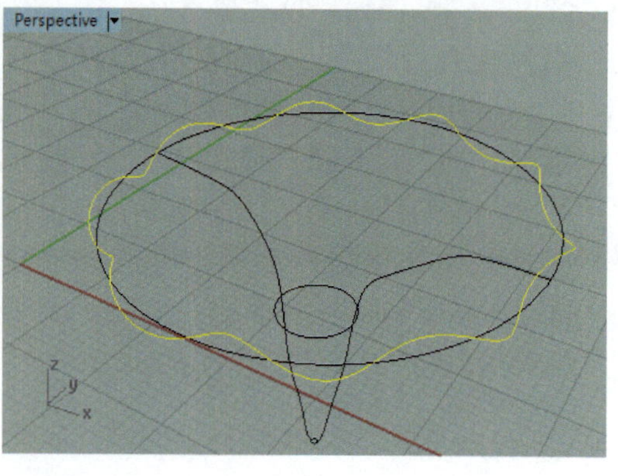

图 1.154　编辑圆

06 用鼠标左键按住“曲线圆角”工具，在弹出的工具栏中点选“重建曲线”工具，单击“弹簧线”确定，按图 1.155 所示修改参数。

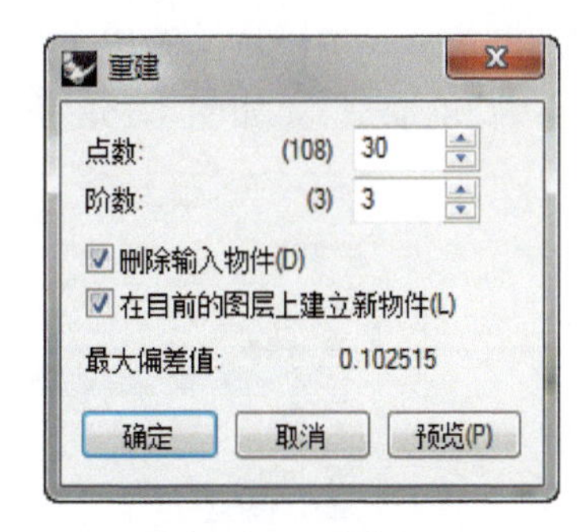

图 1.155　设置参数

07 单击“打开点”工具，参照喇叭花“背景图”的花口透视情况，点选相应的控制点进行移动，灵活调整控制点的空间位置。如图 1.156 所示。

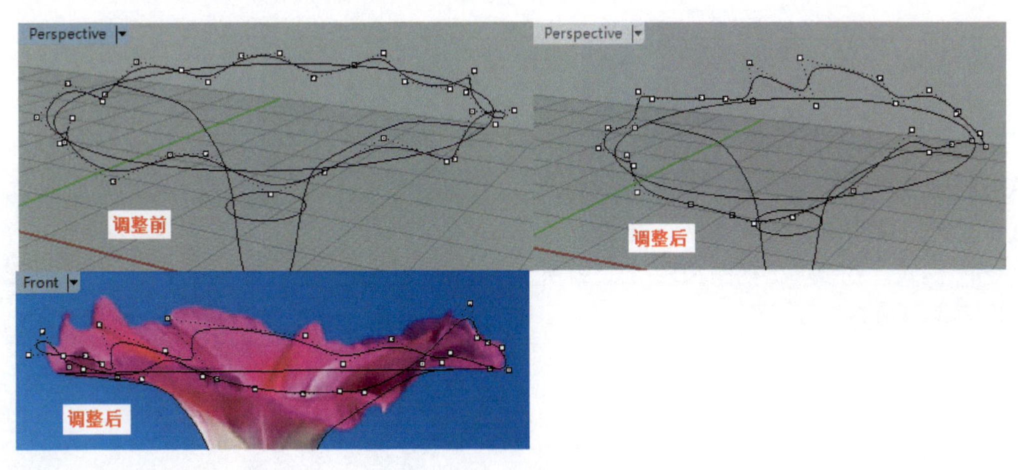

图 1.156　调整控制点

08 用鼠标左键按住“曲面”工具，在弹出的工具栏中点选“双轨扫掠”工具，按顺序点选曲线，单击“确定”按钮，得到“喇叭花”曲面。如图 1.157 所示。

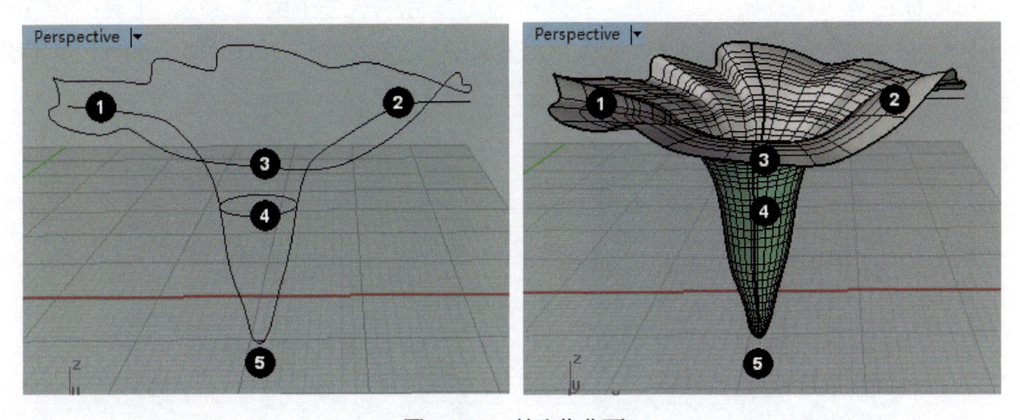

图 1.157　喇叭花曲面

09 设置图层。点选“喇叭花”曲面，用鼠标左键按住“编辑图层”工具，在弹出的工具栏中点选“更改物件图层”工具，点选“图层 01”确定，单击图层标签，单击“图层

01”，再单击一下，将“图层 01”命名为“喇叭花”。同理将辅助曲线转换到“图层 04”，命名为“花辅助线”。如图 1.158 所示。

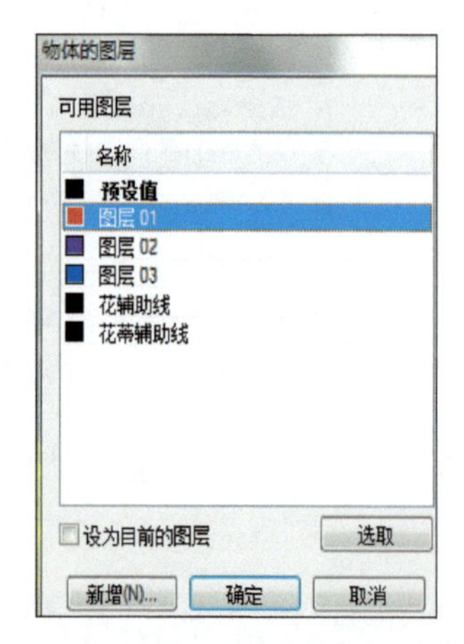

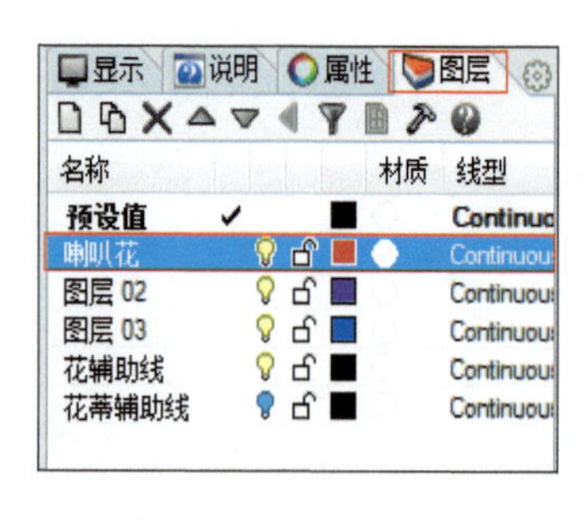

图 1.158 设置图层

10 制作花蒂，用鼠标左键按住“圆”工具，在弹出的工具栏中点选“圆：直径”工具，在命令行关闭**直径起点**（垂直(V)）：，在状态行单击黑 **正交** 模式，在 Front 视图按图 1.159 所示位置绘制 3 个圆。

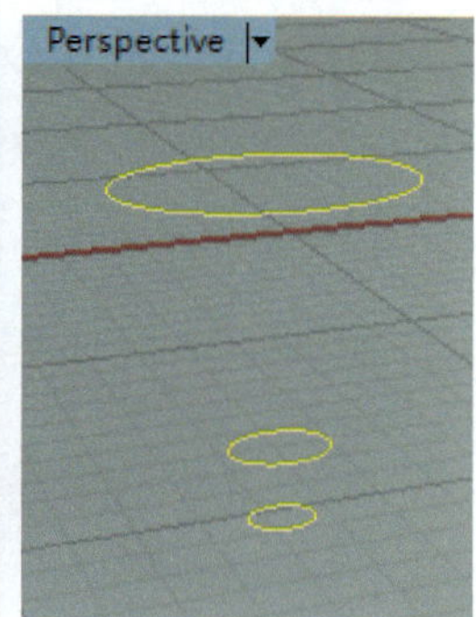

图 1.159 制作花蒂

11 绘制花蒂的两条轮廓线，点选“控制点曲线”工具，按图示绘制。注意，下端可以画长些。用鼠标左键按住“圆”工具，在弹出的工具栏中点选“圆：直径”工具，在命令行关闭**直径起点**（垂直(V)）：，在状态行关闭 **正交** 模式，勾选 ☑ 端点，在 Top 视图按图示位置绘制一个圆。如图 1.160 所示。

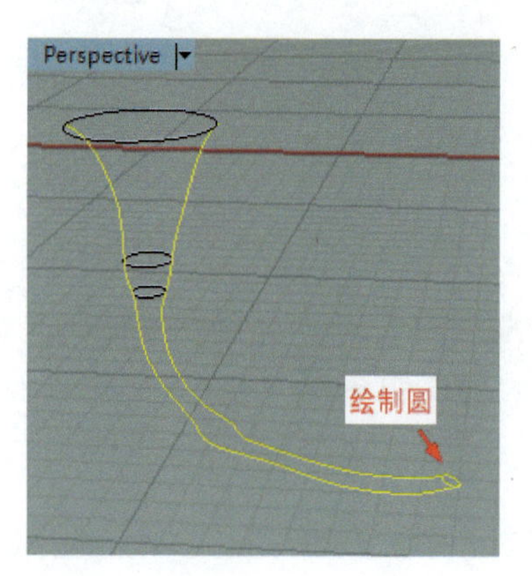

图 1.160 绘制花蒂轮廓（1）

12 用鼠标左键按住“多边形”工具，在弹出的工具栏中点选“多边形：星形”工具，在命令行输入6，按回车键，在状态行勾选☑中心点，关闭其余，单击黑 正交 模式。在 Top 视图捕捉大圆圆心，单击左键，光标转到正下方，关闭□中心点，光标移到大圆边缘，单击左键，光标移到中圆边缘，单击左键，绘制一个六角星。如图 1.161 所示。

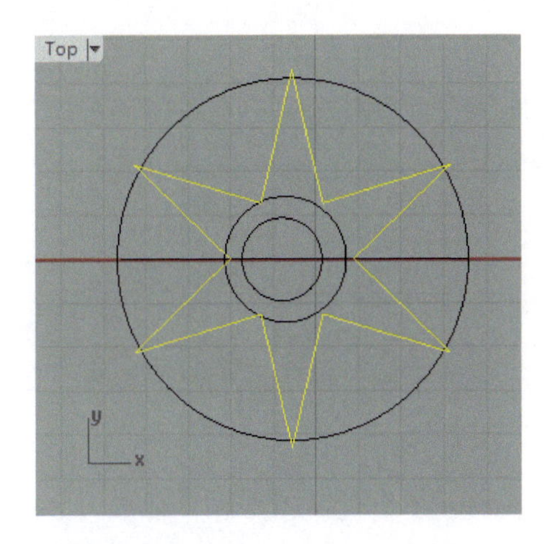

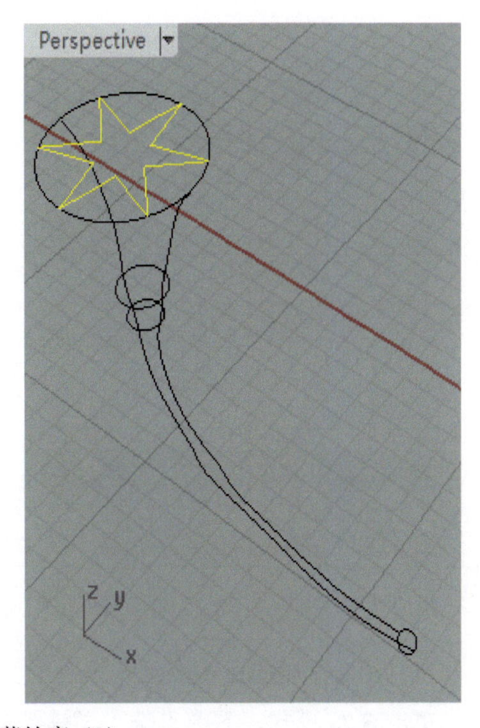

图 1.161　制作花蒂轮廓（2）

13 点选“打开点”工具，按住键盘的 Shift 键，点选“六角星”内角的 6 个控制点，选完后在 Front 视图按住鼠标左键向下移动 6 个控制点到中圆。如图 1.162 所示。

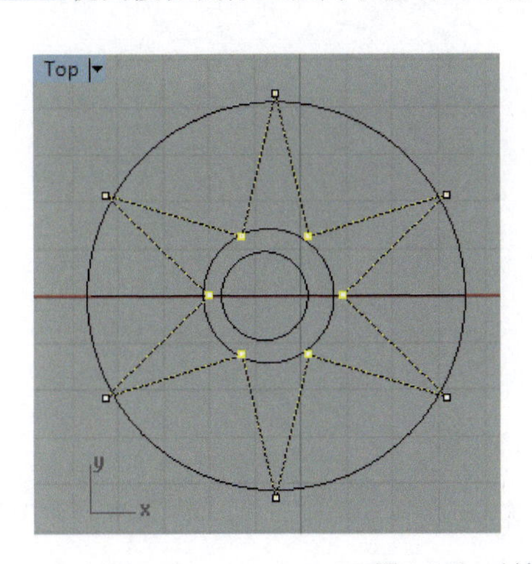

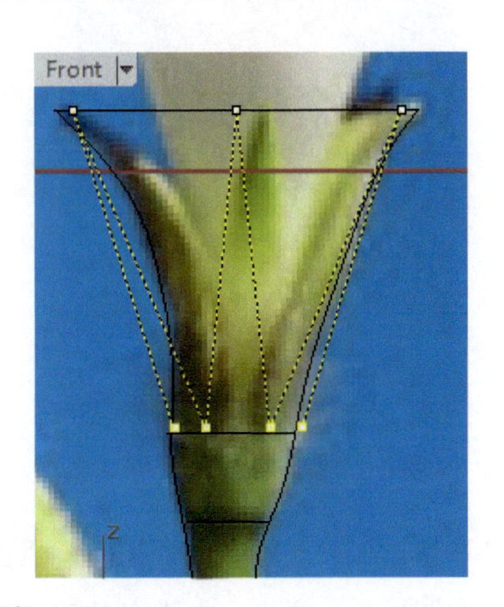

图 1.162　制作花蒂轮廓（3）

14 用鼠标左键按住“曲线圆角”工具，在弹出的工具栏中单击“重建曲线”工具，点选“六角星”曲线确定，按图 1.163 所示修改参数。

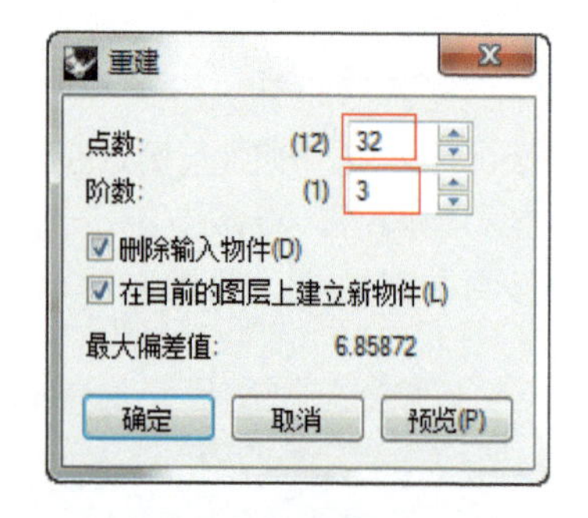

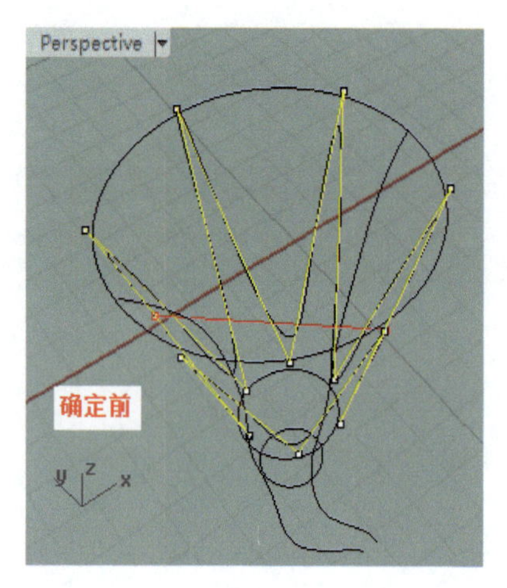

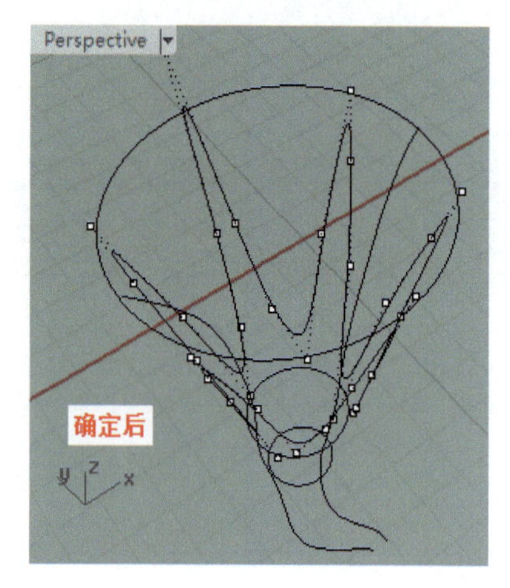

图 1.163　制作花蒂轮廓（4）

15 在 Front 视图按住鼠标左键，框选除上下以外的控制点，在状态行勾选 中心点，关闭其余，单击 正交 模式，右键点选“二轴缩放”工具，在 Top 视图捕捉大圆圆心，先将光标移动到❶单击左键，再移动到❷单击左键，这些控制点向圆心移动了 2 个单位。如图 1.164 所示。

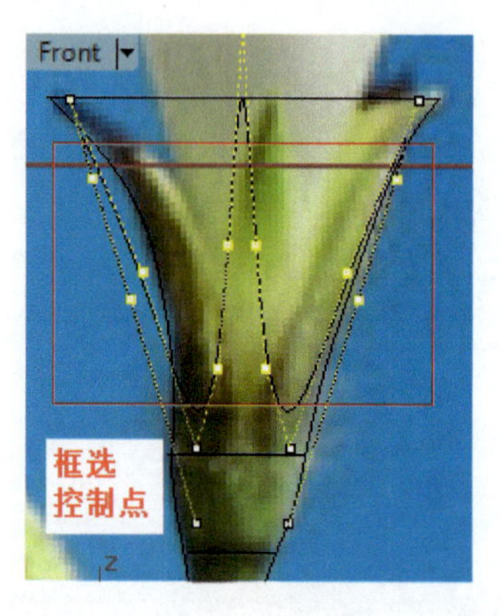

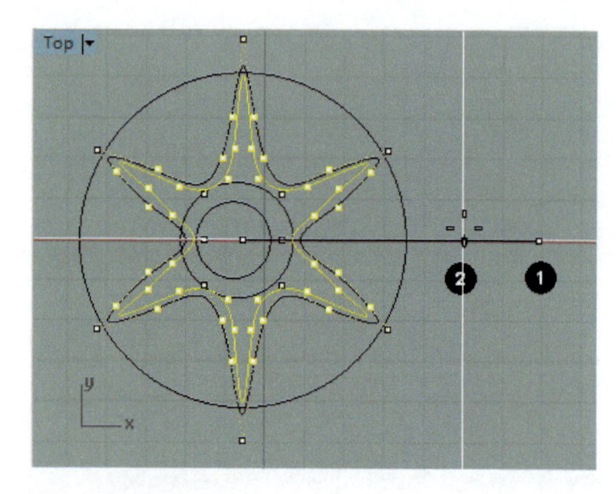

图 1.164　制作花蒂轮廓（5）

16 右键单击关闭控制点，按住键盘的 Shift 键，点选大圆中圆，按 Del 键删除，用鼠标左键按住“曲面”工具，在弹出的工具栏中点选“双轨扫掠”工具，按顺序点选曲线，单击“确定”按钮，得到花蒂曲面。如图 1.165 所示。

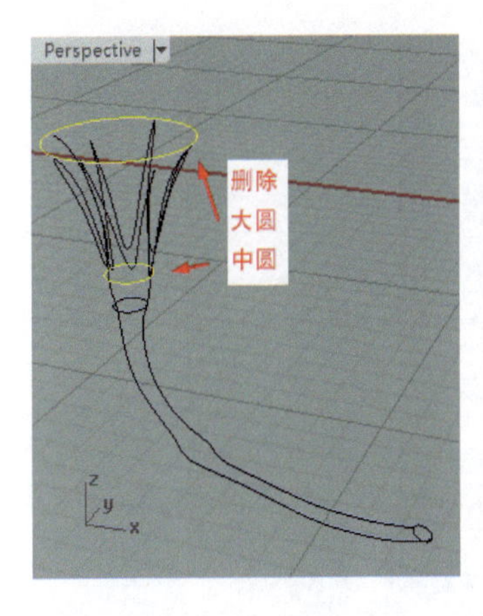

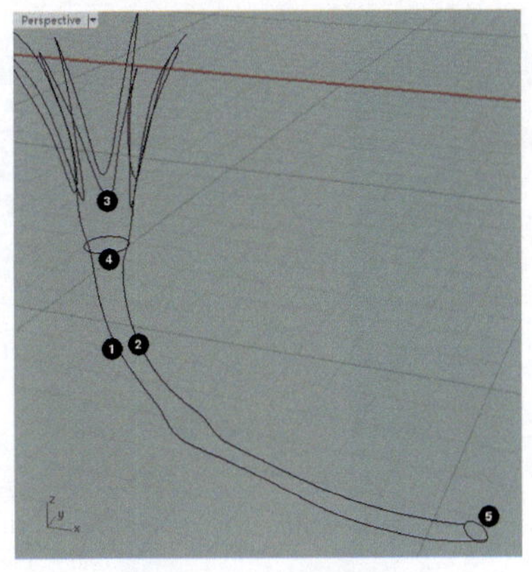

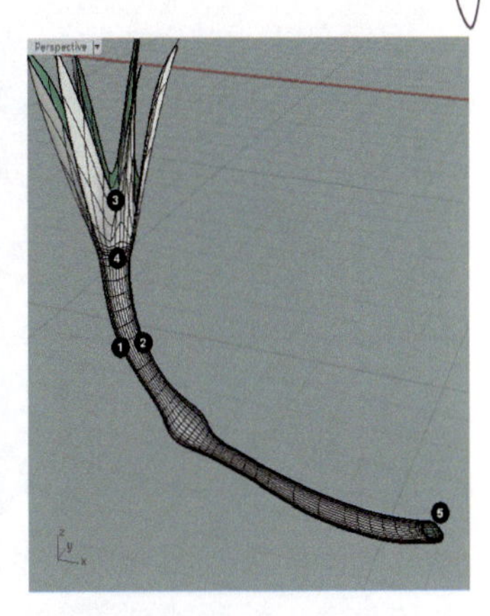

图 1.165 花蒂曲面

17 应用第 9 步的方法，将花蒂曲面和花蒂辅助线分别转换到“图层 02”和“图层 05”，并取名“花蒂”、“花蒂辅助线”。除“图层 03”外，将其余图层“灯泡”点蓝。如图 1.166 所示。

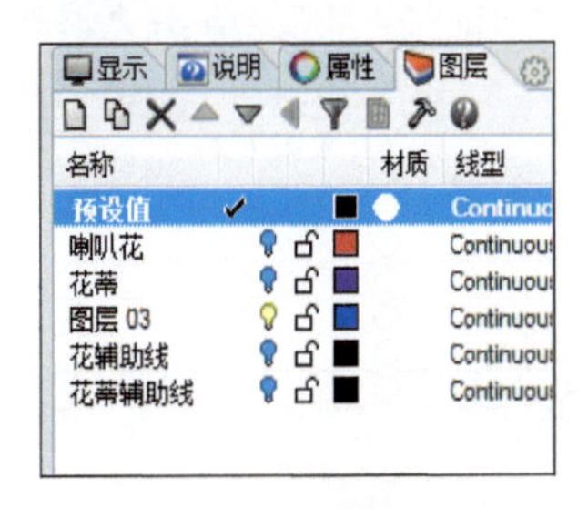

图 1.166 设置图层

18 点选“控制点曲线”工具，在 Front 视图按图示绘制藤蔓曲线，然后点选“打开点”工具，打开控制点，根据藤蔓图片反光阴影判断曲线前后位置，单击黑 正交 模式，在 Top 视图上下移动对应的控制点。如图 1.167 所示。

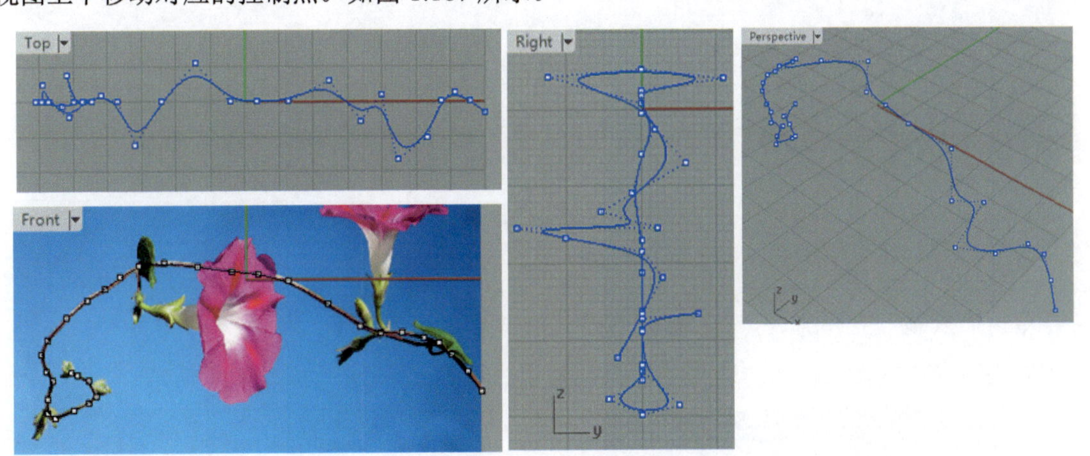

图 1.167 制作藤蔓（1）

19 用鼠标左键按住“立方体”工具，在弹出的工具栏中点选“圆管：圆头”工具，在 Front 视图点选藤蔓曲线右端点，用鼠标滚轮将视图拉近，移动光标判断直径大小，单击左键，光标跳到曲线左端点，按住鼠标右键移动视图到左端放开，移动光标判断直径大小，单击左键，再单击右键，得到藤蔓曲面，将藤蔓曲面转换到“图层 03”，取名“藤蔓”。如图 1.168 所示。

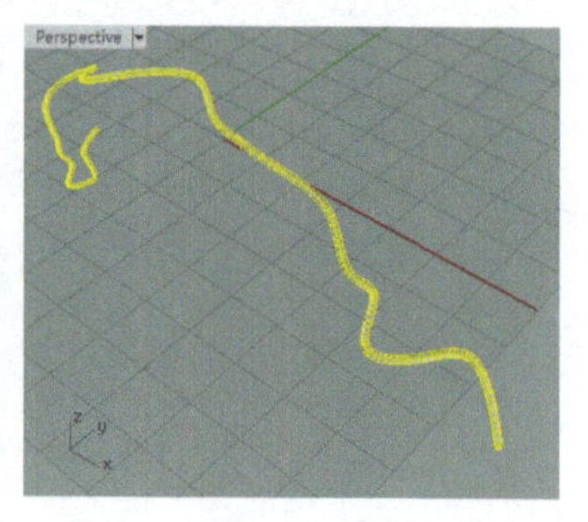

图 1.168　制作藤蔓（2）

20 在 Front 视图将“喇叭花”移动到“花蒂”的正确位置。按住键盘的 Shift 键，点选“喇叭花”和“花蒂”，单击“群组”工具，将“喇叭花”和“花蒂”编成一组。如图 1.169 所示。

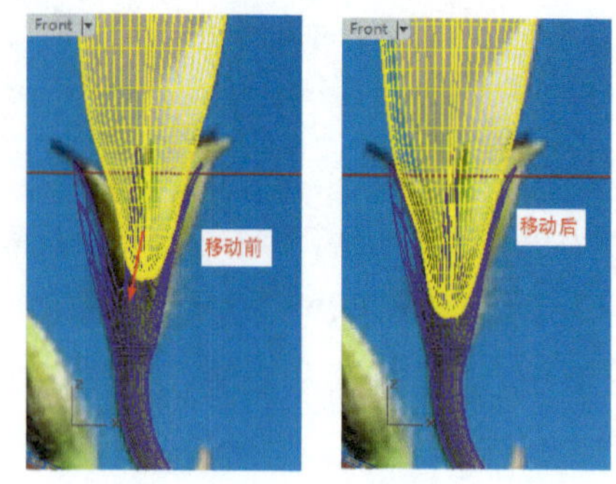

图 1.169　花与花蒂合体

21 在 Top 视图，将“花蒂”的❶端移动到“藤蔓”的正确位置。这时“喇叭花”和“花蒂”是一起移动的。如图 1.170 所示。

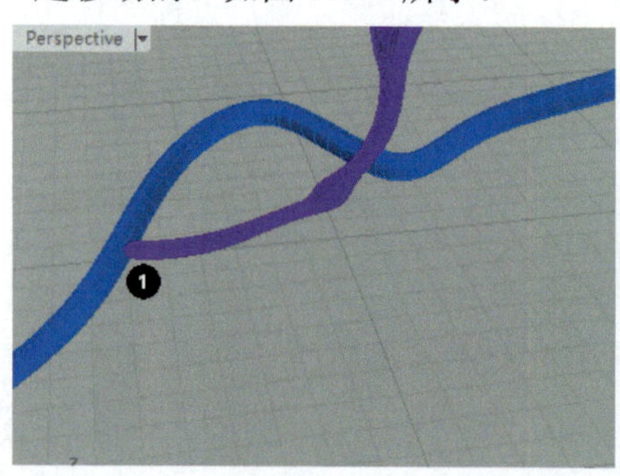

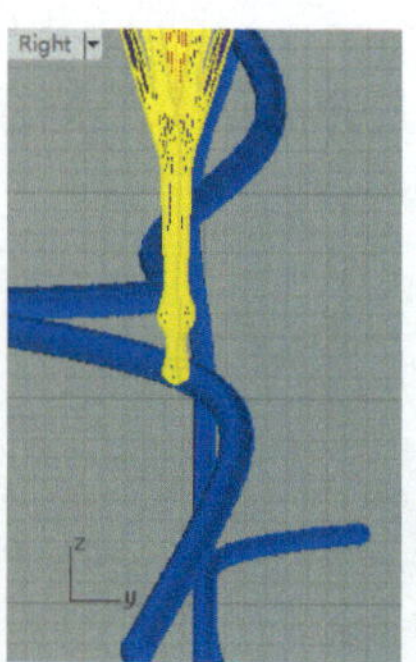

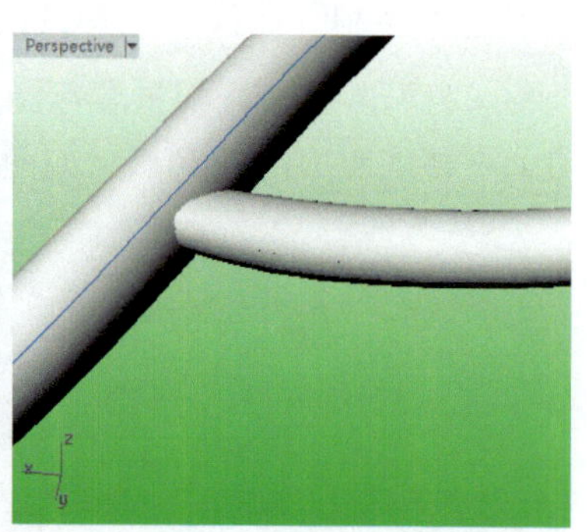

图 1.170　移动花（1）

22 单击“复制”工具，点选“喇叭花”将其复制到图示位置，单击“2D 旋转”工具，在不同视图灵活旋转，将其旋转、移动到“藤蔓”的正确位置。如图 1.171 所示。

图 1.171　移动花（2）

1.12 铅笔建模

建模思路

绘制一个六边形，将其拉伸成六棱柱体，即未削的“铅笔”，再建立一个有圆锥凹面的实体，即模拟“刨笔刀”，用其差集“铅笔”就得到削过的“铅笔”形状，再用“抛物体工具”做出“笔芯”，用“圆柱体工具”做出“橡皮头”等。如图 1.172 所示。

图 1.172　设置参数

建模步骤

01 在上方工具栏中单击，在弹出的“文件内容”中点选“格线”，按照图 1.173 所示设置参数，单击“确定”按钮。

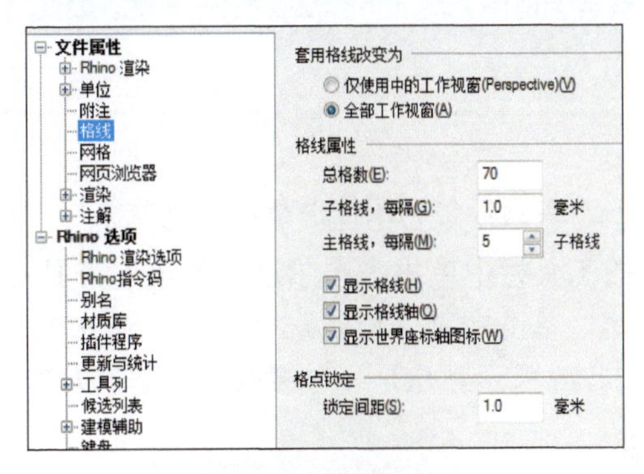

图 1.173　设置参数

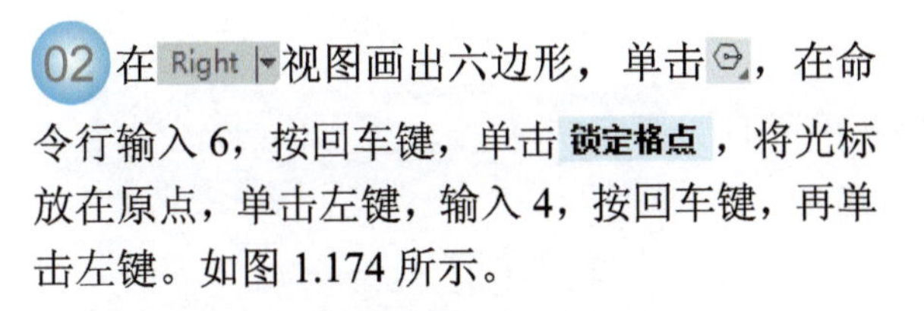

02 在 Right 视图画出六边形，单击，在命令行输入 6，按回车键，单击 **锁定格点** ，将光标放在原点，单击左键，输入 4，按回车键，再单击左键。如图 1.174 所示。

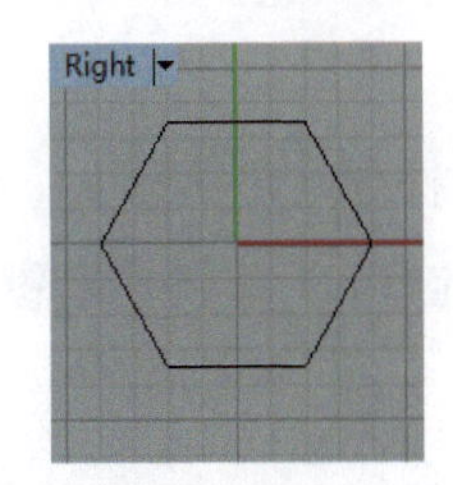

图 1.174　制作六边形

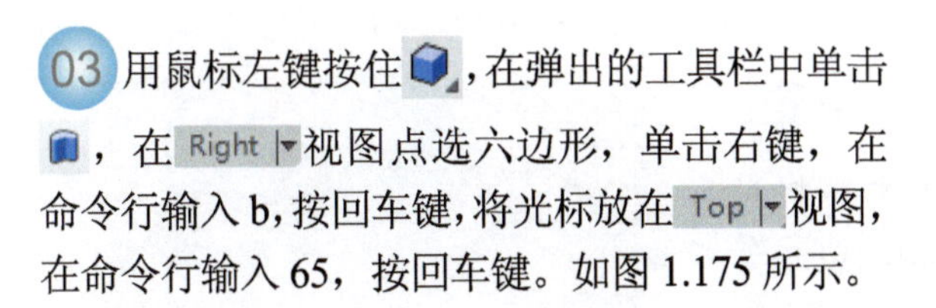

03 用鼠标左键按住，在弹出的工具栏中单击，在 Right 视图点选六边形，单击右键，在命令行输入 b，按回车键，将光标放在 Top 视图，在命令行输入 65，按回车键。如图 1.175 所示。

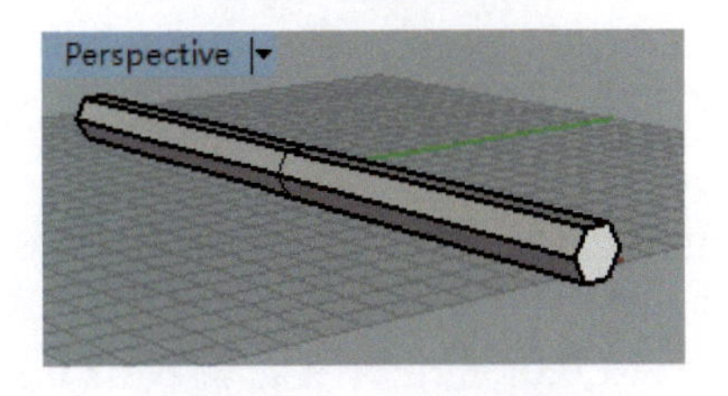

图 1.175　制作六棱柱

04 对六棱柱倒角。按住 ，在弹出的工具栏中点选 ，在命令行输入 0.2，按回车键，在 Perspective 视图按住鼠标左键，从右上向左下移动光标选取六棱柱，按回车键，再按回车键，六棱柱被倒圆角。如图 1.176 所示。

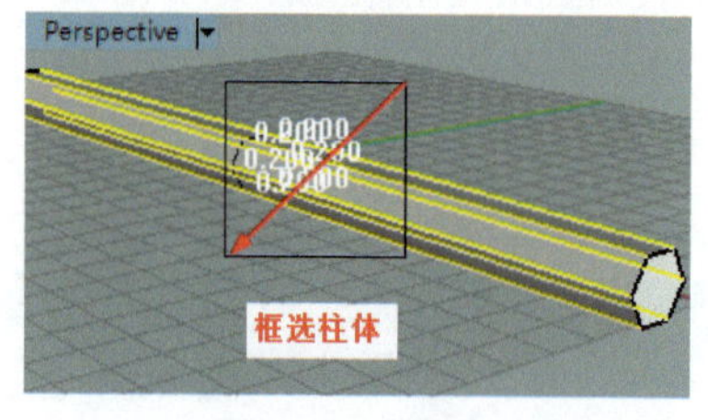

图 1.176　倒角

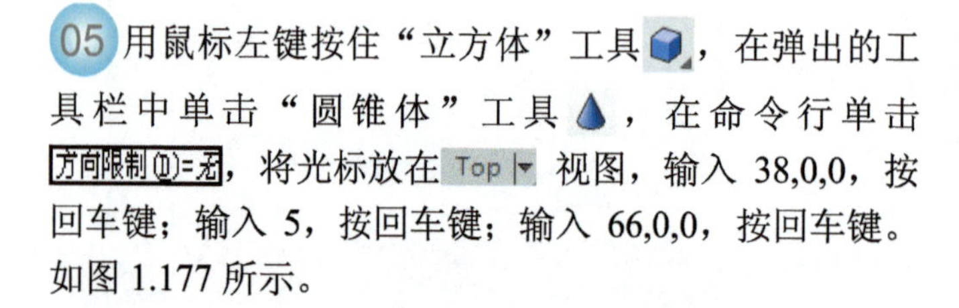
05 用鼠标左键按住“立方体”工具 ，在弹出的工具栏中单击“圆锥体”工具 ，在命令行单击 方向限制(D)=无，将光标放在 Top 视图，输入 38,0,0，按回车键；输入 5，按回车键；输入 66,0,0，按回车键。如图 1.177 所示。

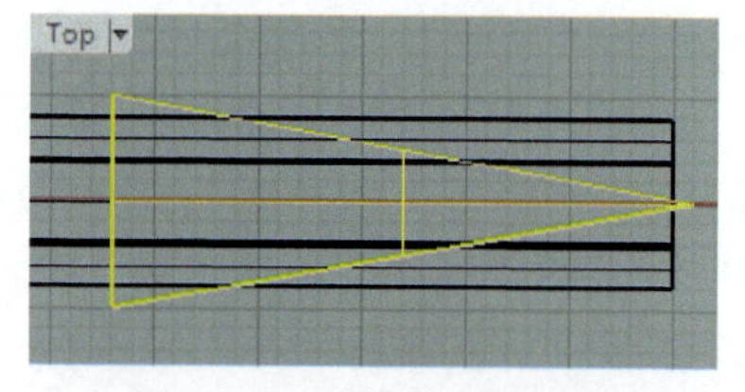

图 1.177　制作笔尖（1）

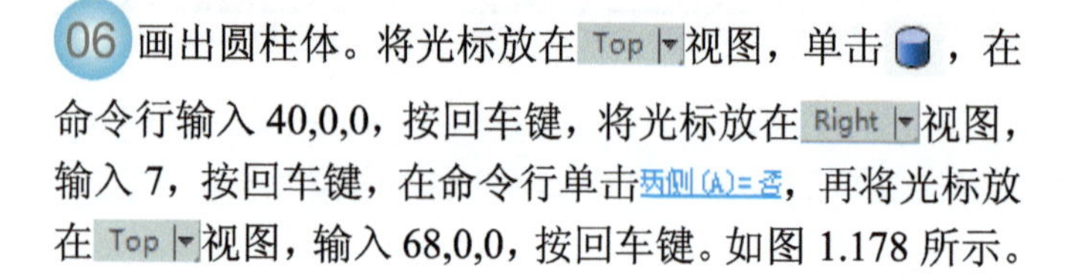
06 画出圆柱体。将光标放在 Top 视图，单击 ，在命令行输入 40,0,0，按回车键，将光标放在 Right 视图，输入 7，按回车键，在命令行单击两侧(A)=否，再将光标放在 Top 视图，输入 68,0,0，按回车键。如图 1.178 所示。

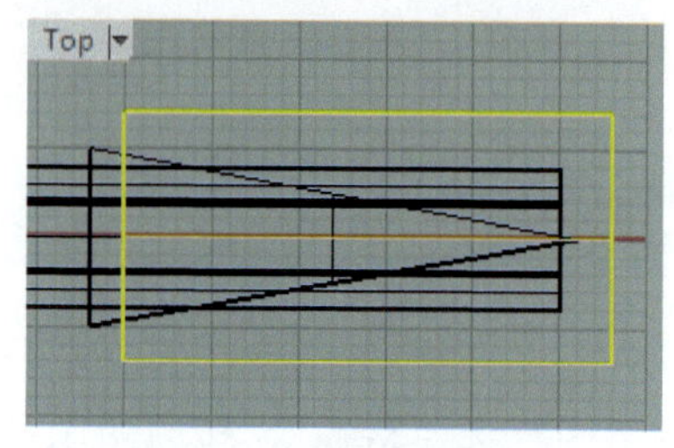

图 1.178　制作笔尖（2）

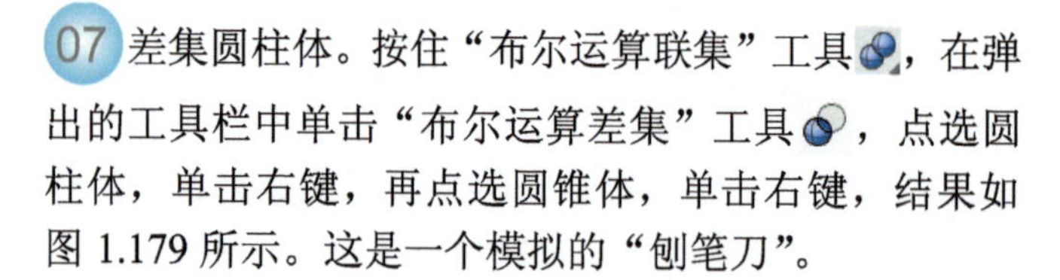
07 差集圆柱体。按住“布尔运算联集”工具 ，在弹出的工具栏中单击“布尔运算差集”工具 ，点选圆柱体，单击右键，再点选圆锥体，单击右键，结果如图 1.179 所示。这是一个模拟的“刨笔刀”。

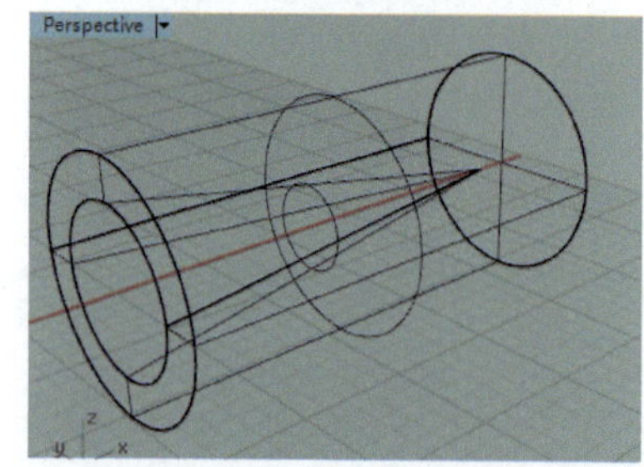

图 1.179　制作笔尖（3）

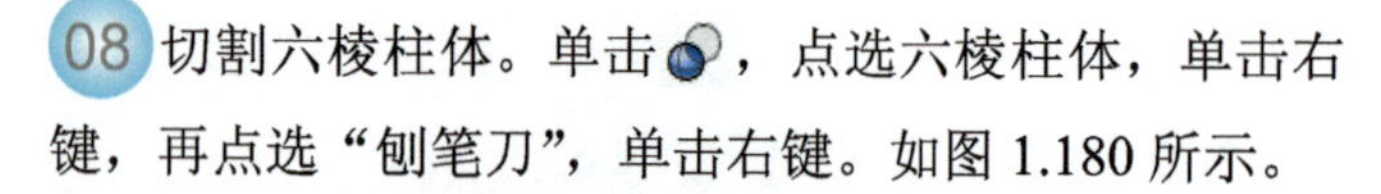
08 切割六棱柱体。单击 ，点选六棱柱体，单击右键，再点选“刨笔刀”，单击右键。如图 1.180 所示。

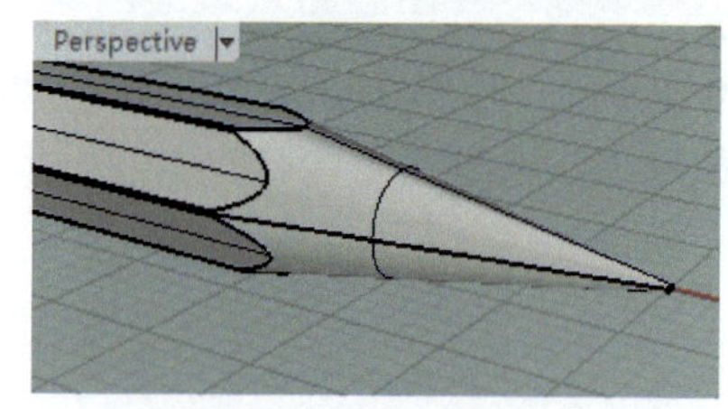

图 1.180　制作笔尖（4）

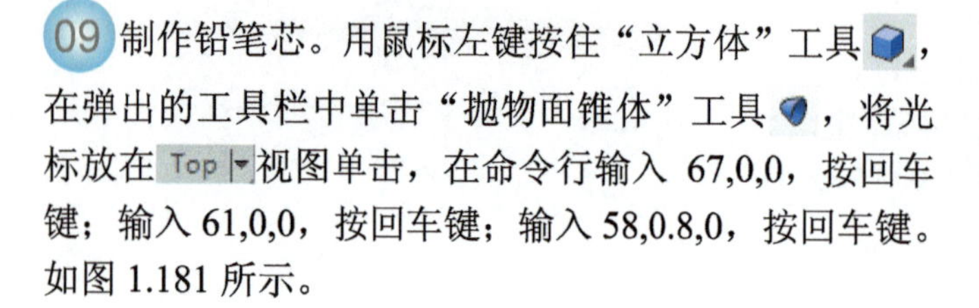
09 制作铅笔芯。用鼠标左键按住“立方体”工具 ，在弹出的工具栏中单击“抛物面锥体”工具 ，将光标放在 Top 视图单击，在命令行输入 67,0,0，按回车键；输入 61,0,0，按回车键；输入 58,0.8,0，按回车键。如图 1.181 所示。

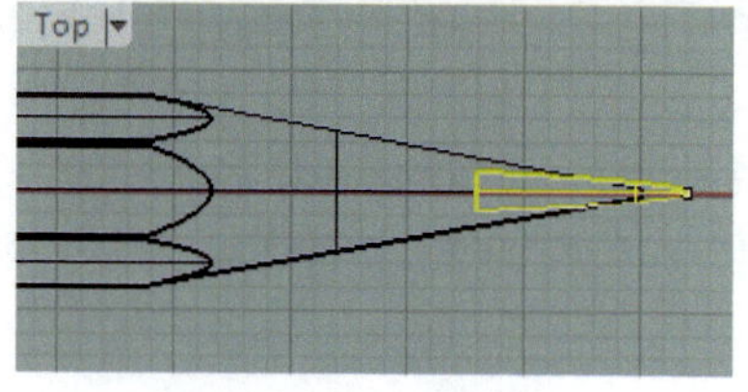

图 1.181　制作笔芯

10 制作橡皮头。将光标放在Top视图，单击，在命令行将方向限制(D)=无单击为“无”，输入–65,0,0，按回车键；输入4.1，按回车键；输入–80,0,0，按回车键。结果如图1.182所示。

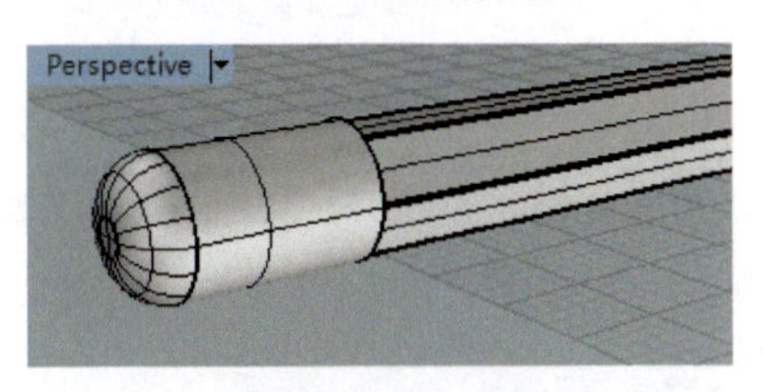

图1.182 制作橡皮头

11 给橡皮头倒角，单击，在命令行输入3，按回车键，点选橡皮头顶端边线，单击右键，结果如图1.183所示。

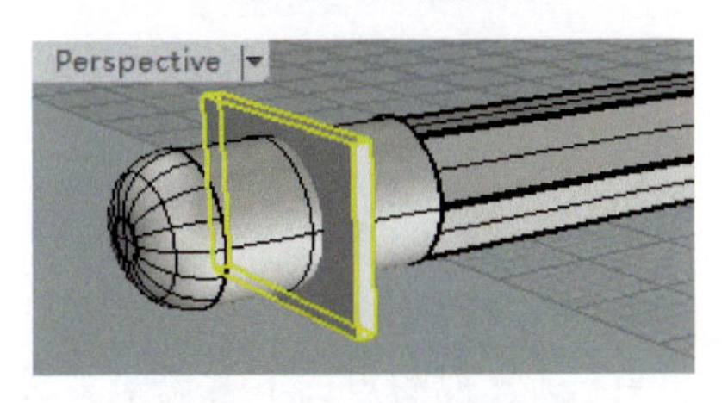

图1.183 倒角

12 建立切割橡皮头的实体，将光标放在Top视图，单击，在命令行输入–72,7,5，按回车键；输入–71,–7,5，按回车键；输入–10，按回车键，结果如图1.184所示。

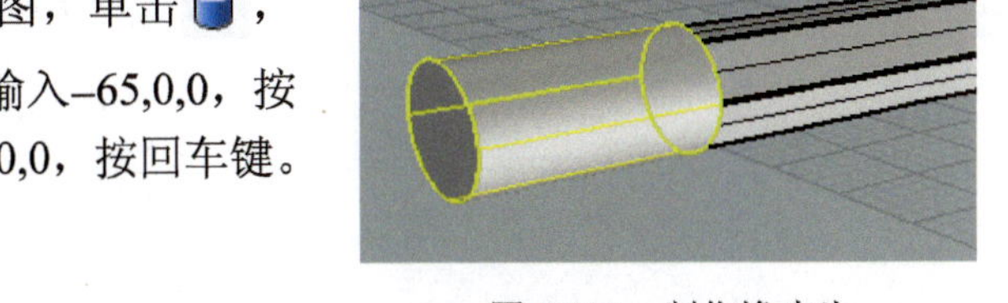

图1.184 切割橡皮头

13 单击，点选橡皮头，单击右键确定，再点选矩形实体，单击右键确定，结果如图1.185所示，将橡皮头靠拢。

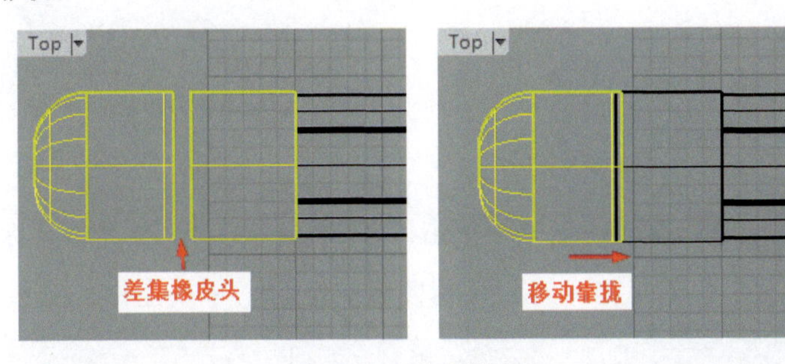

图1.185 移动橡皮头

14 在笔杆上建立文字图案，将光标放在Top视图，单击“文字物件”工具，在弹出的对话框中，按图1.186所示进行设置。

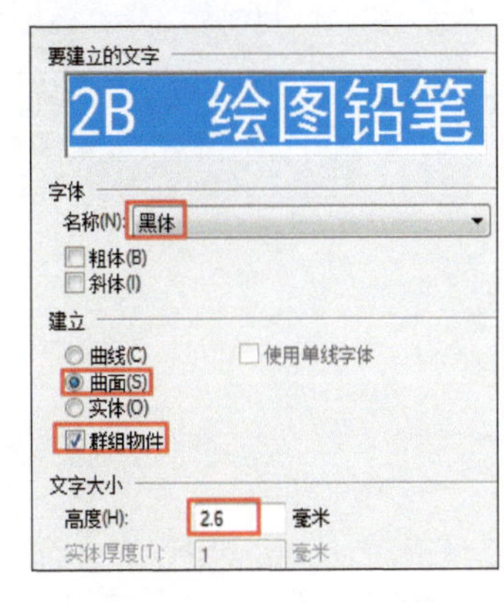

图1.186 设置文字属性

15 将文字调整到图示位置。注意，文字应放于笔杆平面之上一点。如图 1.187 所示。

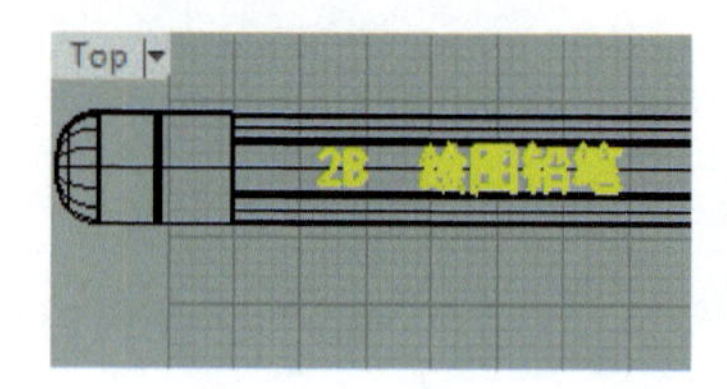

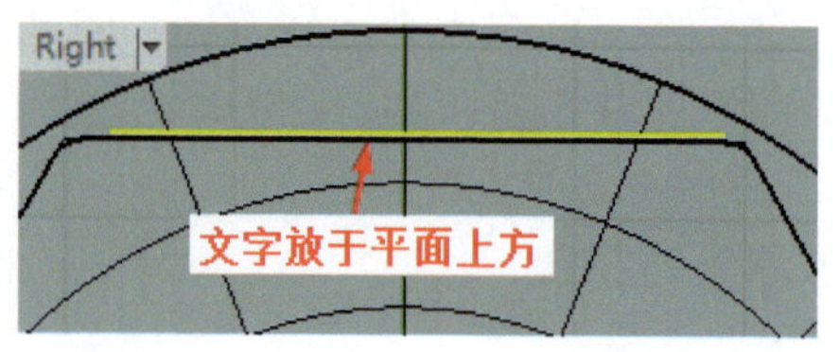

图 1.187　调整文字位置

16 框选铅笔全部物件，单击“复制”工具 ，在 Top 视图复制一只铅笔，如图 1.188 所示。

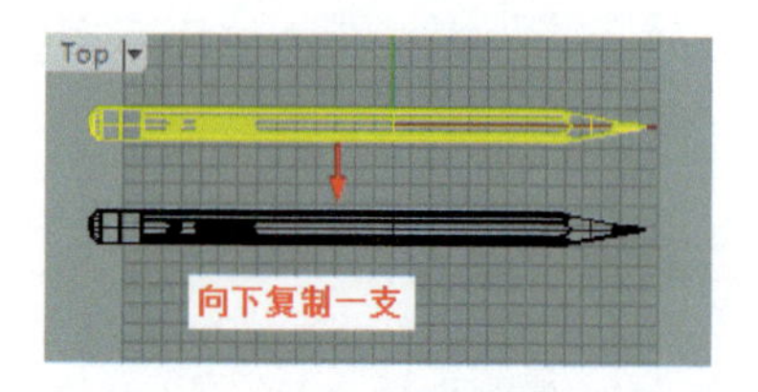

图 1.188　复制铅笔

17 框选一支铅笔的全部，单击“群组”工具 ，这是给该笔的部件建成一个组，便于选取，给另一只铅笔也建组。

18 在 Top 视图点选下方铅笔，单击“2D 旋转”工具 ，将光标放在❶，单击左键，移到❷，单击左键，移到❸，单击左键。结果如图 1.189 所示。

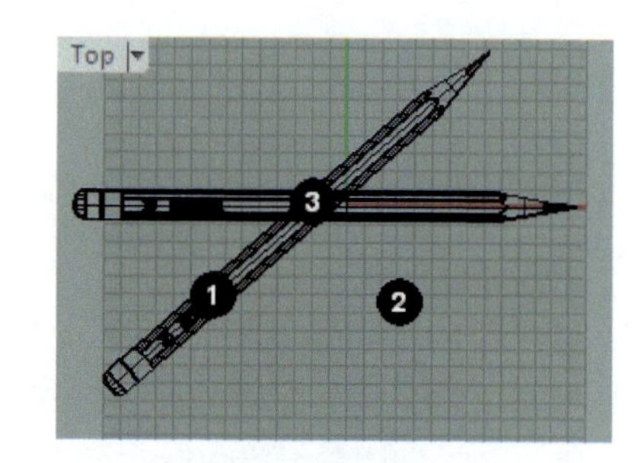

图 1.189　2D 旋转（1）

19 在 Right 视图中点选已旋转的铅笔，单击“2D 旋转”工具 ，将光标放在支点❶，单击左键，水平移到❷，单击左键，向上移到棱边支点❸，单击左键。结果如图 1.190 所示。

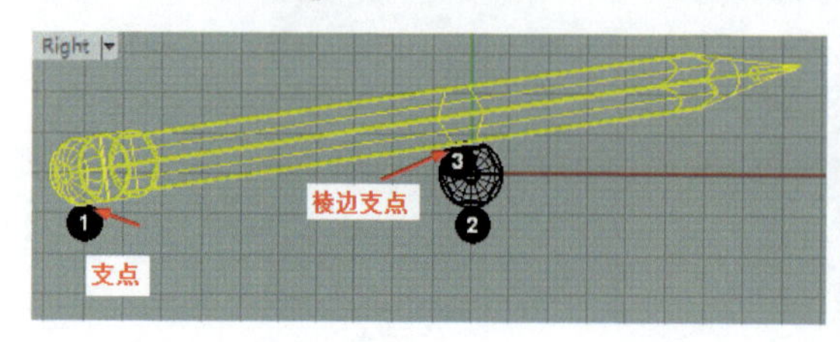

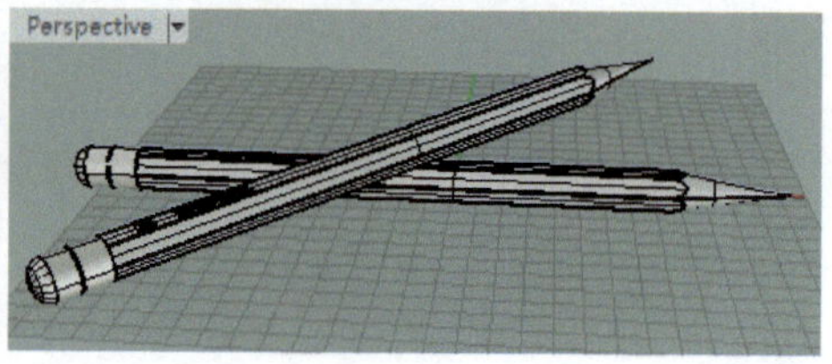

图 1.190　2D 旋转（2）

1.13 三管交接建模

建模思路

交接处采用先分段混接一部分，再用“嵌面”工具补面，用“衔接曲面”工具进行连接性调整，用“组合”工具组合曲面。如图 1.191 所示。

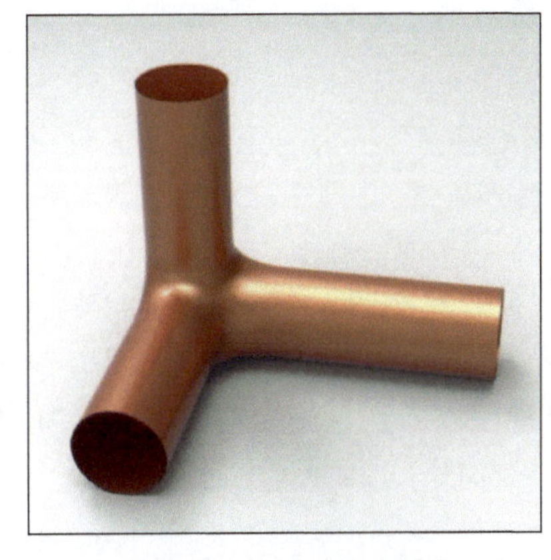

图 1.191 三管交接建模

建模步骤

01 单击，按图 1.192 所示设置参数。单位为毫米。

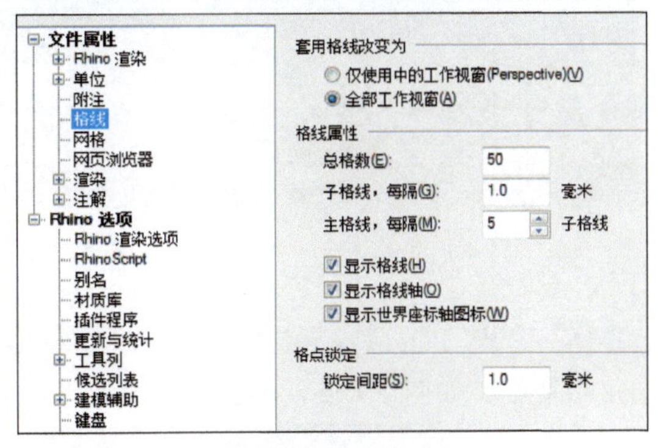

图 1.192 设置参数

02 在 Top 视图，单击“圆”工具，在命令行输入 0,0,20，按回车键；输入 10，按回车键。用鼠标按住“指定三或四个角建立曲面”工具，在弹出的工具栏中单击“直线挤出”工具，在 Front 视图点选圆线，单击右键，输入 0,50,0，按回车键，得到空心圆柱体，删除圆线。如图 1.193 所示。

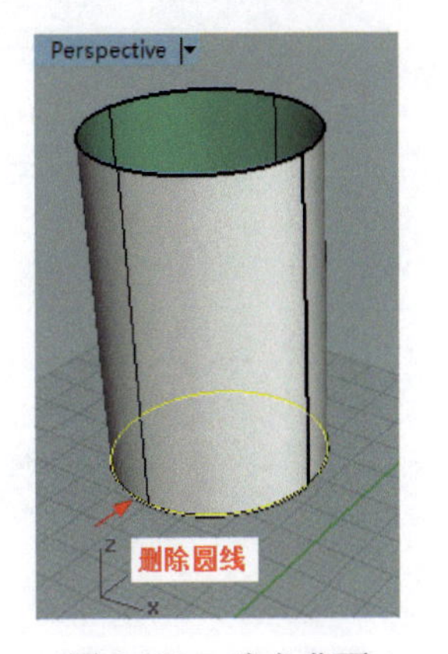

图 1.193 建立曲面

03 单击“多重直线”工具，在 Top 视图通过原点绘制 2 条直线，单击“分割”工具，在 Top 视图点选圆柱体，单击右键，点选 2 条直线，单击右键，圆柱体被分割成 4 部分，删除 2 条直线。如图 1.194 所示。

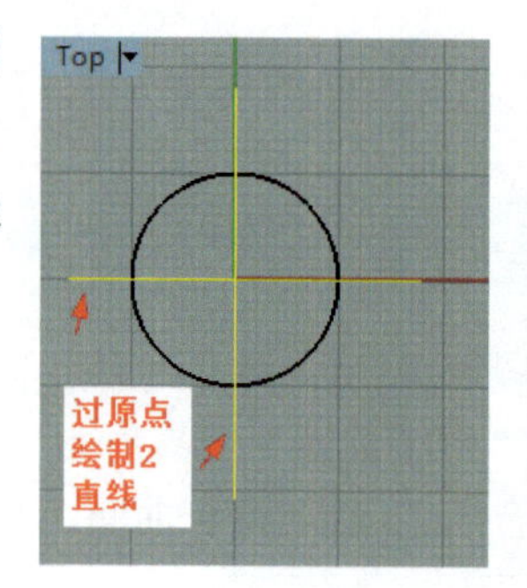

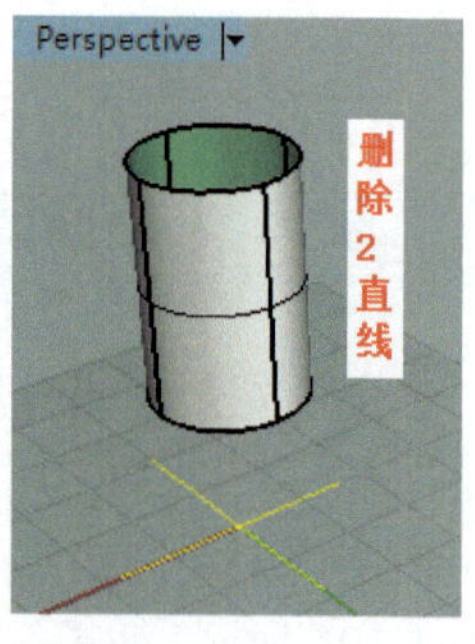

图 1.194　分割圆柱体

04 单击“2D 旋转”工具，框选圆柱体，单击右键，在命令行单击“复制=是”复制(C)=是，将光标放在 Front 视图，以原点为旋转轴，旋转复制 1 个水平方向的圆柱体。同样方法，在 Top 视图以原点为旋转轴，将水平方向的圆柱体旋转复制 1 个垂直方向圆柱体，得到 3 个圆柱体。如图 1.195 所示。

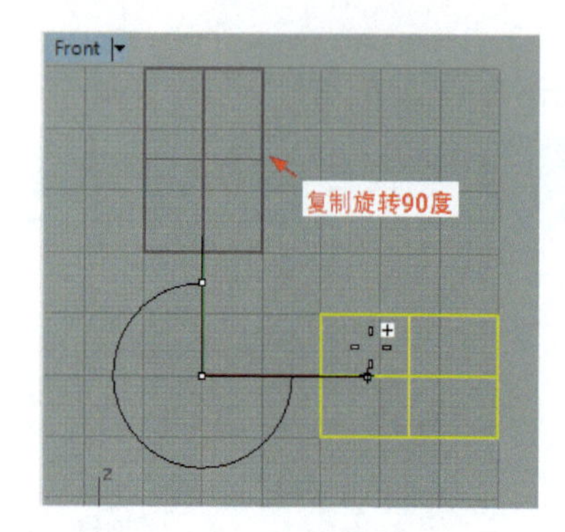

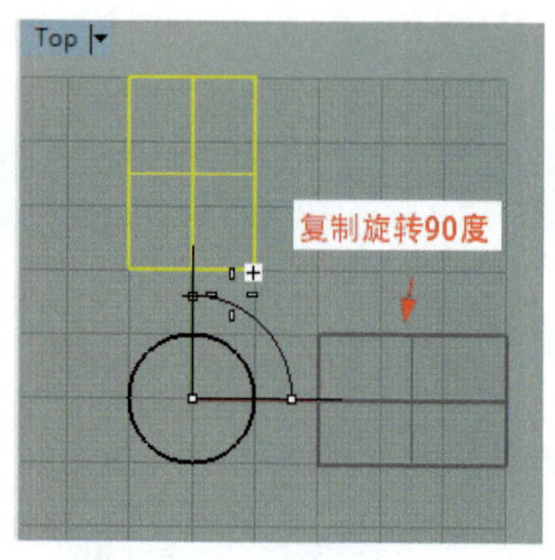

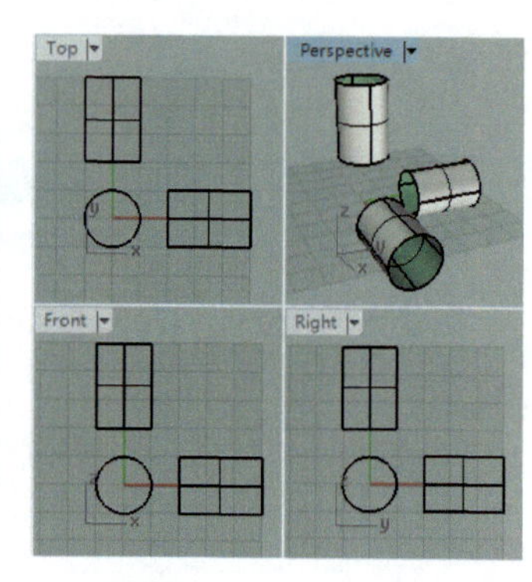

图 1.195　复制圆柱体

05 按住 Shift 键，在 Perspective 视图点选黄色部分曲面，单击“隐藏物件”工具，将这部分曲面隐藏。如图 1.196 所示。

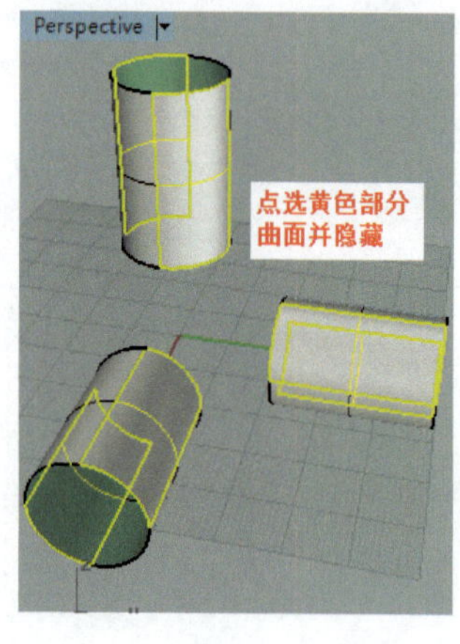

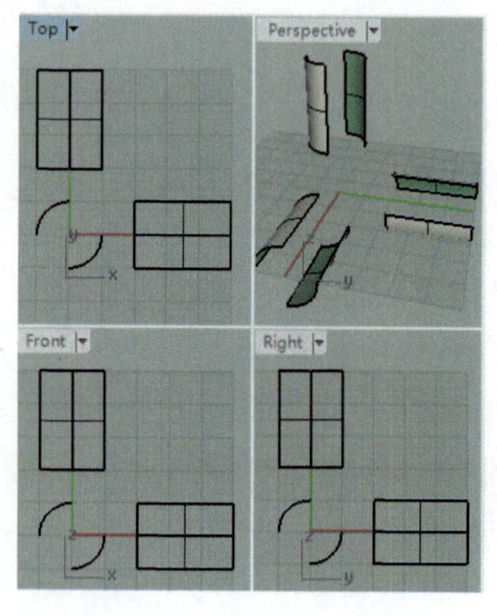

图 1.196　隐藏曲面

06 按住“曲面圆角”工具，在弹出的工具栏中单击“混接曲面”工具，点选❶曲面

的边，单击右键，点选❷曲面的边，单击右键，按弹出的“调整曲面混接”对话框中设置参数，单击“确定”按钮，如图 1.197 所示。

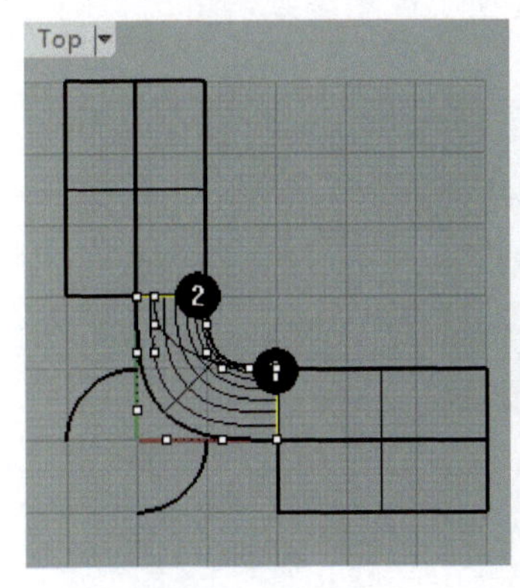

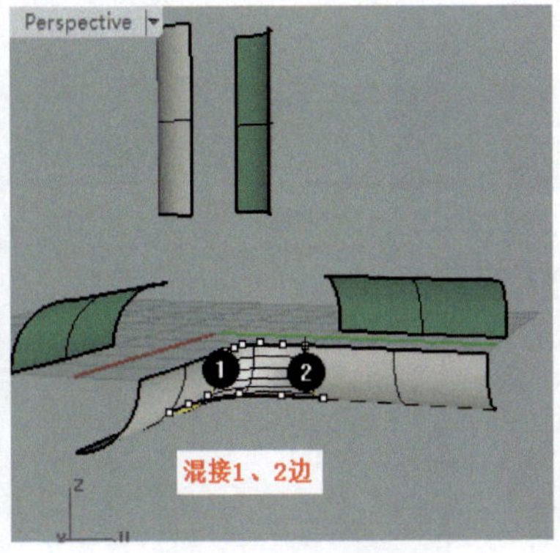

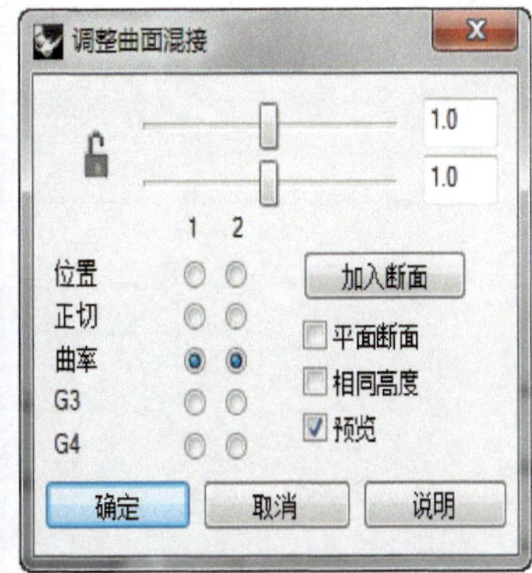

图 1.197 设置参数

07 用上述方法混接其他曲面，参数同上。右键单击 ，将其他曲面显示出来。如图 1.198 所示。

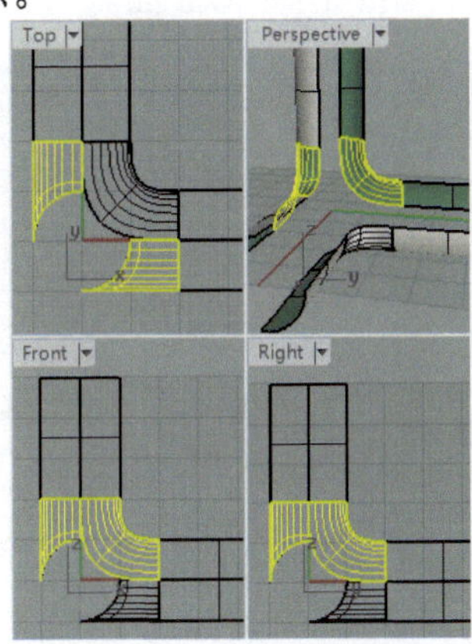

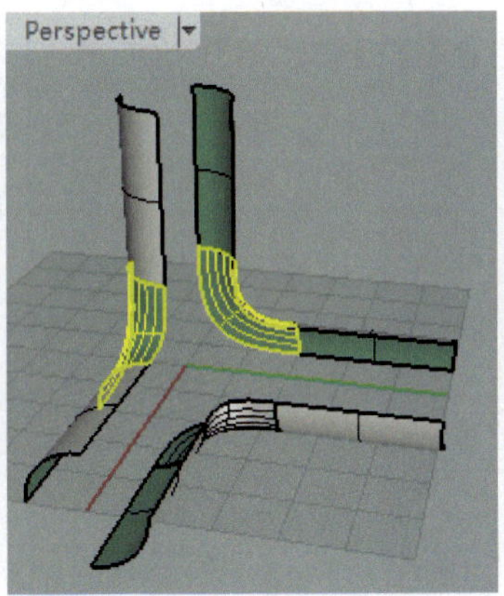

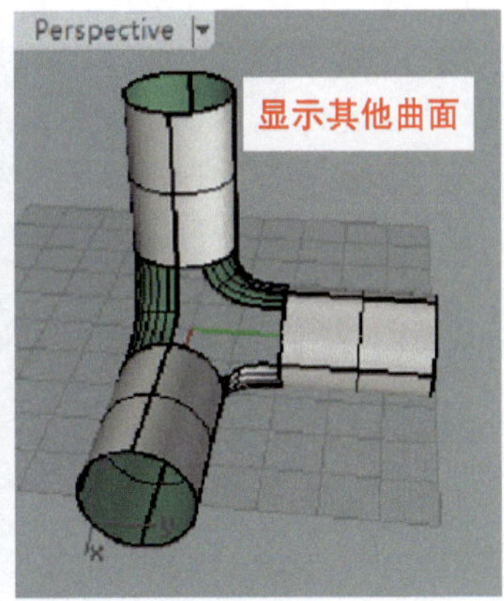

图 1.198 混接其他曲面

08 图中❶曲面白色法线向内说明该曲面反向。右键单击“分析方向”工具 ，点选❶曲面，单击右键，该曲面方向返正。如图 1.199 所示。如果没有这种情况，继续下一步。

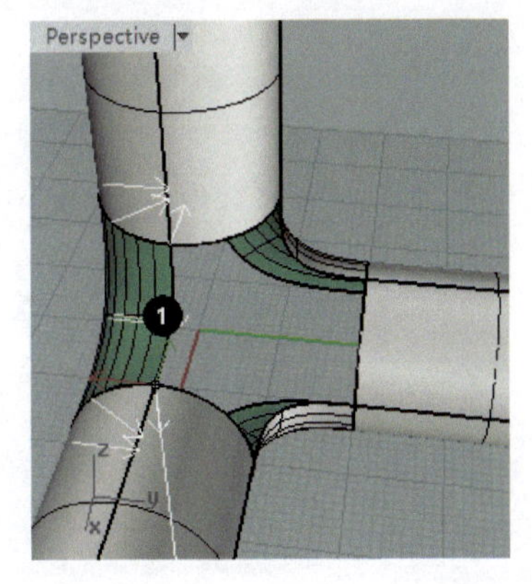

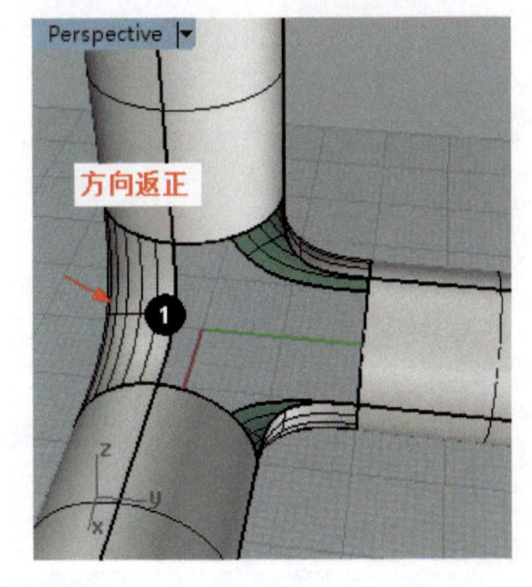

图 1.199 方向返正

09 按住“指定三或四个角建立曲面”工具，在弹出的工具栏中单击“嵌面”工具，依序点选图 1.200 中的 6 个曲面边缘，单击右键，在“嵌面曲面选项”设置参数，单击“确定”按钮。注意曲面的方向。

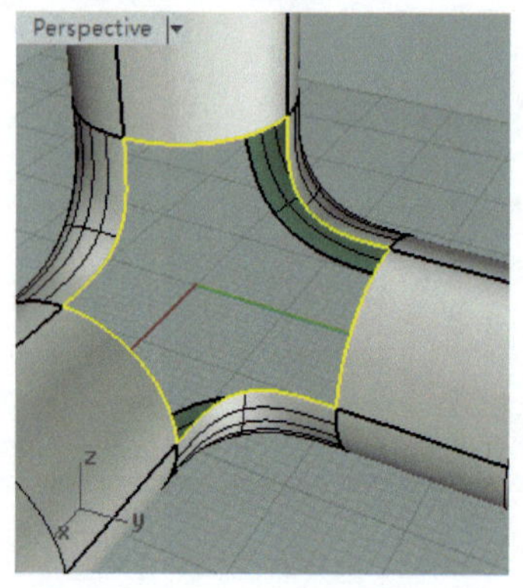

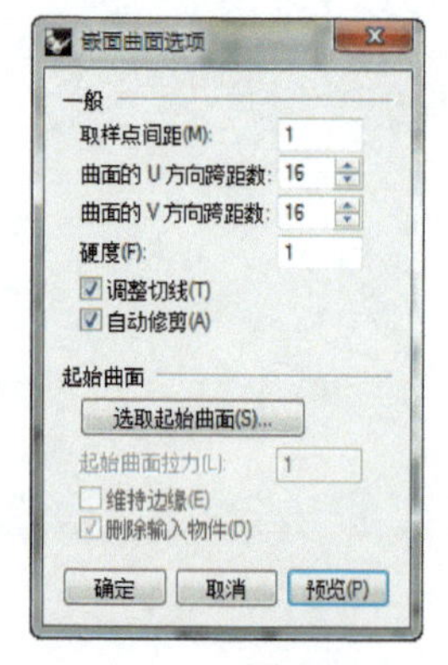

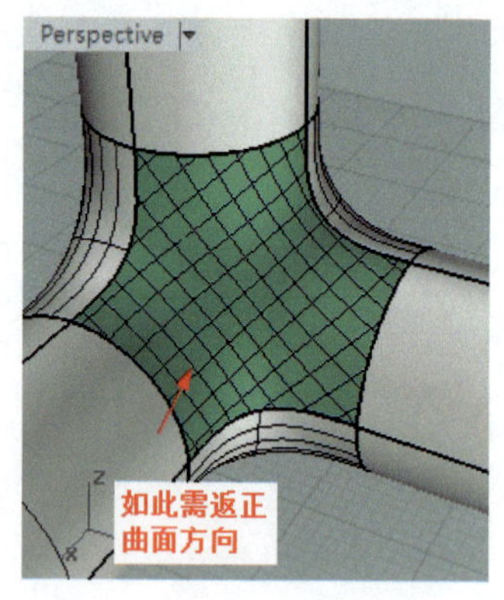

图 1.200　设置参数

10 用上述方法制作图 1.201 所示 6 个曲面边缘嵌面，参数一致。删除圆柱体曲面。

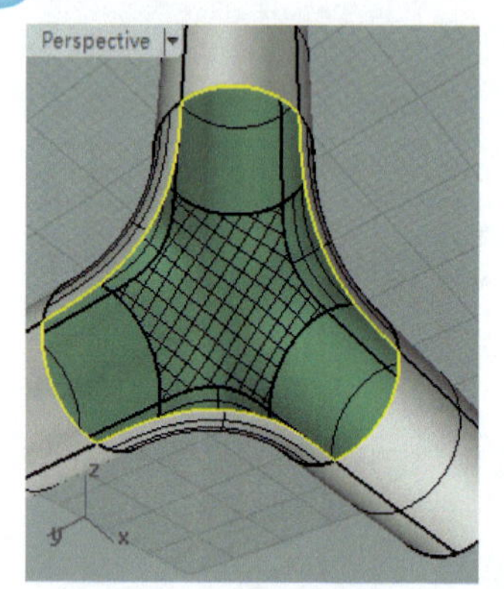

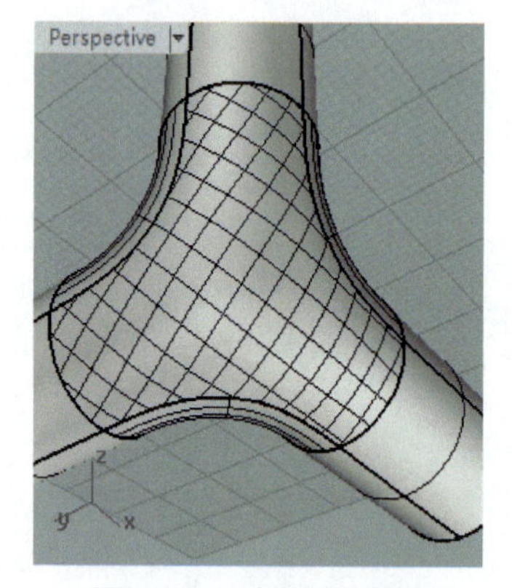

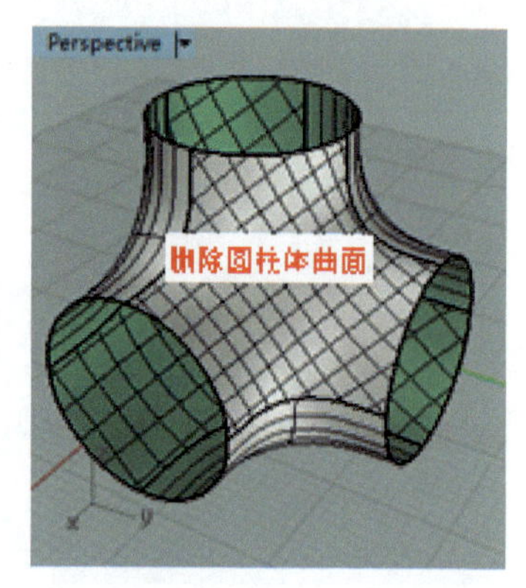

图 1.201　完成曲面嵌面

11 按住“曲面圆角”工具，在弹出的工具栏中单击“衔接曲面”工具，将光标放在 2 个曲面边缘，左键单击 2 次，单击右键，按图 1.202 所示设置参数，单击“确定”按钮。同样方法完成全部衔接。

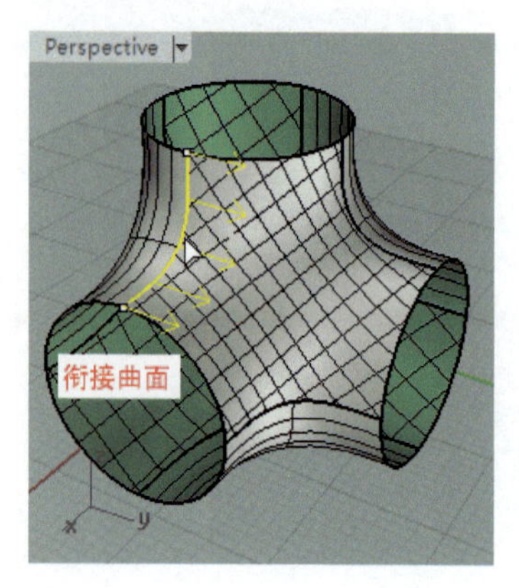

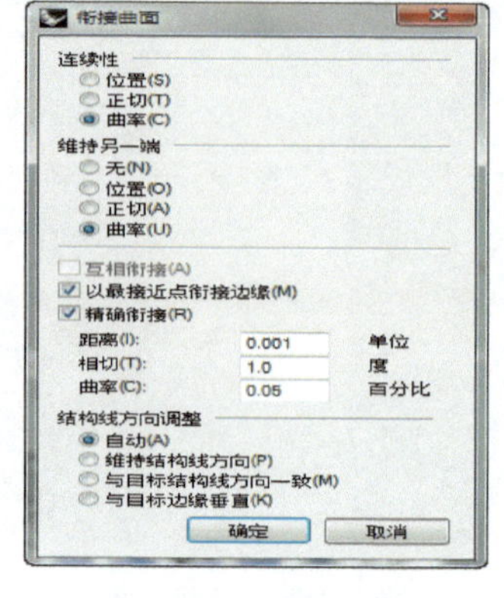

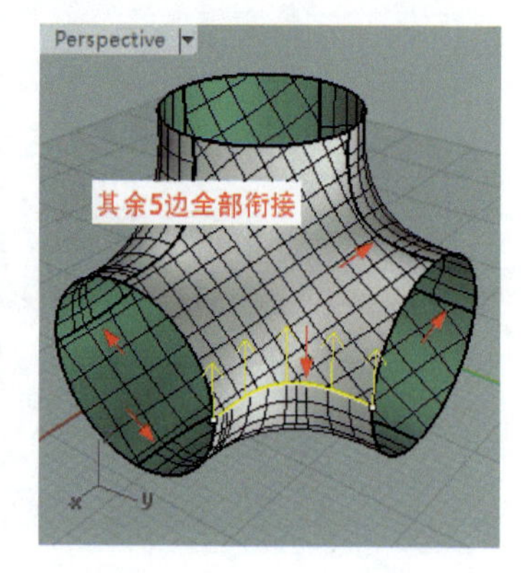

图 1.202　曲面衔接

12 框选全部曲面，单击“组合”工具，按住“指定三或四个角建立曲面”工具，在弹出的工具栏中单击“直线挤出”工具，在 Top 视图逐一点选圆边缘，单击右键，将光标移到 Perspective 视图，向上挤出圆柱曲面。同样方法，在 Front 视图和在 Right 视图挤出其余圆柱曲面，框选全部曲面，单击“组合”工具。如图 1.203 所示。

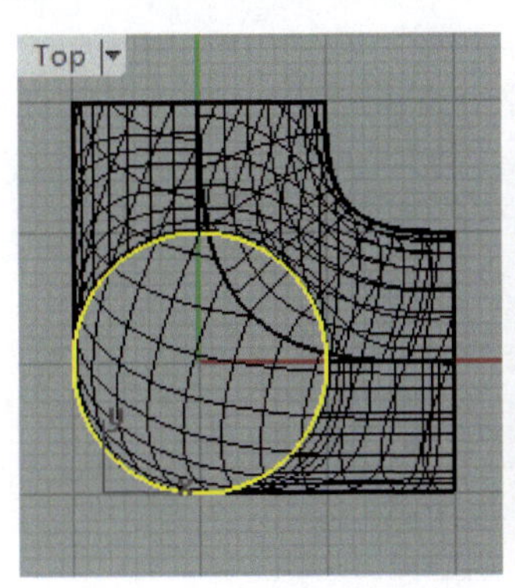

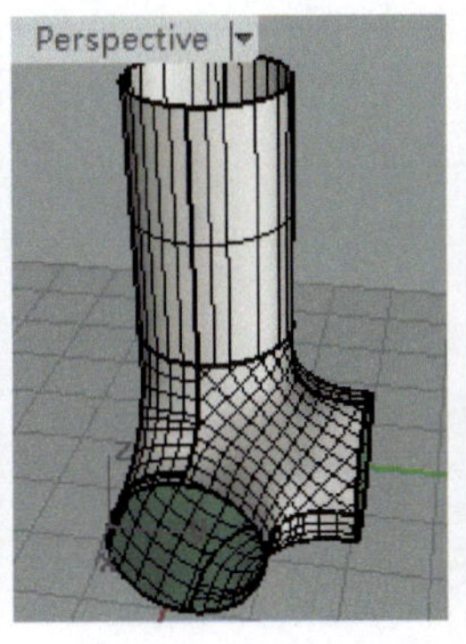

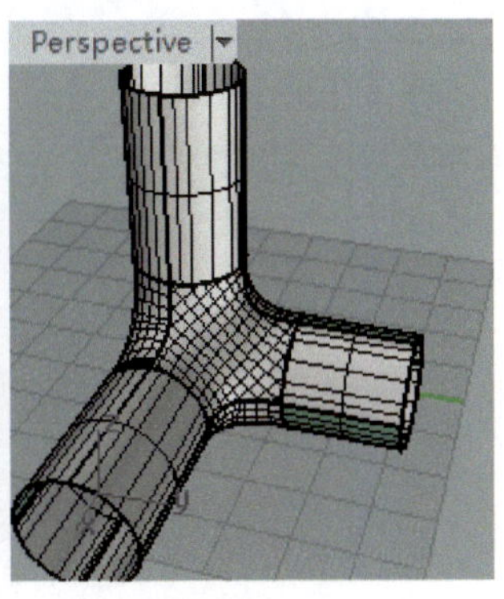

图 1.203　组合曲面

13 按住“分析方向”工具，在弹出的工具栏中，按住“曲率分析”工具，在弹出的工具栏中单击“斑马纹分析”工具，点选曲面，单击右键，可以观察到曲面上的水平方向和垂直方向的斑马纹都是流畅的，曲面质量较好。如图 1.204 所示。

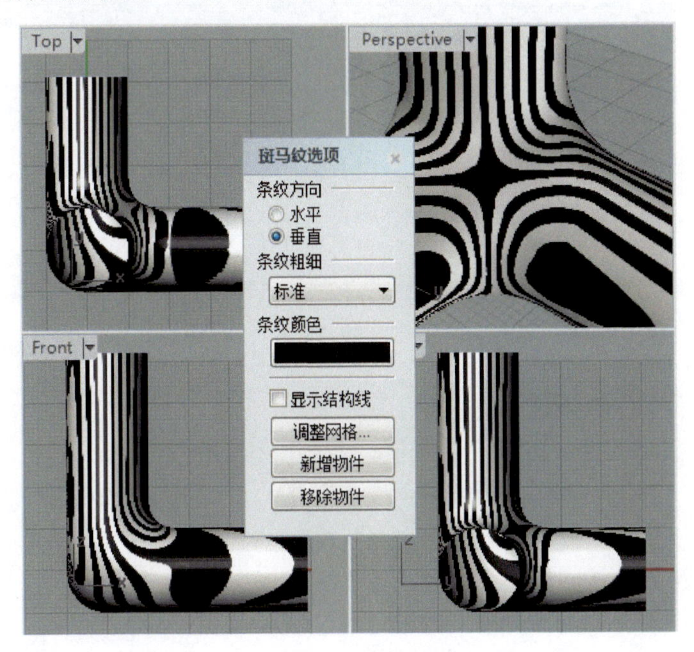

图 1.204　斑马纹选项

1.14　芬兰杯建模

建模思路

画出杯体上下轮廓线和几条侧面轮廓线，用“从网格建立曲面”工具做出杯体曲面，完成细节。如图 1.205 所示。

图 1.205　芬兰杯建模

建模步骤

01 单击，按图 1.206 所示设置参数。单位为毫米。

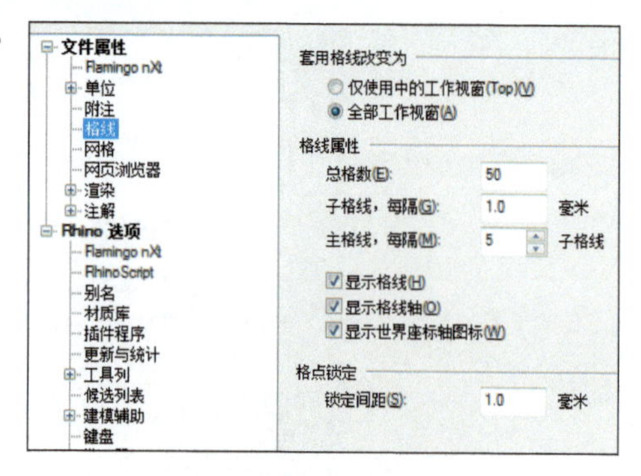

图 1.206　设置参数

02 单击“圆：中心点、半径”工具，把光标放在 Top 视图，切换至英文输入状态，在命令行输入 0，按回车键；输入 20，按回车键。按住上方“四个工作视窗”工具，在弹出的工具栏中按住“背景图”工具，将弹出的这组“背景图”工具拖曳出来，单击“放置背景图”工具，在弹出对话框找到“芬兰杯”图片，单击“打开”，在 Top 视图按住鼠标左键，从左上方向右下方拉出一个框，放开左键，图片被导入。右键单击“关闭工作平面格线”工具。如图 1.207 所示。

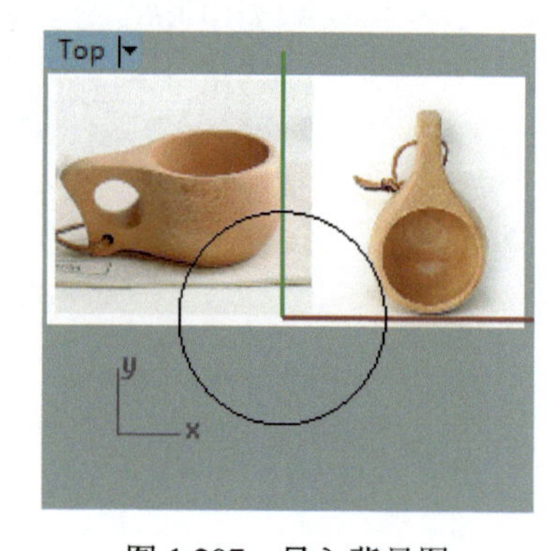

图 1.207　导入背景图

03 单击“移动背景图”工具，以图 1.208 中杯口的圆心（大致位置）为起点移动到圆心，单击左键。

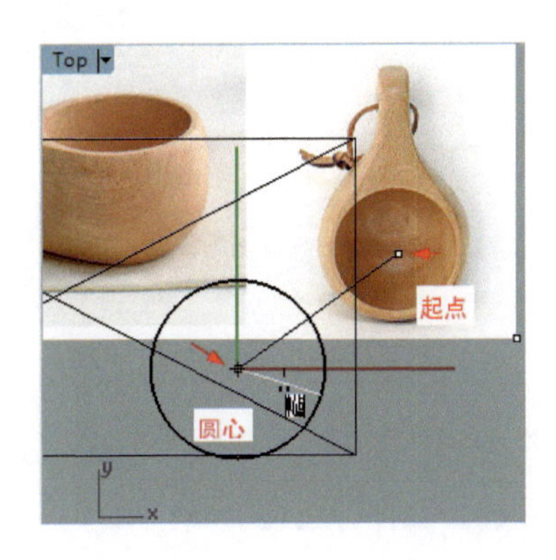

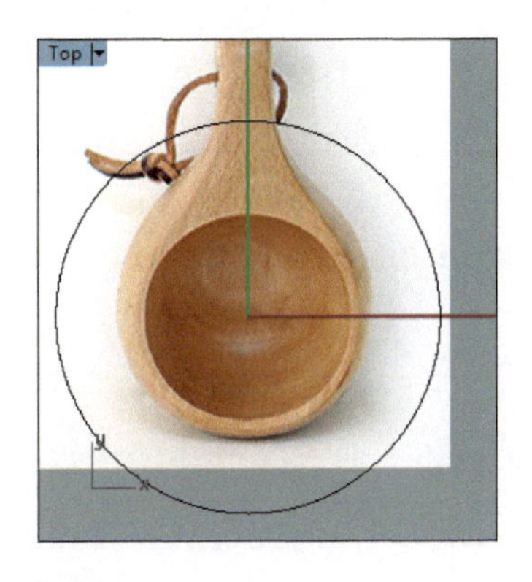

图 1.208　移动背景图

04 单击“缩放背景图”工具，单击 **正交**，依序点选“基点”（圆心）、“第一参考点”（杯口外边）、“第二参考点”（圆边），背景图被放大，结合背景图的移动、缩放工具应用，直到把背景图调整到与圆比较好地吻合。如图 1.209 所示。

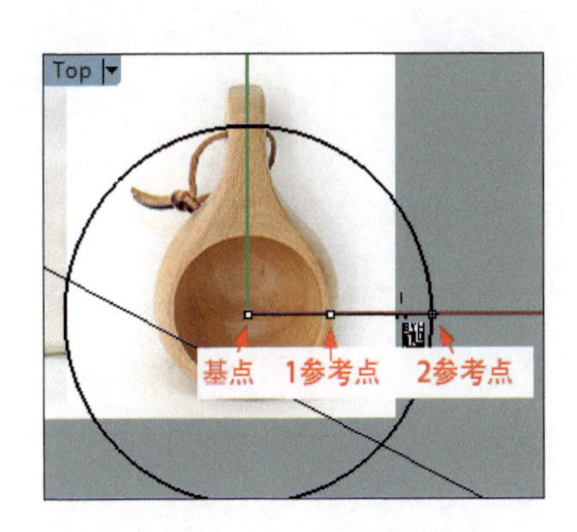

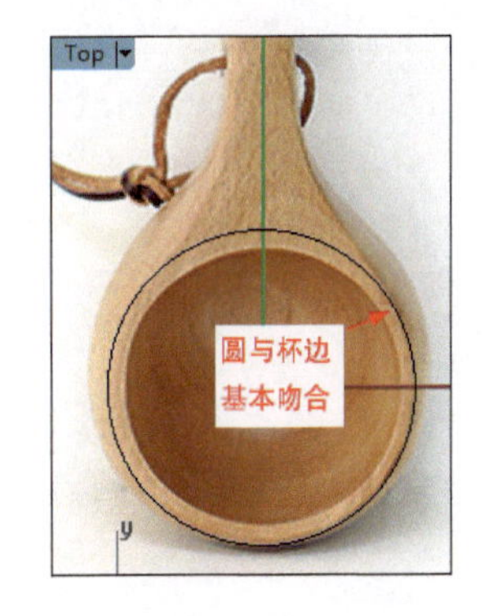

图 1.209　调整背景图

05 单击“控制点曲线”工具，勾选 切点，在 Top 视图绘制曲线，起点必须放在纵轴，终点在圆的“切点”，起点和第二控制点必须在水平直线上，单击“移除背景图”工具，按住“移动”工具，在弹出的工具栏中单击“镜像”工具，以纵轴为镜像轴，将曲线镜像到左边。如图 1.210 所示。

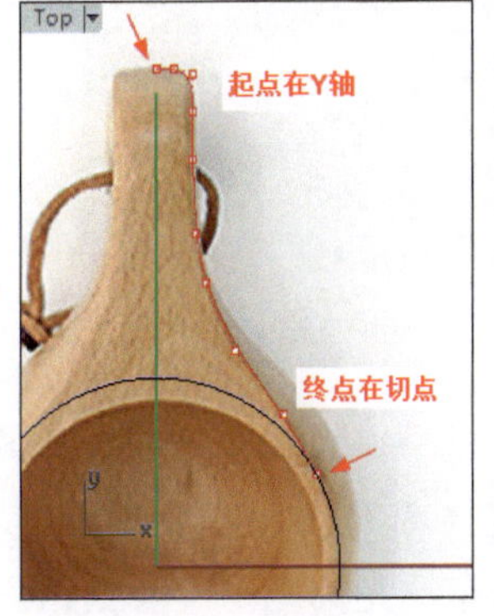

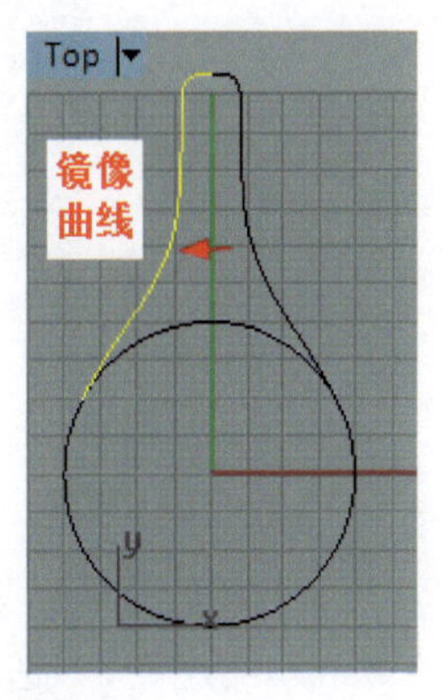

图 1.210　镜像曲线

06 单击“分割”工具，点选圆，单击右键，点选 2 条曲线，单击右键，删除黄色线段，单击“组合”工具，点选全部线段后自动组合，右键单击“二轴缩放”工具，在 Top 视图点选曲线右键，在命令行单击（复制(C)=是），以原点为缩放基点，四分点为参考点，向内缩放 1 个大格。如图 1.211 所示。

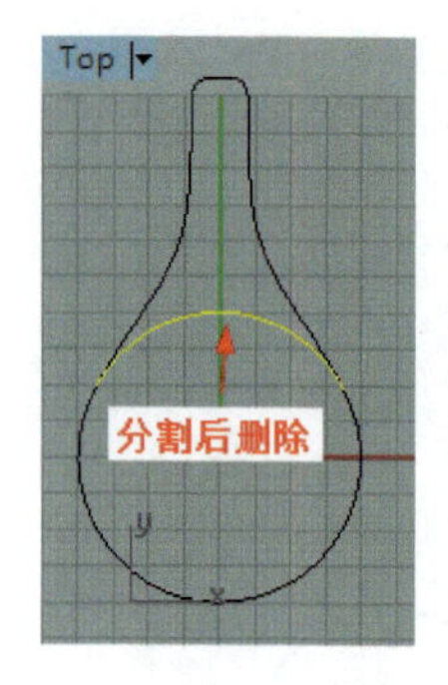

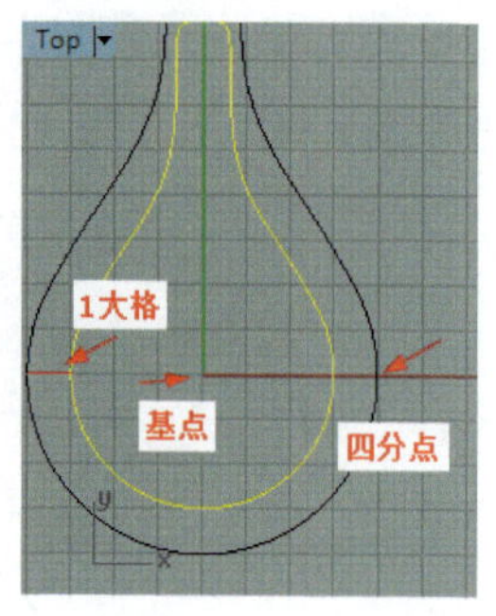

图 1.211　缩放

07 在 Front 视图将大曲线向上垂直移动 7 大格，单击“控制点曲线”工具，勾选 ☑ 四分点，在 Right 视图绘制曲线，捕捉起点和终点的四分点。如图 1.2.12 所示。

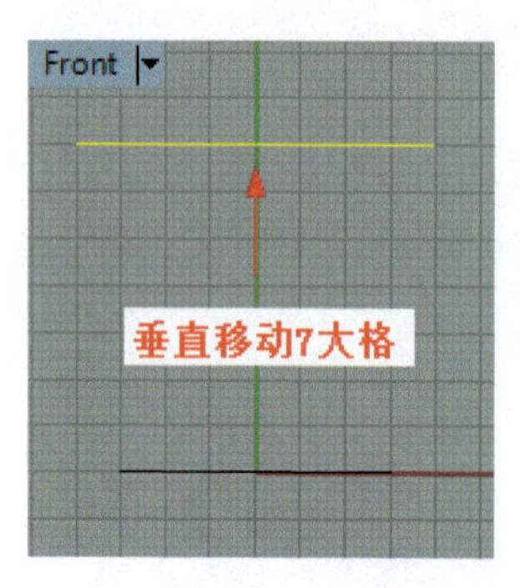

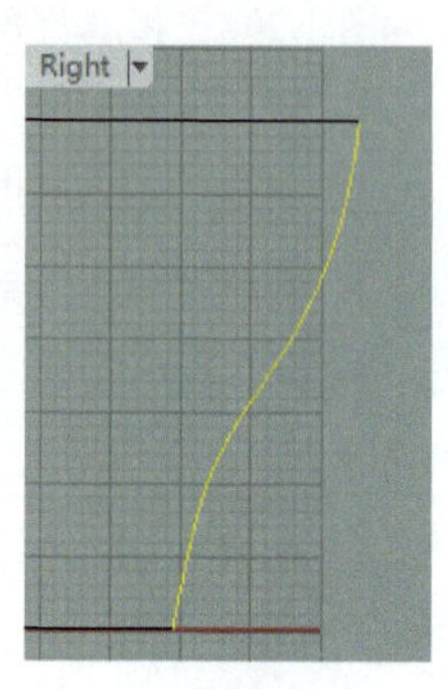

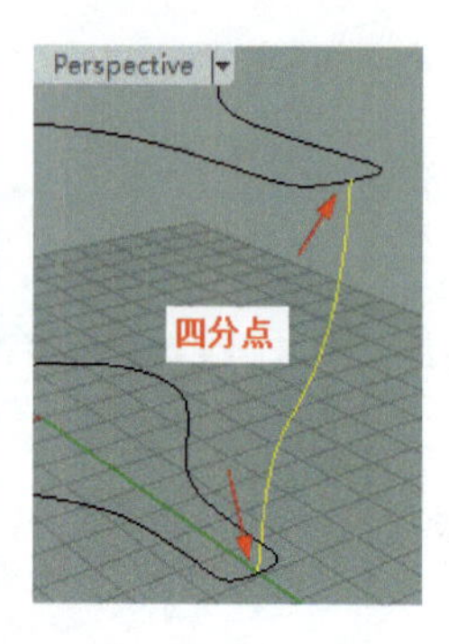

图 1.212　移动曲线

08 按住“圆弧”工具，在弹出的工具栏中单击“圆弧：起点、终点、通过点”工具，勾选 ☑ 四分点，在 Perspective 视图捕捉起点和终点的四分点，将光标移到 Right 视图绘制曲线。如图 1.213 所示。

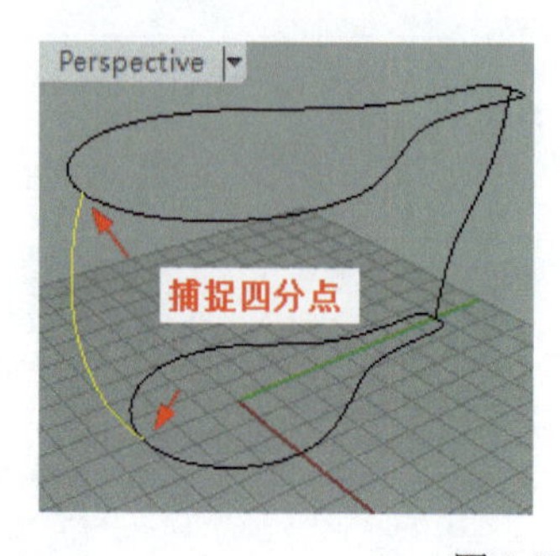

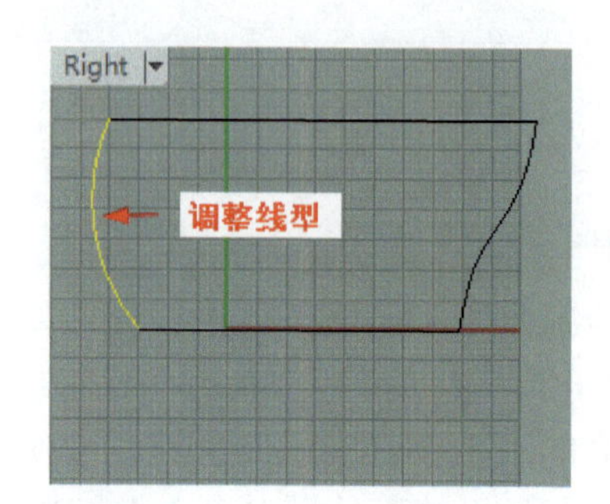

图 1.213　调整线型

09 单击“2D 旋转”工具，点黑 **正交**、**锁定格点**，在 Top 视图点选曲线，单击右键，在命令行单击（复制(C)=是），单击原点，向下垂直移动一下光标，单击左键，向右移动光标水平，单击左键，向左移动光标水平，单击左键，单击右键，旋转并复制了 2 条曲线。如图 1.214 所示。

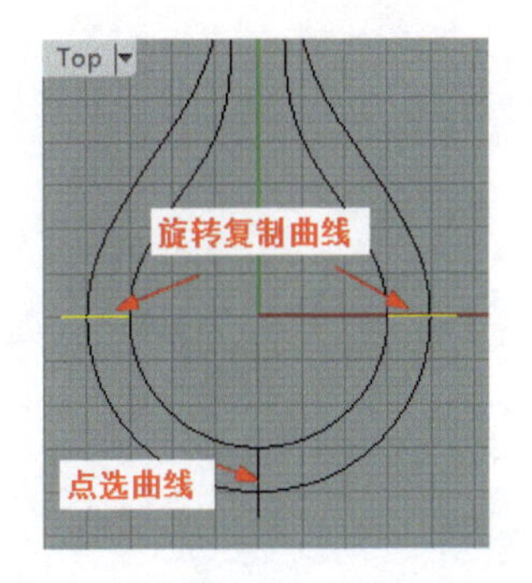

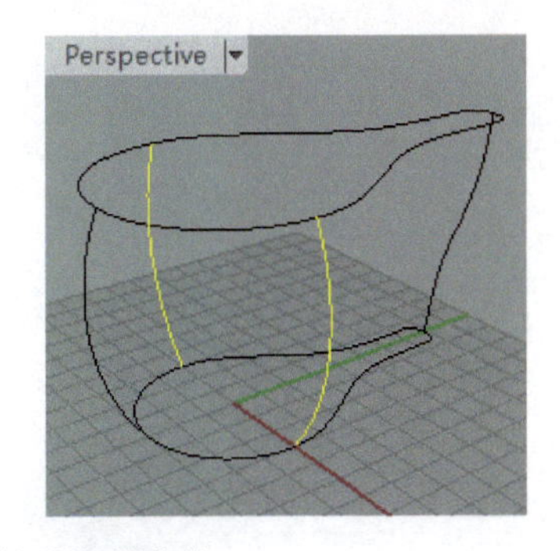

图 1.214 旋转并复制曲线

10 按住“指定三或四个角建立曲面”工具，在弹出的工具栏中单击“从网格线建立曲面”工具，依序点选❶❷❸ ❹❺❻曲线，单击右键，得到杯体曲面，右键单击“分析方向”工具，点选杯体曲面，单击右键。如图 1.215 所示。

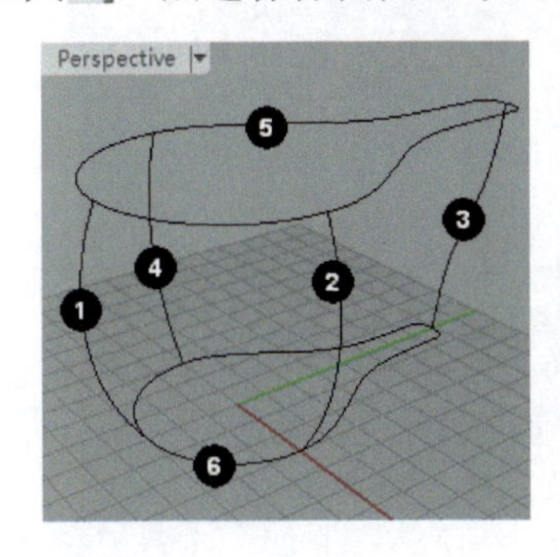

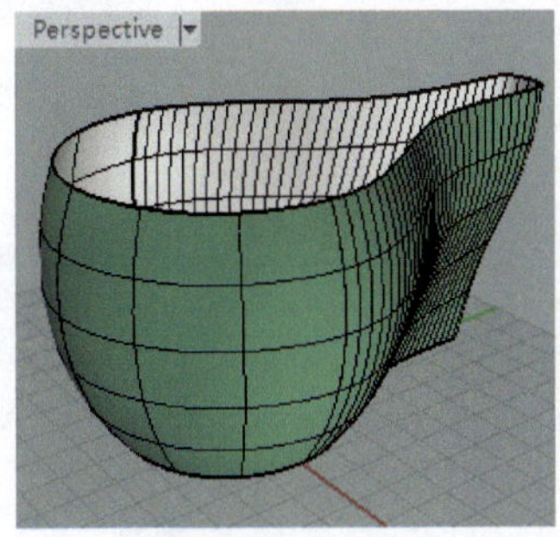

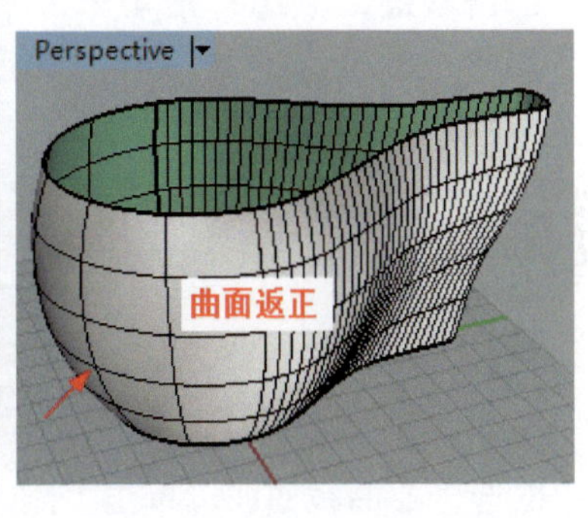

图 1.215 曲面返正

11 单击“控制点曲线”工具，在 Right 视图绘制 4 条曲线，❶❷2 条横线是确定杯体上下形状的关键线，仔细绘制，❸❹曲线的端点必须在❶❷曲线端点上，单击“组合”工具，依序❶❸❷❹点选曲线。如图 1.216 所示。

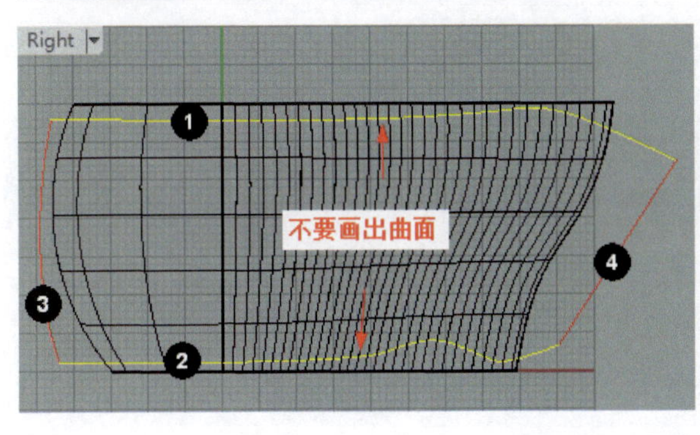

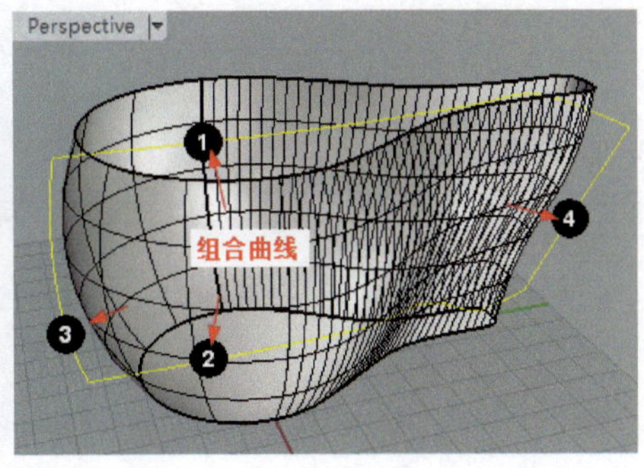

图 1.216 组合曲线

12 按住“立方体”工具，在弹出的工具栏单击“挤出封闭的平面曲线”工具，在 Right 视图点选曲线，单击右键，在命令行单击 两侧(B)=是，将光标移到 Top 视图，挤出宽于杯体的实体。如图 1.217 所示。

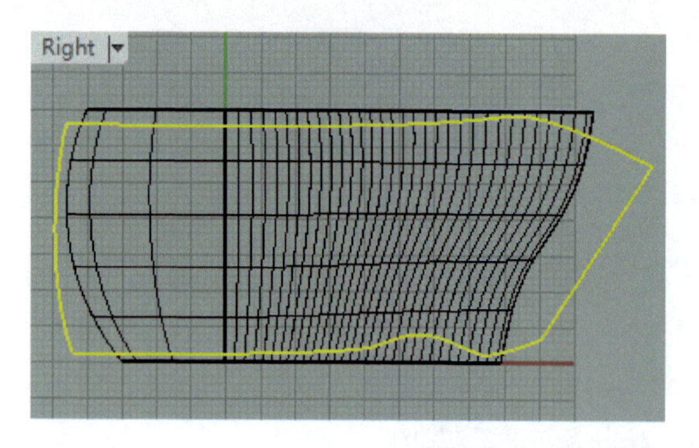

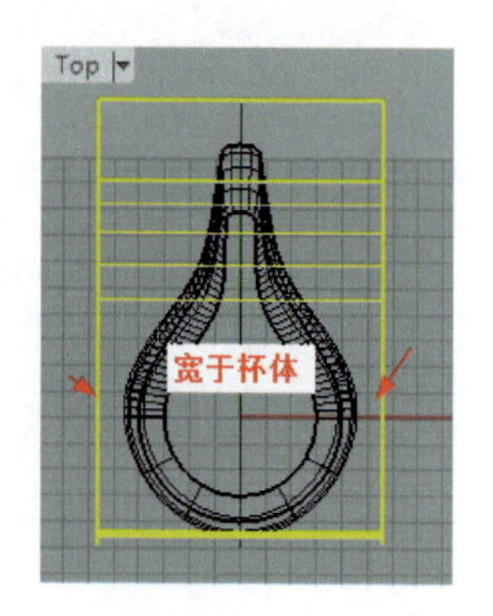

图 1.217　挤出实体

13 按住“布尔运算联集”工具，在弹出的工具栏中单击“布尔运算交集”工具，点选杯体曲面，单击右键，点选挤出实体，单击右键，得到杯体实体。单击保存文件。如图 1.218 所示。

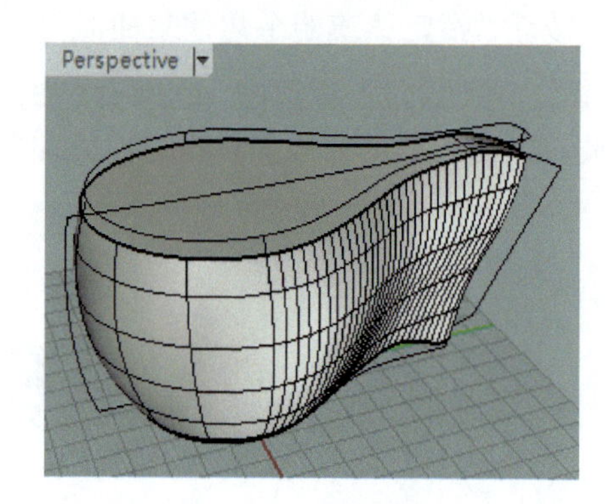

图 1.218　杯体实体

14 框选全部曲线曲面，单击“隐藏物件”工具，单击“圆：中心点、半径”工具，把光标放在 Top 视图，切换至英文输入状态，在命令行输入 0,0,35，按回车键；输入 18，按回车键；单击右键（重复画圆），输入 0,0,5，按回车键；输入 15，按回车键。按住“圆弧”工具，在弹出的工具栏中单击“圆弧：起点、终点、通过点”工具，勾选 ☑ 四分点，在 Right 视图捕捉大圆和小圆的四分点，绘制弧线。如图 1.219 所示。

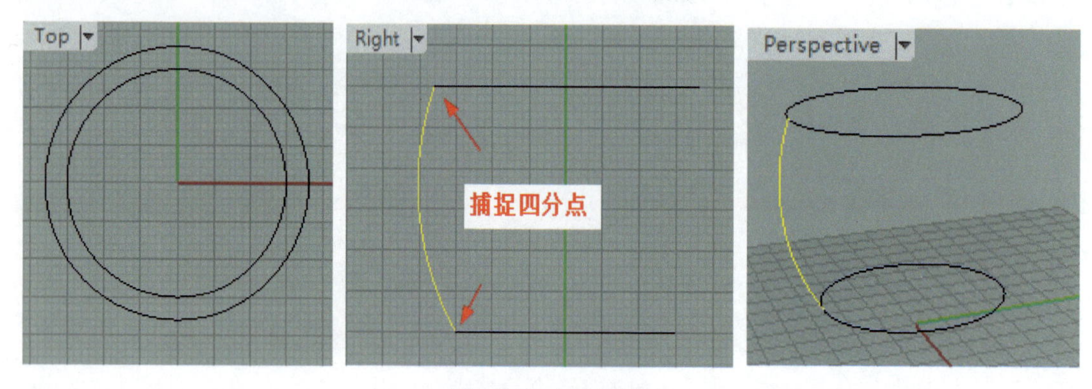

图 1.219　绘制弧线

15 按住“指定三或四个角建立曲面”工具，在弹出的工具栏中单击“双轨扫掠”工具，依序点选❶❷❸曲线，单击右键，单击“确定”按钮，按住“曲面圆角”工具，在弹出的工具栏中单击“将平面洞加盖”工具，点选曲面，单击右键，得到实体❶。如图 1.220 所示。

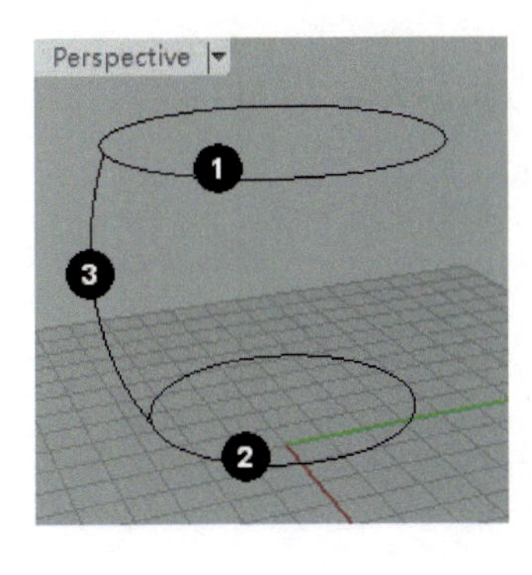

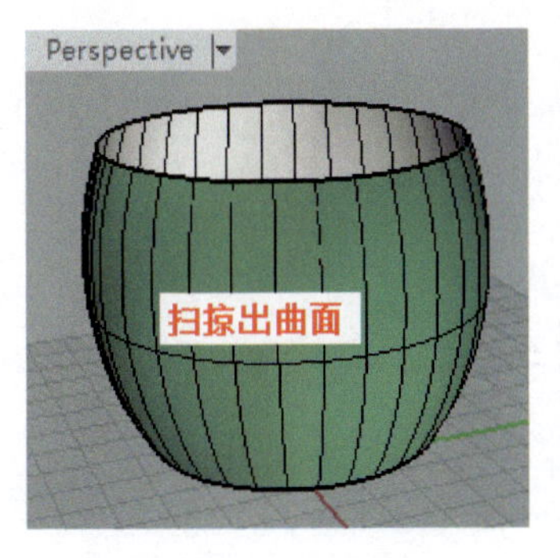

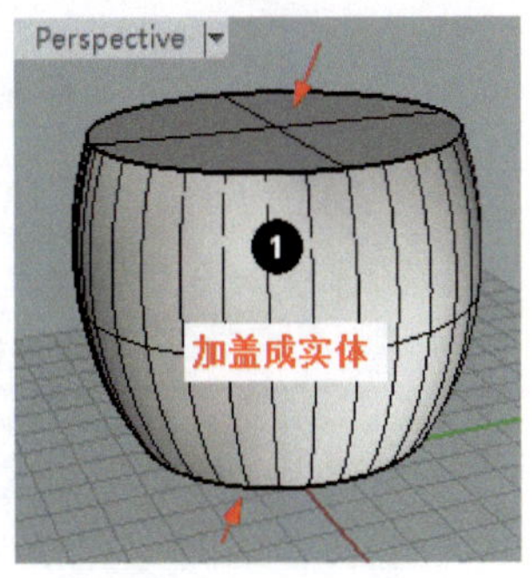

图 1.220　加盖实体

16 按住“布尔运算联集”工具，在弹出工具栏中单击“不等距边缘圆角”工具，输入 8，按回车键，点选实体❶下边，单击右键再单击右键，下边倒圆角。如图 1.221 所示。

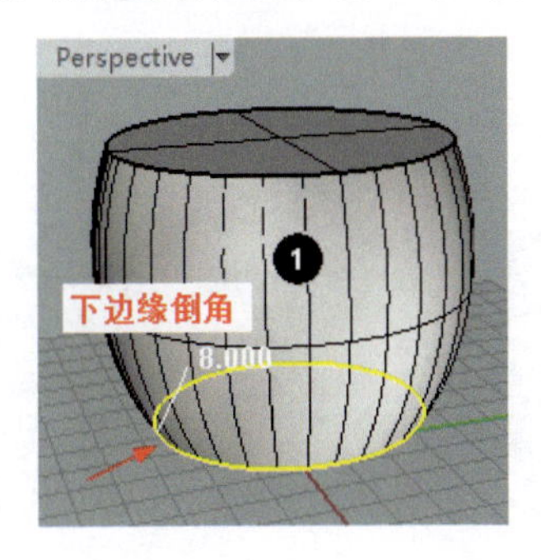

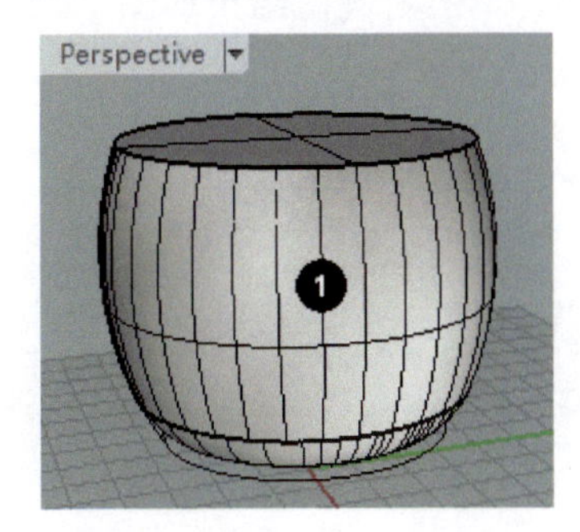

图 1.221　倒角

17 右键单击“显示物件”工具，按住“布尔运算联集”工具，在弹出的工具栏中单击“布尔运算差集”工具，单击❶杯体，单击右键，单击❷实体，单击右键，结果如图 1.222 所示。

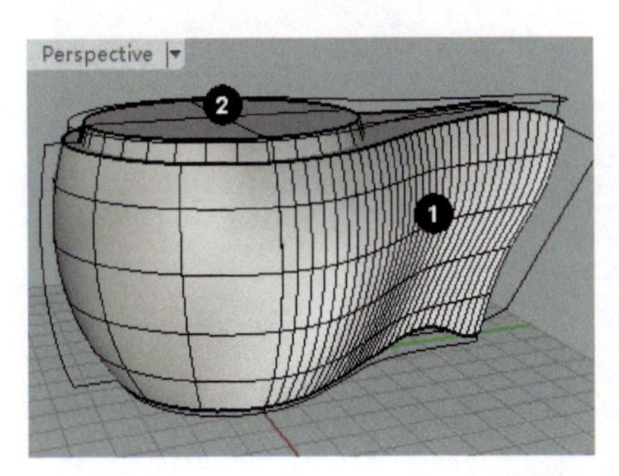

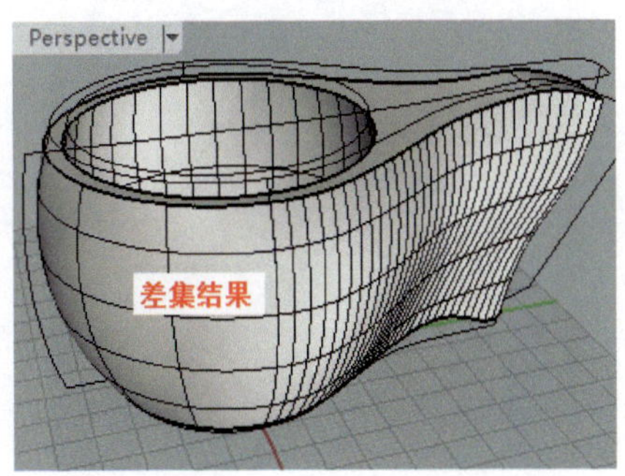

图 1.222　差集结果

18 按住“布尔运算联集”工具，在弹出的工具栏中单击“不等距边缘圆角”工具，输入 1，按回车键；点选杯体边缘❶，再单击右键，输入 0.5，按回车键；点选❷❸边缘，单击右键。如图 1.223 所示。

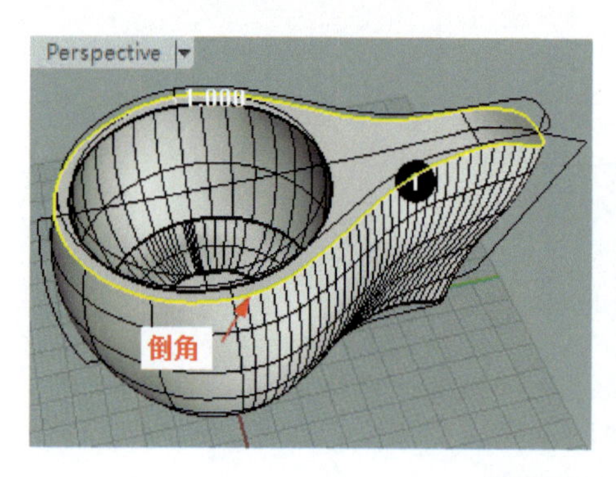

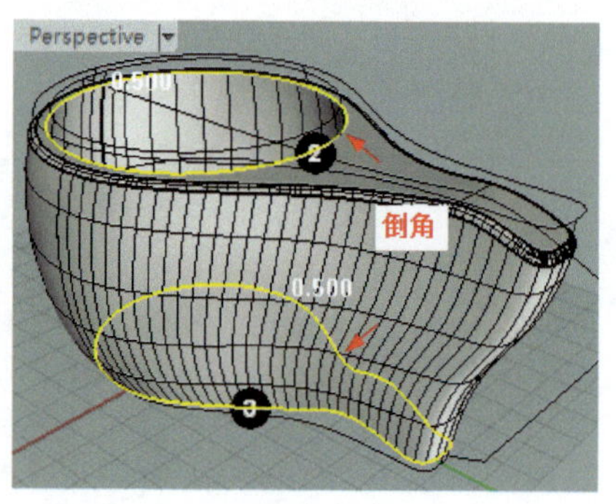

图 1.223 倒角

19 按住“立方体”工具，在弹出的工具栏中单击“圆柱体”工具，参照图片在 Right 视图绘制 2 个穿过杯体的圆柱体。单击“布尔运算差集”工具，点选杯体，单击右键，点选 2 个圆柱体，单击右键，结果如图 1.224 所示。

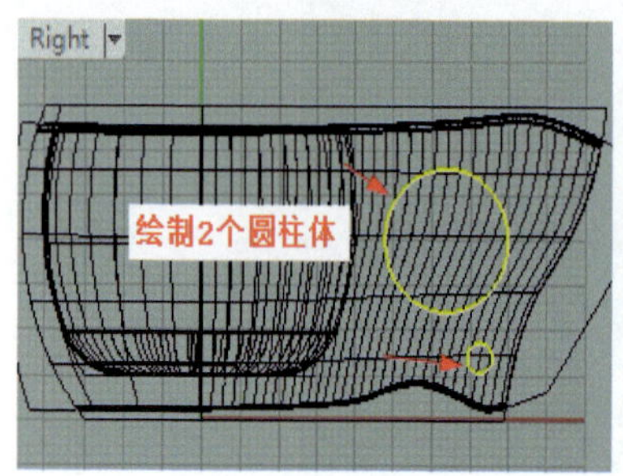

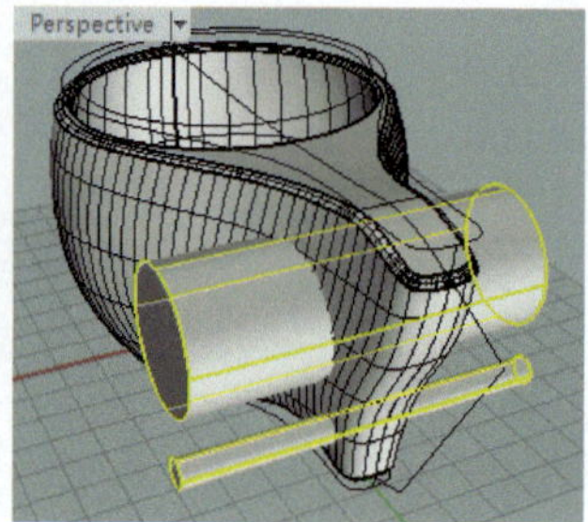

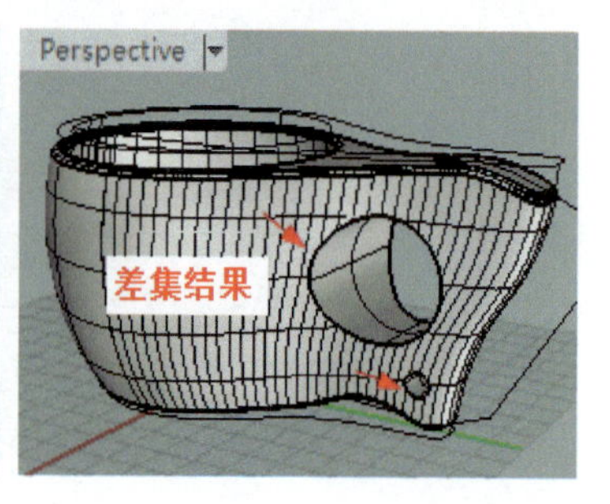

图 1.224 差集结果

20 单击“不等距边缘圆角”工具，输入 0.4，按回车键，点选 4 条圆边，单击右键，结果如图 1.225 所示。至此，芬兰杯建模完成。

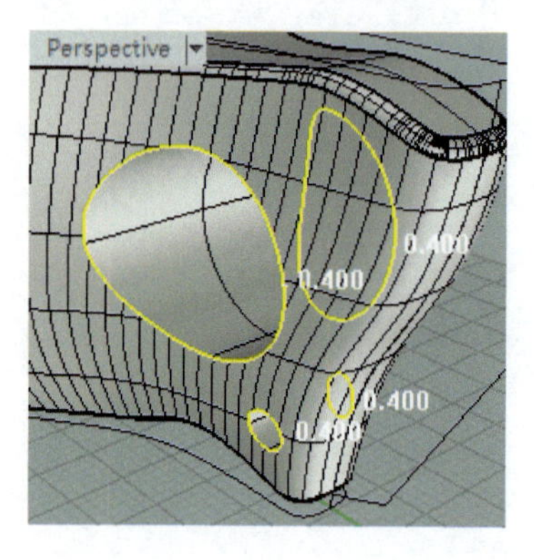

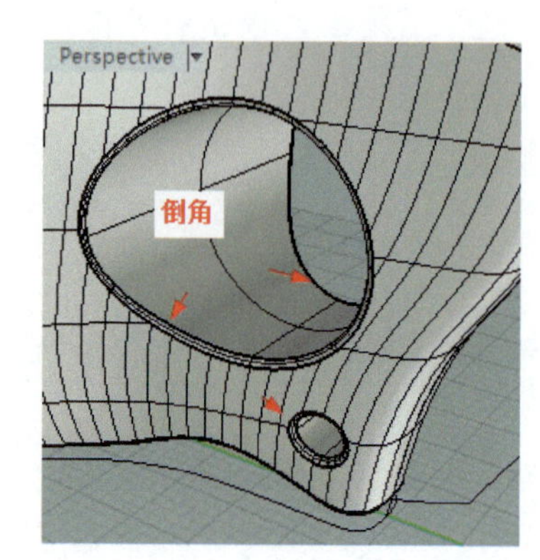

图 1.225 倒角

1.15 客机主体建模

建模思路

客机机身造型简洁，只要绘制主要的机身轮廓曲线，应用“从断面轮廓线建立曲线”和“从网格建立曲面”工具，即可得到机身曲面，正确绘制机身曲线是关键。机翼建模运用双轨扫掠工具。如图 1.226 所示。

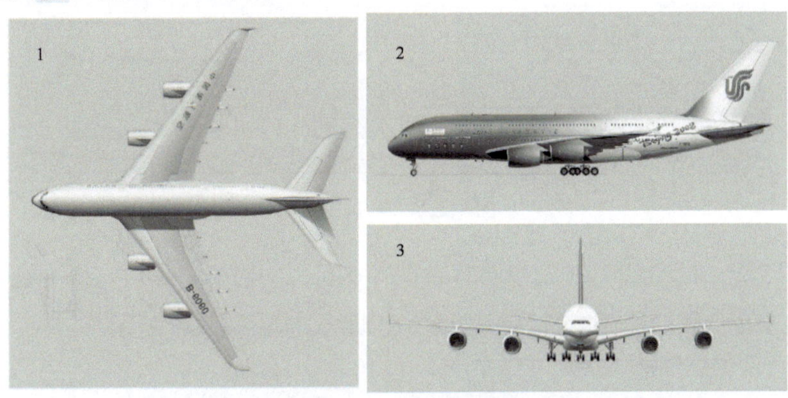

图 1.226 客机主体建模

建模步骤

01 放置背景图。按住上方“四个工作视窗”工具，在弹出的工具栏中按住“背景图”工具，将弹出的这组“背景图”工具拖曳出来，单击“放置背景图”工具，在弹出的对话框中找到图片 1，单击“打开”，在 Top 视图按住鼠标左键，从左上方向右下方拉出一个框，放开左键，图片被导入。用同样方法在对应视图里导入图片 2、图片 3。如图 1.227 所示。

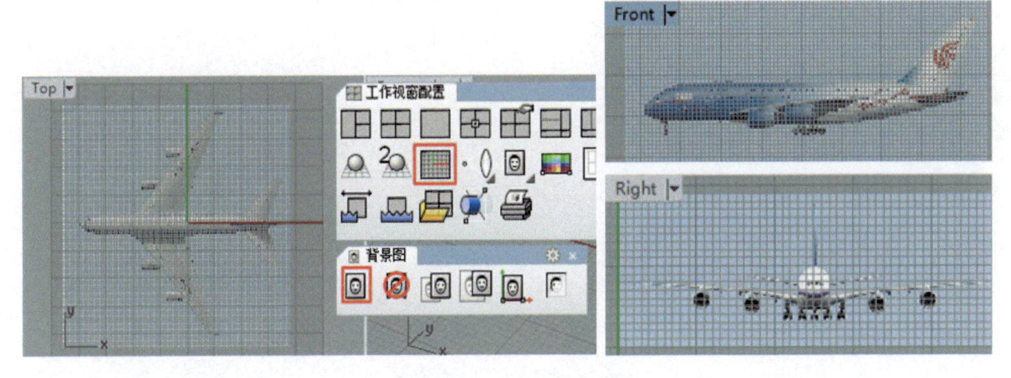

图 1.227 导入背景图

02 对齐和缩放 3 个背景图。打开 **锁定格点** ，单击“多重直线”工具，在 Top 视图画一条通过水平轴两端端点的直线，右键单击“关闭工作平面格线”工具，单击“对齐背景图”工具，将光标移动到 Top 视图机头顶点处单击，单击 **正交** ，将光标移动到机尾顶点处单击，勾选 ☑ 端点，移动光标捕捉直线端点❶，单击左键，捕捉直线端点❷，单击左键，结果如图 1.228 所示。

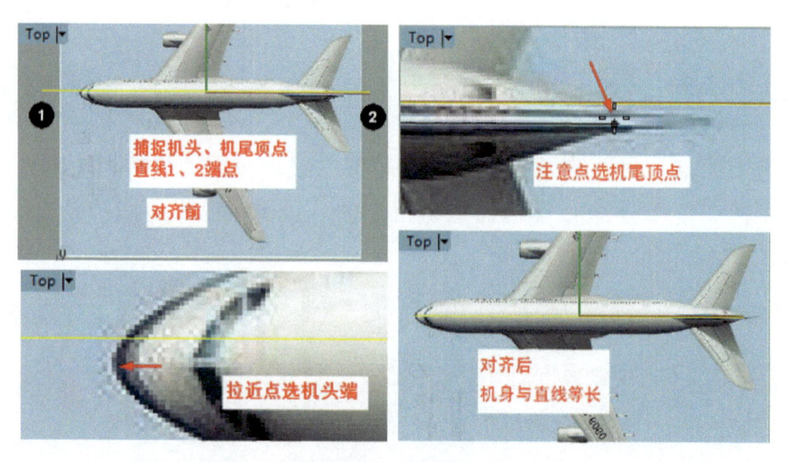

图 1.228　编辑图片

03 按照上述方法，将 Front 视图中的背景图与这条直线对齐。这时，两个视图中的背景图的位置和大小才是一致的，才能绘制正确的机身曲线。如图 1.229 所示。

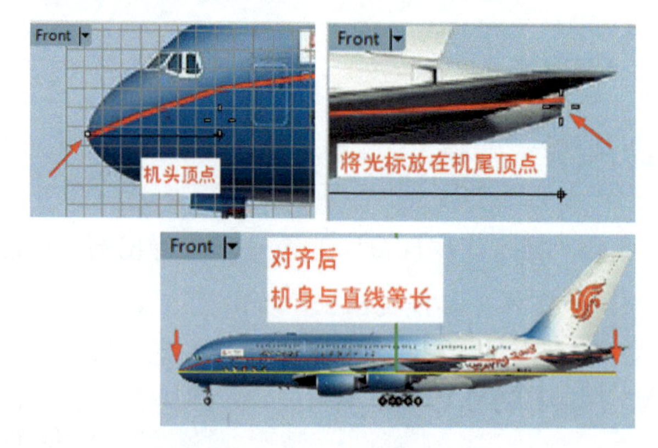

图 1.229　对齐图片

04 对齐右视图，单击“多重直线”工具，在 Top 视图画一条从水平轴到机翼顶点的垂线，在 Right 视图按照上述方法将背景图的机头顶点、机翼顶点与直线❶❷端点对齐。注意，若第一次没有对齐，再重复一次。如图 1.230 所示。

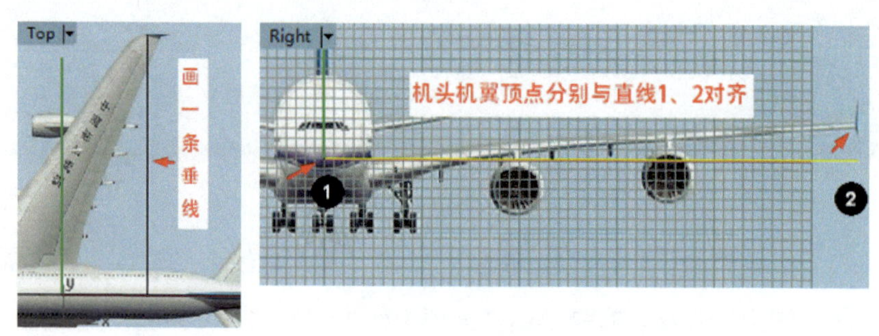

图 1.230　对齐

05 绘制机身曲线。单击“控制点曲线”工具，勾选 端点，在 Top 视图以机头直线端点为起点绘制上半边机身曲线。注意端点❶必须在直线端点，单击 正交，❶到❷的控制点间距极小并保持在垂线上，这时关闭 正交，沿着机身轮廓绘制曲线，控制点不可过密，到机尾时，端点也要捕捉在直线端点。如图 1.231 所示。

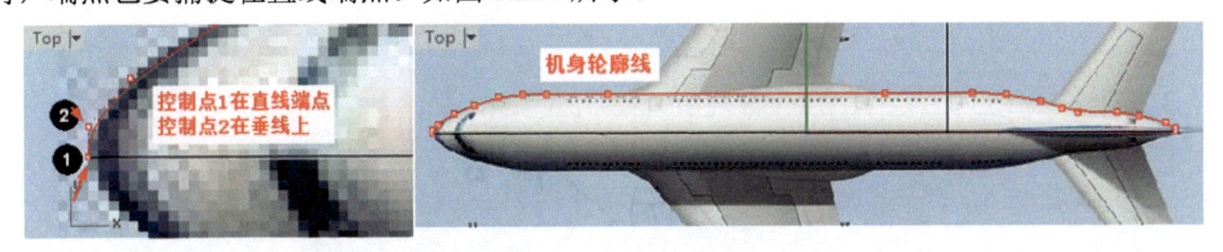

图 1.231 绘制机身曲线

06 点选机身曲线，单击“打开点”工具，单击 正交，在 Front 视图向上移动控制点，将曲线与机身红线（此处是机身最宽处）吻合，直线操作。注意，机头端点的控制点不可移动。调整好后，右键单击，关闭控制点。如图 1.232 所示。

图 1.232 调整控制点

07 按住“移动”工具，在弹出的工具栏中单击“镜像”工具，勾选 端点，在 Top 视图以直线端点为准，镜像出机身另一半轮廓线。如图 1.233 所示。

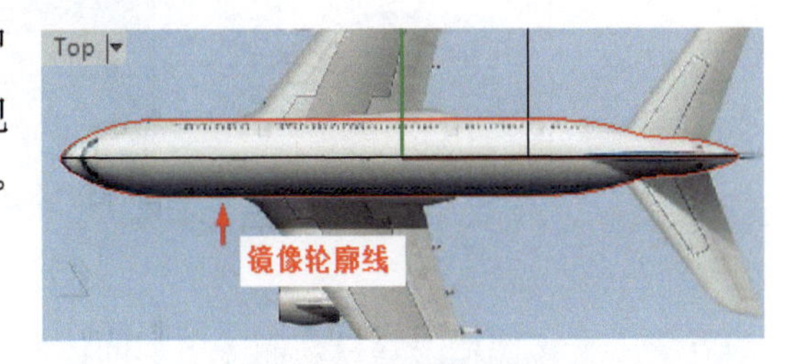

图 1.233 镜像轮廓线

08 按照第 5 步方法，在 Front 视图绘制机身上半部❶和下半部❷的轮廓线。如图 1.234 所示。

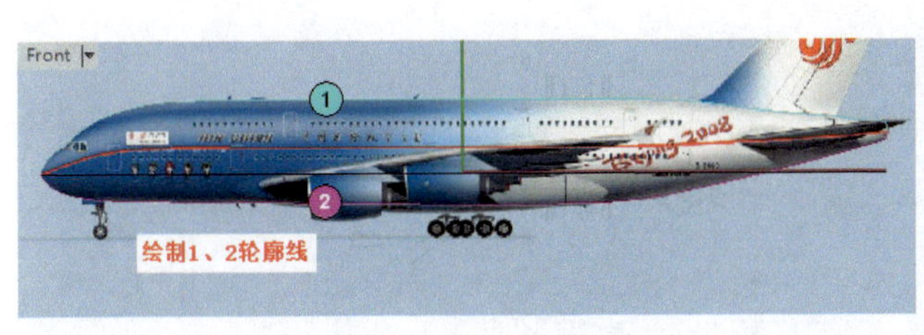

图 1.234 绘制轮廓线

09 删除 2 条直线，单击“隐藏背景图”工具，将 Front 视图，Top 视图的背景图隐藏，

按住“曲线圆角”工具，在弹出的工具栏中单击“从断面轮廓线建立曲线”工具，在 Perspective 视图依序点选 4 条机身轮廓线，选完后单右键确定，单击 正交 ，将光标移到 Front 视图从上向下画几条垂线，画完单击右键，得到机身断面线。如图 1.235 所示。注意❶❷断面线位置。

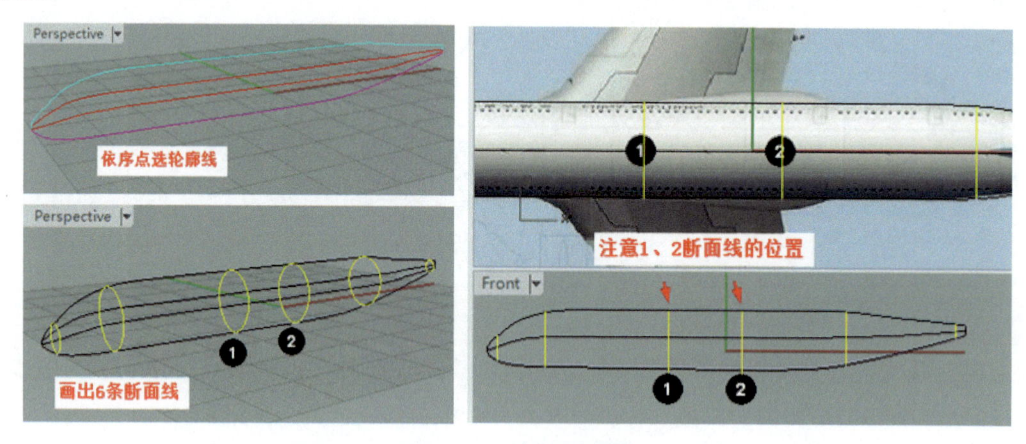

图 1.235　机身断面线

10 框选❶❷断面线，按住“曲线圆角”工具，在弹出的工具栏中单击“重建曲线”工具，按红框修改参数，单击“确定”按钮。单击“打开点”工具，❶❷断面线控制点被打开。如图 1.236 所示。

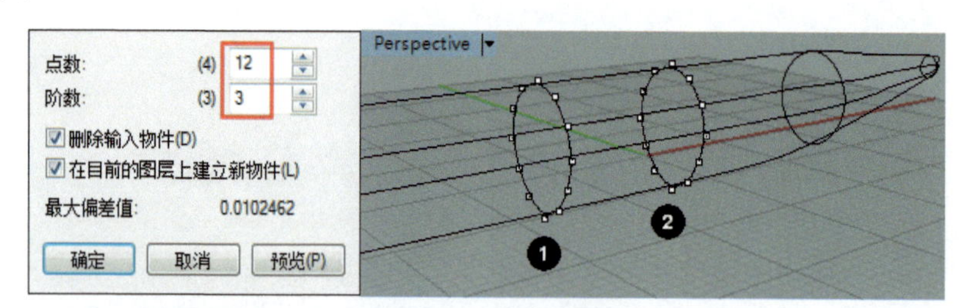

图 1.236　重建曲线

11 在 Right 视图框选❶❷断面线下部的控制点，按住“三轴缩放”工具，在弹出的工具栏中单击“单轴缩放”工具，单击 锁定格点 ，以 Y 轴为起点，水平移动控制点使断面线与机身断面轮廓左右吻合，放开左键，如图 1.237 所示。

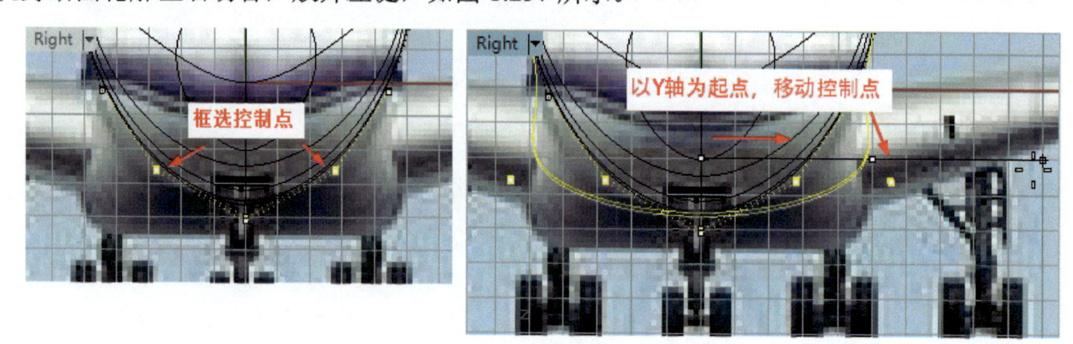

图 1.237　移动控制点（1）

12 将光标放在右侧控制点，按住左键向下垂直移动控制点，直到与机身下端吻合。如图 1.238 所示。

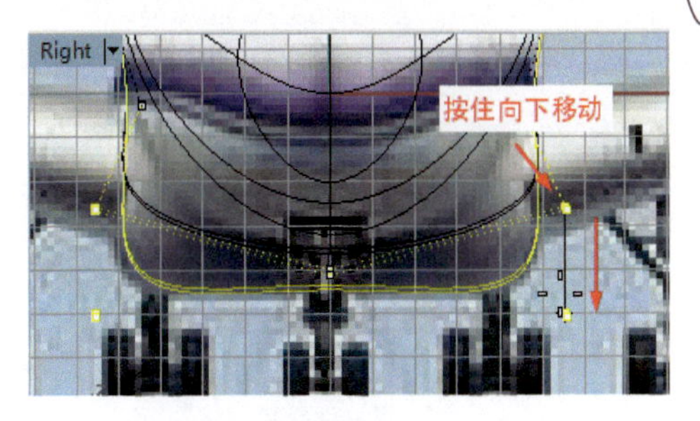

图 1.238 移动控制点（2）

13 用第 11 步的方法，将图 1.239 所示的一组控制点稍稍向外水平移动一点，使其与机身左右轮廓更吻合。

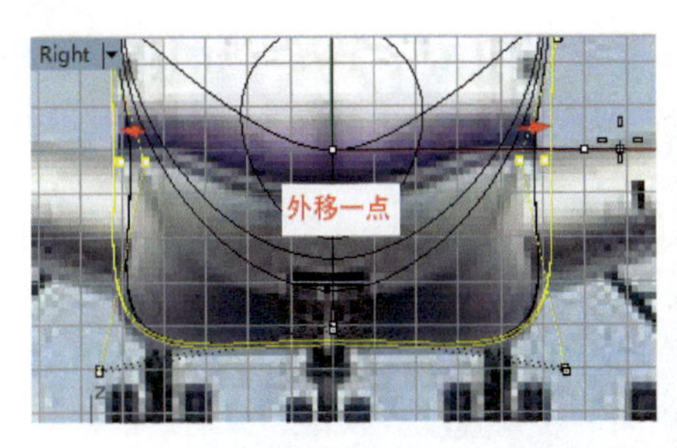

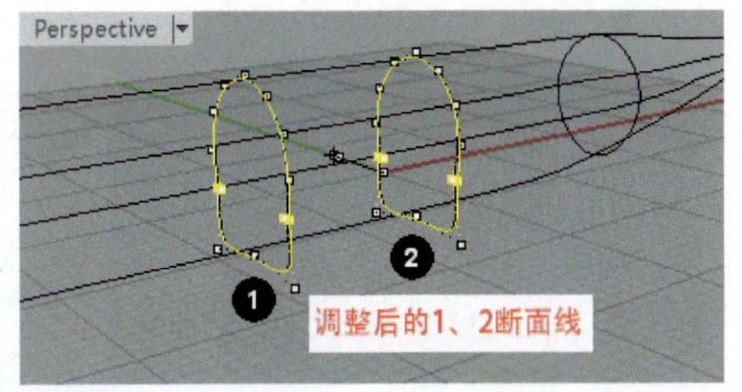

图 1.239 移动控制点（3）

14 按住“指定三个或四个角建立曲面”工具，在弹出的工具栏中单击“从网格线建立曲面”工具，在 Perspective 视图依序点选全部机身轮廓线和断面线，单击右键，单击“确定”按钮，得到机身曲面。框选全部线面单击“隐藏物件”工具。如图 1.240 所示。

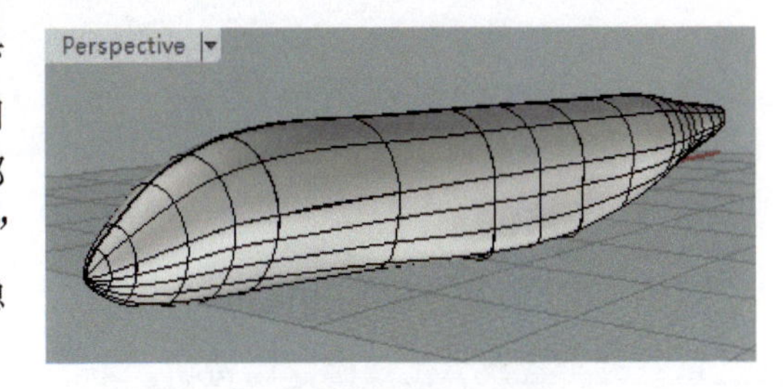

图 1.240 机身曲面

15 绘制主机翼 2 条轮廓线：右键单击“显示背景图”工具，显示 Top 视图背景图，单击“控制点曲线”工具，单击 锁定格点 ，以 X 轴为起点绘制机翼轮廓线❶❷，如图 1.241 所示。注意，控制点尽量保持对应。

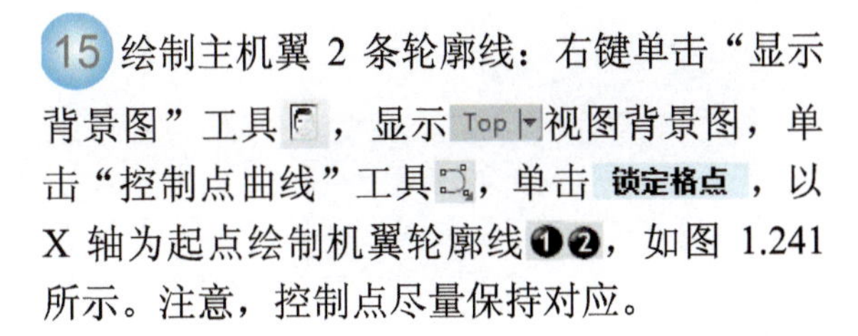

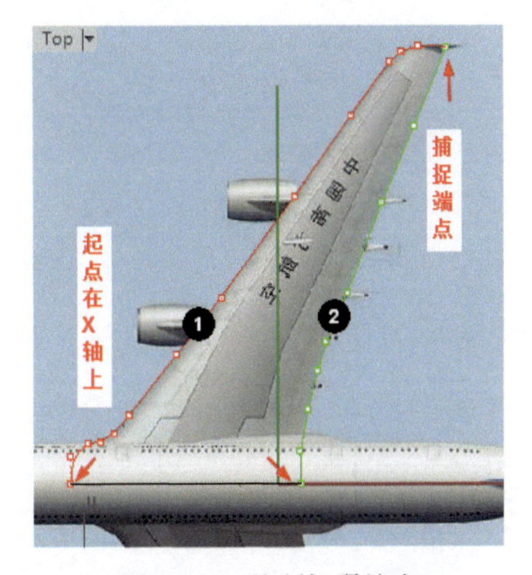

图 1.241 绘制机翼轮廓

16 点选机翼轮廓线，单击“打开点”工具，关闭 锁定格点 单击 正交 ，在 Right 视图通过垂直移动控制点将机翼轮廓线放在机翼中部，如图 1.242 所示。

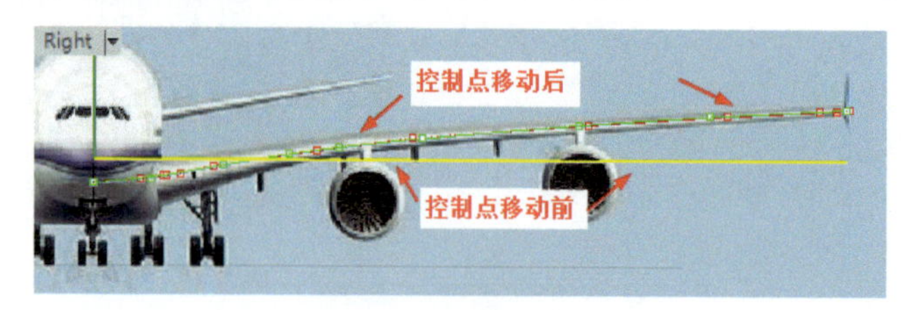

图 1.242　调整控制点

17 按住“椭圆”工具，在弹出的工具栏中单击“椭圆：直径”工具，绘制如图 1.243 所示的 2 个椭圆线，注意椭圆的位置，要通过捕捉 端点 和 最近点 及转换视图光标灵活绘制。

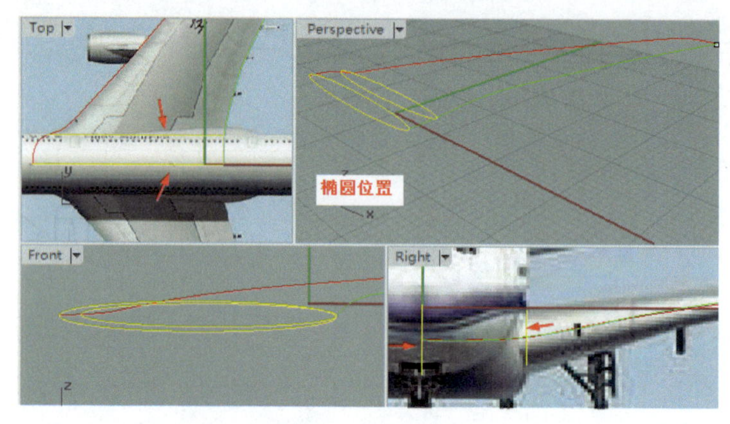

图 1.243　绘制椭圆线

18 点选外椭圆，按住“曲线圆角”工具，在弹出的工具栏中单击“重建曲线”工具，按红框修改参数，单击“确定”按钮。单击“打开点”工具。如图 1.244 所示。

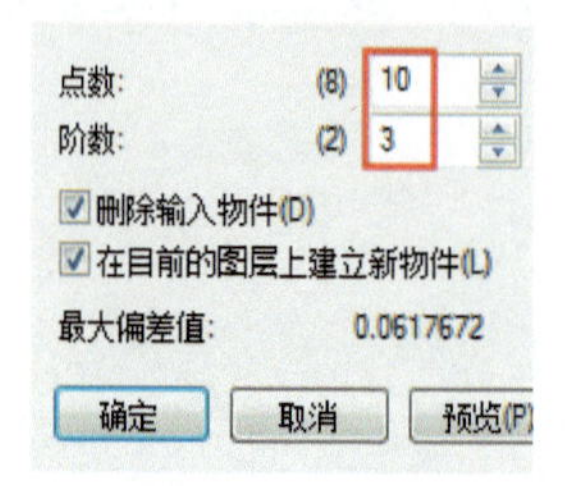
点数:　(8) 10
阶数:　(2) 3
☑ 删除输入物件(D)
☑ 在目前的图层上建立新物件(L)
最大偏差值:　0.0617672
确定　取消　预览(P)

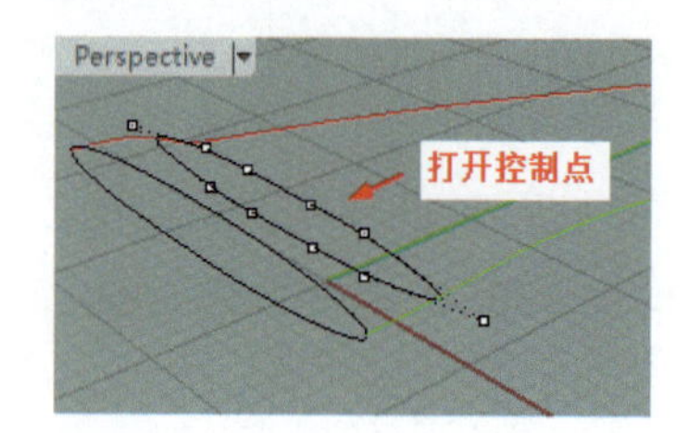

图 1.244　重建曲线

19 在 Front 视图将图示的控制点逐一调整到图 1.245 所示位置。

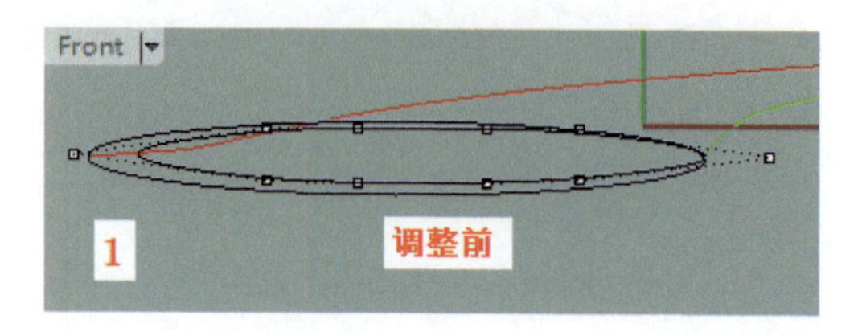

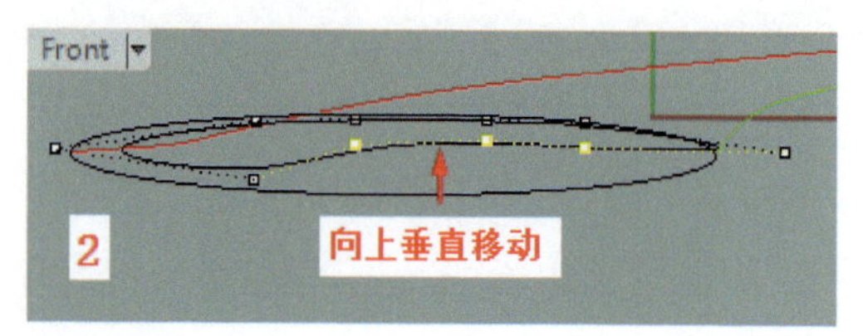

图 1.245　调整控制点

20 勾选☑端点，单击“单点”工具，在机翼端点放一个点，如图 1.246 所示，按住“指定三个或四个角建立曲面”工具，在弹出的工具栏中单击“双轨扫掠”工具，依序点选线和点，单击右键，单击“确定”按钮，得到机翼曲面。若曲面反向，右键单击“反转方向”工具，点选曲面，单击右键将曲面反正。

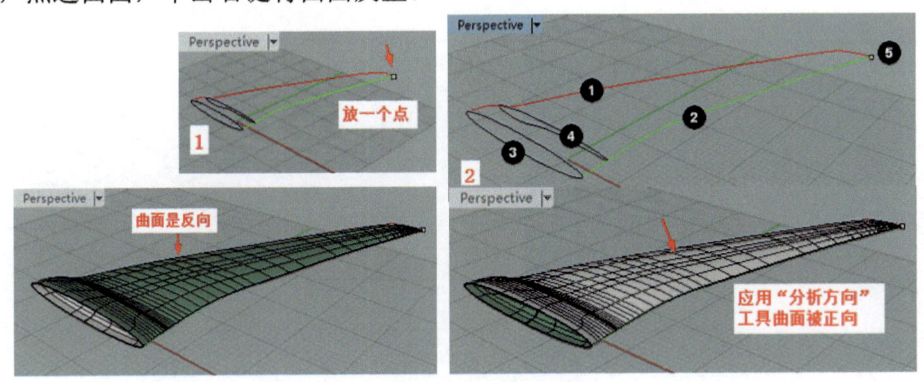

图 1.246　处理机翼曲面

21 制作水平尾翼和垂直尾翼：其方法与制作主机翼基本相同，如图 1.247 所示。注意：水平尾翼要用“2D 旋转”工具，在 Right 视图旋转一个角度与背景图水平尾翼吻合。

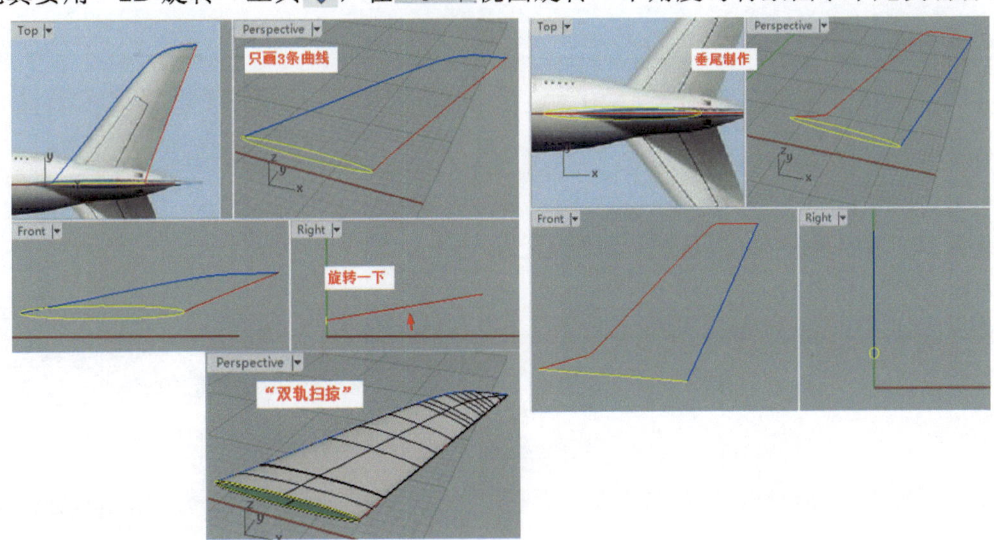

图 1.247　制作尾翼

22 按住“移动”工具，在弹出的工具栏中单击“镜像”，点选主机翼和水平尾翼，在 Right 视图以 Y 轴镜像，如图 1.248 所示。完成主体建模。

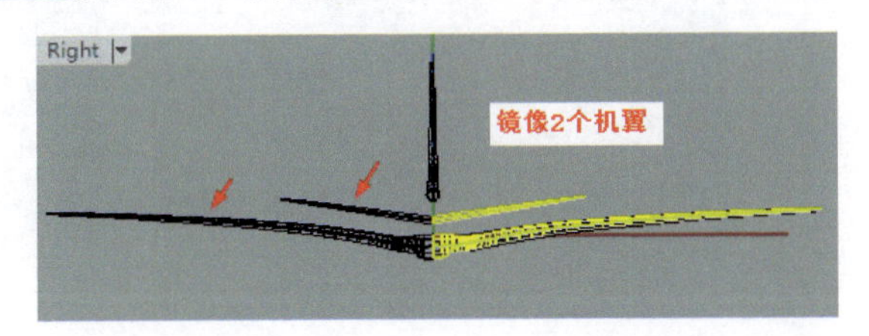

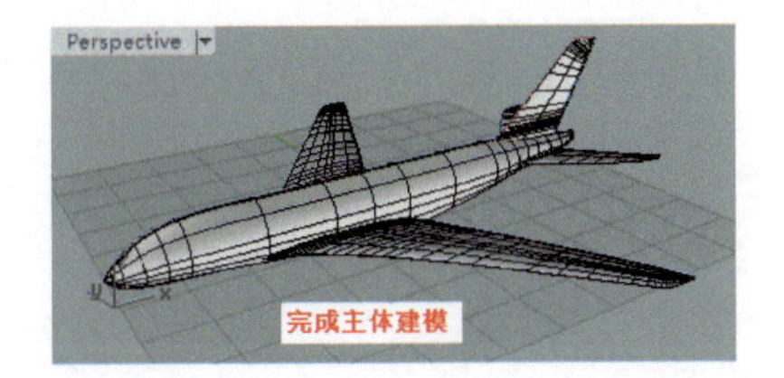

图 1.248　完成主体建模

1.16　印 章 建 模

建模思路

绘制需要的文字或图形曲线，用“挤出曲面”工具，做出文字或图形实体。如图 1.249 所示。

图 1.249　印章建模

建模步骤

01 在 Photoshop 中打开印文图片（可以选择自己喜欢的篆刻作品），单击“魔棒工具”，单击上方魔棒属性“添加到选区”，将“容差”改为 20，将“连续”的 √ 去掉。如图 1.250 所示。

图 1.250　打开印文图片

02 用“魔棒”工具点选印文的红色部分，依序单击 1“路径”标签，2“选项”图标 3“建立工作路径”，修改“容差”为 0.5，单击“确定”按钮。如图 1.251 所示。

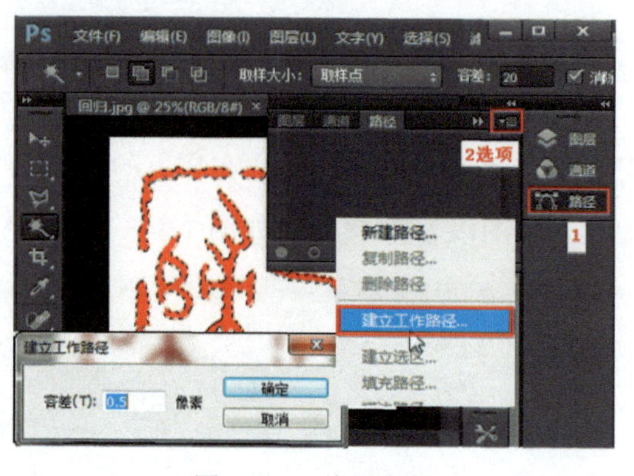

图 1.251　修改容差

03 依序单击（1）“文件”，（2）“导出”，（3）“路径到 Illustrator...”，（4）确定，取名并保存到自己选择的文件夹，这是.ai 格式的矢量图形。如图 1.252 所示。

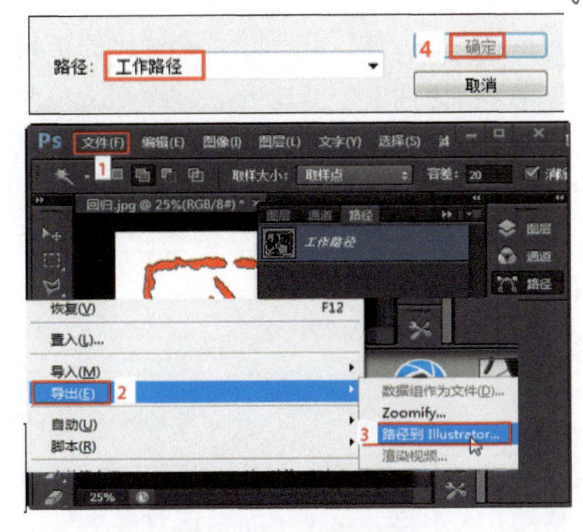

图 1.252　保存矢量图

04 打开 Rhino 软件，单击“文件”，单击“导入”，找到.ai 格式的印章图形，单击“打开”。全部框选导入的印章图形，单击“群组”工具。如图 1.253 所示。

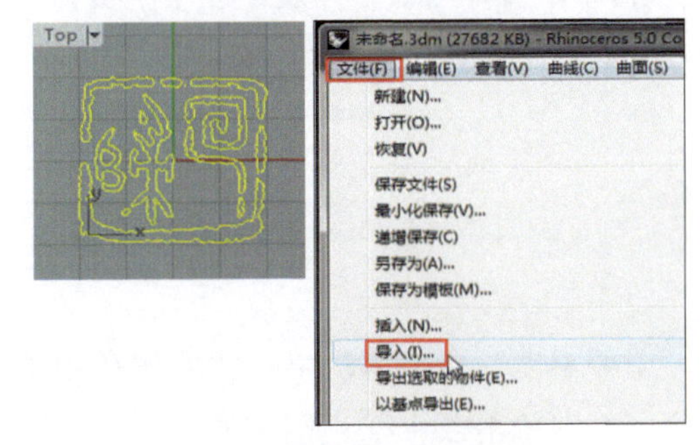

图 1.253　导入印章图形

05 按住“指定三或四个角建立曲面”工具，在弹出的工具栏中单击“矩形平面：角对角”工具，在 Top 视图绘制一个比印面稍大的平面。如图 1.254 所示。

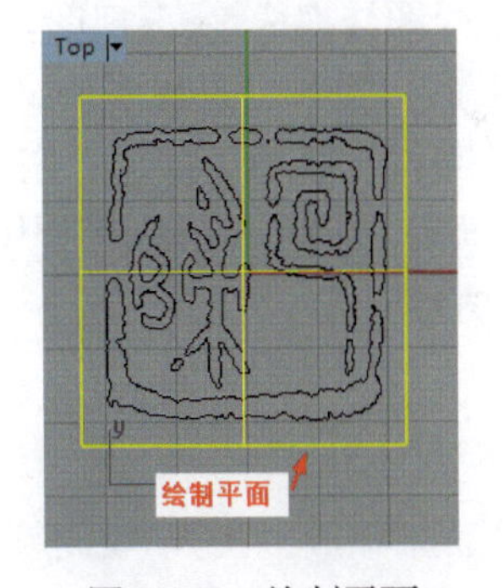

图 1.254　绘制平面

06 点选平面，单击“分割”工具，单击印章曲线，单击右键，删除剩余平面，保留印章平面，框选印章平面，单击“群组”工具。如图 1.255 所示。

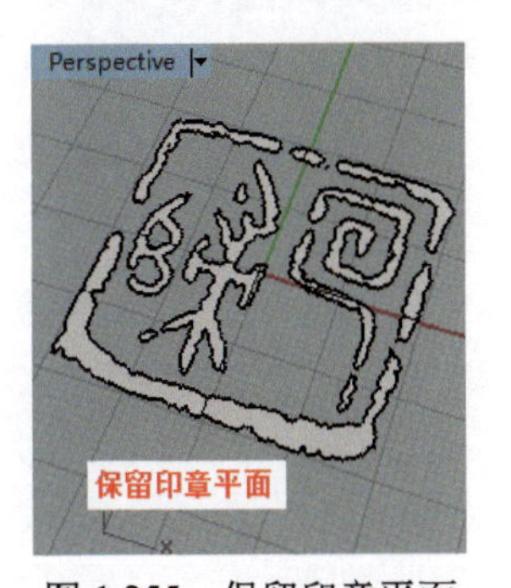

图 1.255　保留印章平面

07 按住“立方体”工具，在弹出的工具栏中单击“挤出曲面”工具，在 Top 视图单击印章平面，单击右键，将光标移到 Front 视图，向上拉出一大格，单击左键，得到印章实体，点选印章平面，单击“隐藏物件”工具。如图 1.256 所示。

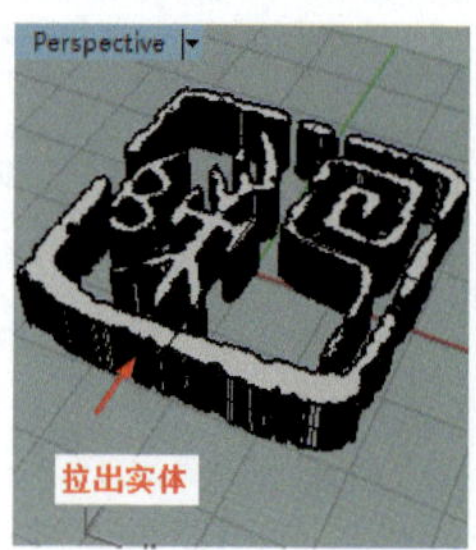

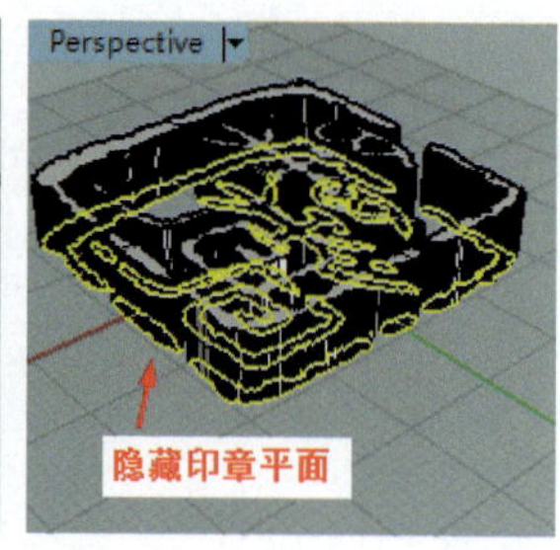

图 1.256　印章面实体

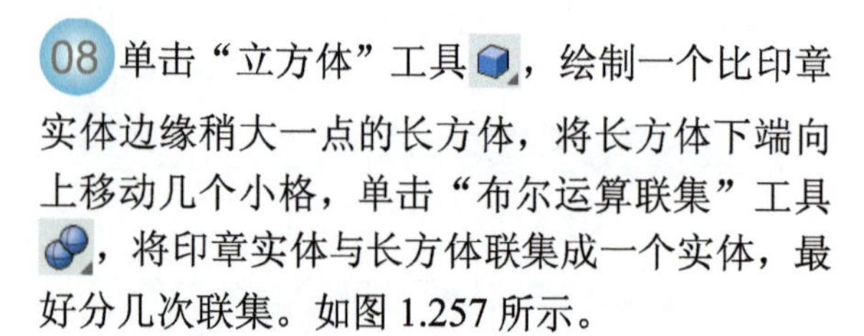

08 单击“立方体”工具，绘制一个比印章实体边缘稍大一点的长方体，将长方体下端向上移动几个小格，单击“布尔运算联集”工具，将印章实体与长方体联集成一个实体，最好分几次联集。如图 1.257 所示。

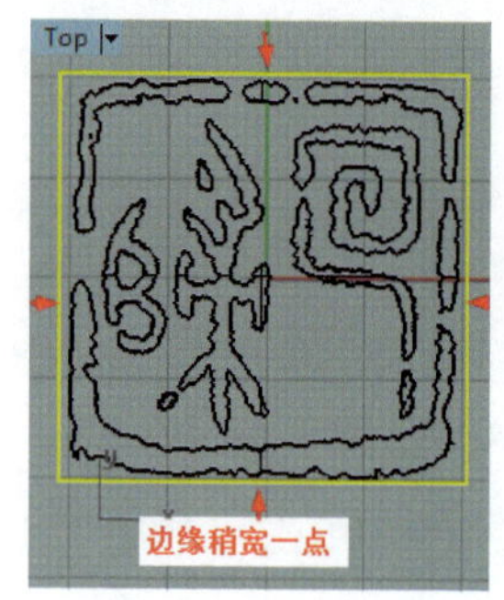

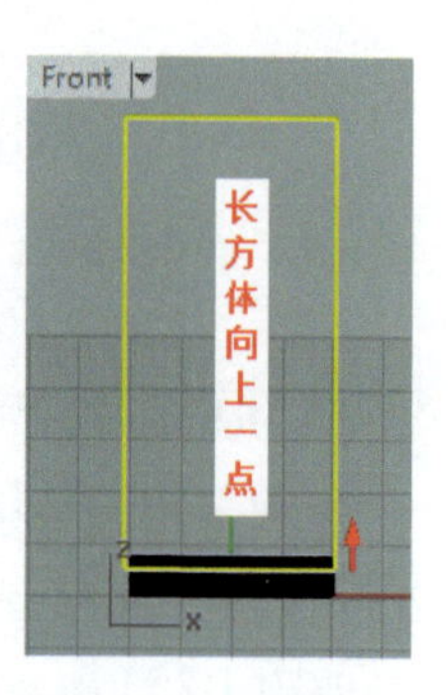

图 1.257　联集成实体

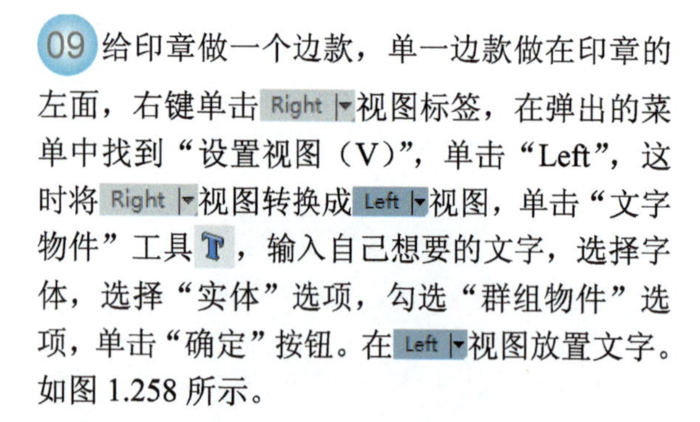

09 给印章做一个边款，单一边款做在印章的左面，右键单击 Right 视图标签，在弹出的菜单中找到“设置视图（V）”，单击“Left”，这时将 Right 视图转换成 Left 视图，单击“文字物件”工具，输入自己想要的文字，选择字体，选择“实体”选项，勾选“群组物件”选项，单击“确定”按钮。在 Left 视图放置文字。如图 1.258 所示。

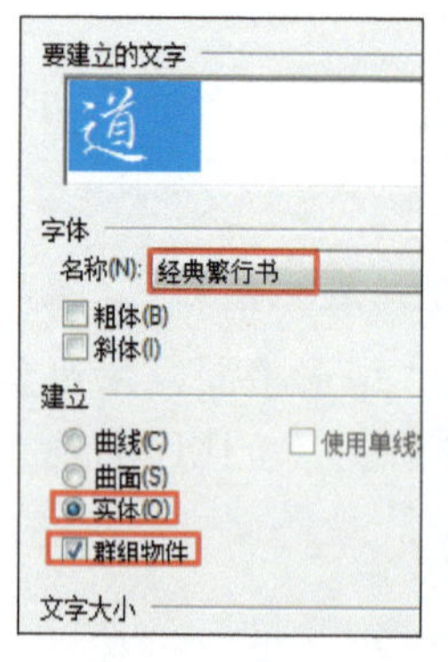

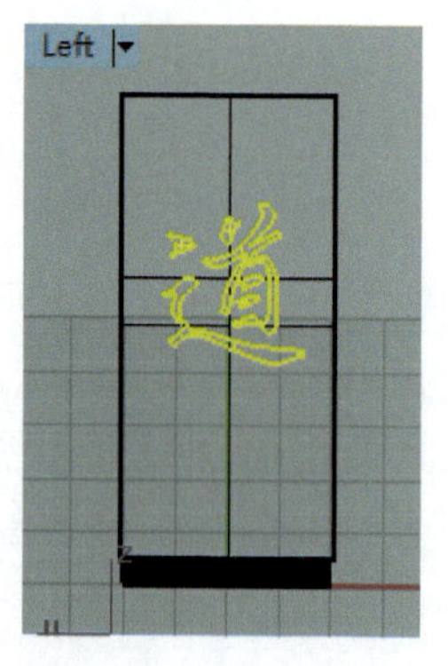

图 1.258　放置文字

10 应用“三轴缩放”工具调整文字大小，在 Front 视图将文字左移，不要全部移出垂面。如图 1.259 所示。

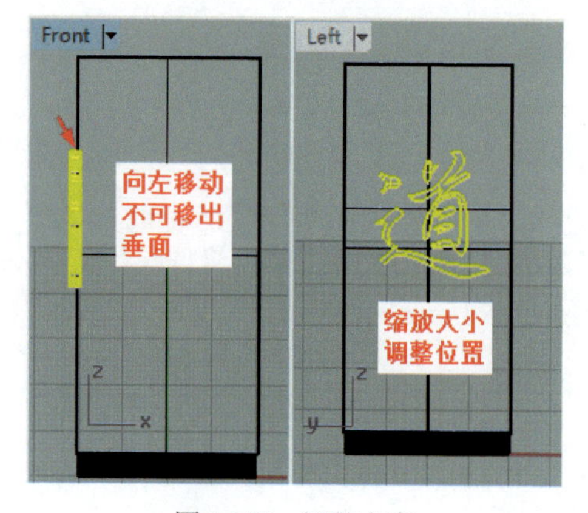

图 1.259　调整文字

11 按住“布尔运算联集”工具，在弹出的工具栏中单击“布尔运算差集”工具，点选长方体，单击右键，点选文字，单击右键，这时在长方体上做出凹面文字。如图 1.260 所示。

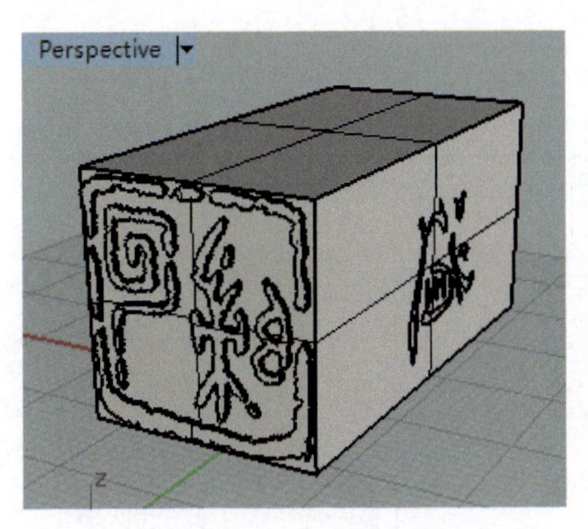

图 1.260　做出文字

1.17 零件绘制及尺寸标注

建模思路

建模思路如下，效果图和草图如图 1.261 和图 1.262 所示。

（1）分析零件特征；

（2）确定各视图位置；

（3）绘制各视图线型；

（4）生成三维图形；

（5）设定图层线型；

（6）生成 2D 图形；

（7）标注正确尺寸。

图 1.261 效果图

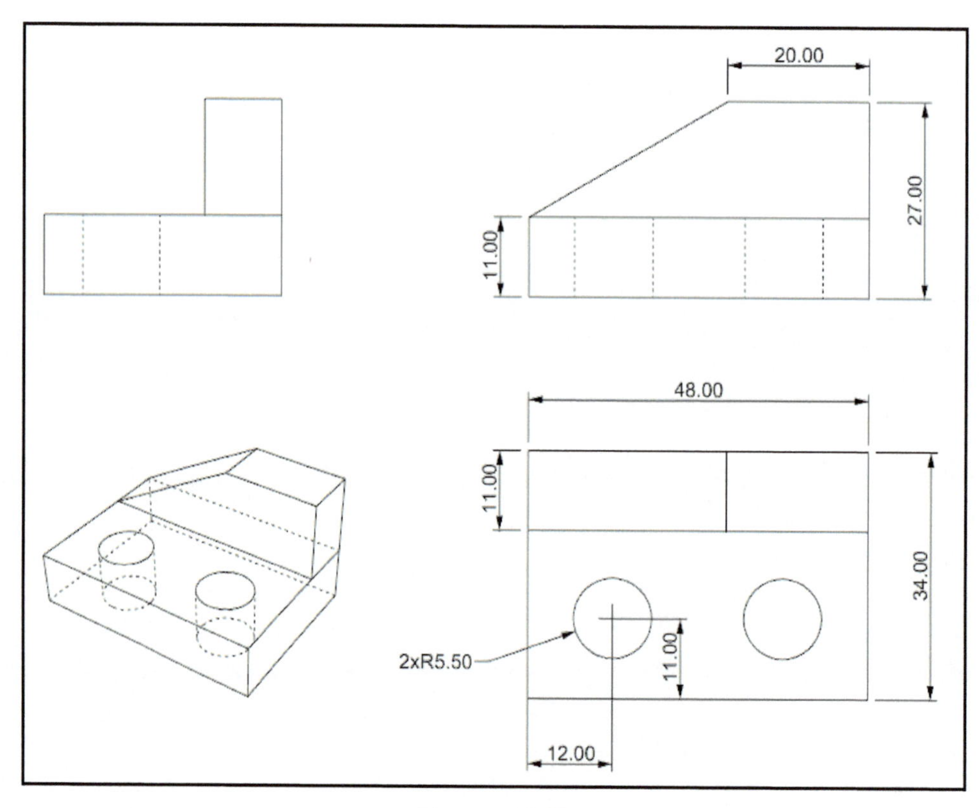

图 1.262 草图

绘制思路

01 单击黑 正交 、☑ 端点 ，用工具在 Top 视图绘制 48 mm 的水平线和 34 mm 的垂直线，如图 1.263 所示。

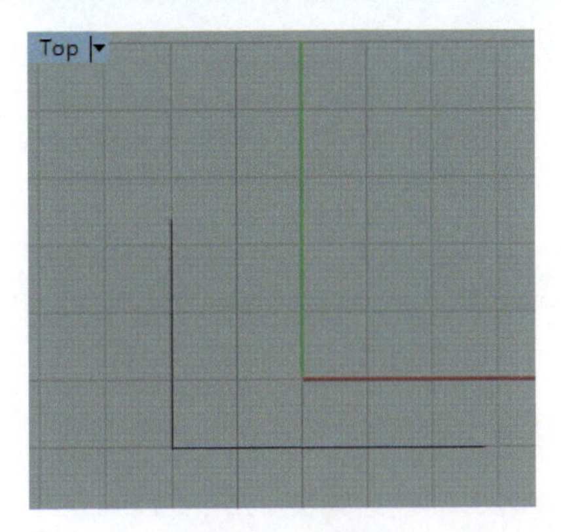

图 1.263　步骤 1

02 用工具复制对应的两条线，注意捕捉 ☑ 端点，如图 1.264 所示。

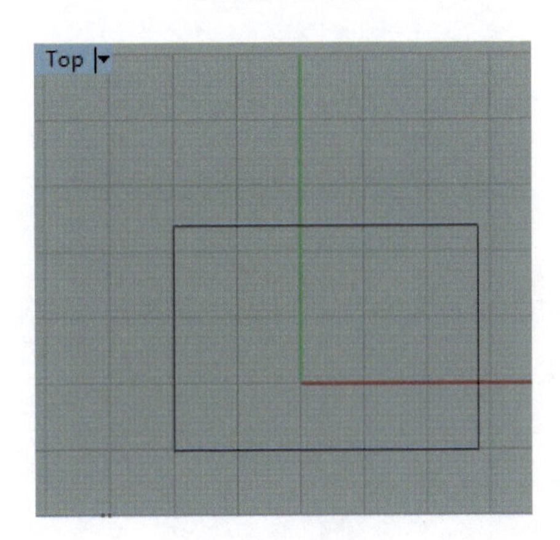

图 1.264　步骤 2

03 画左边的圆，根据图示标注尺寸或测量定位圆心。用工具画出 11 mm 的辅助垂线，再画出 12 mm 的辅助水平线，如图 1.265 和图 1.266 所示。

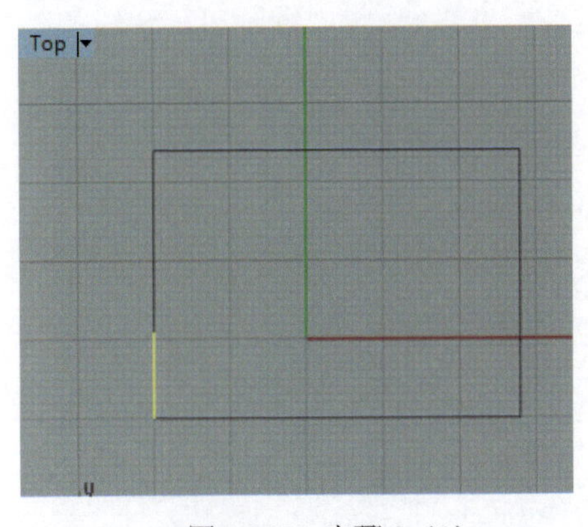

图 1.265　步骤 3（1）

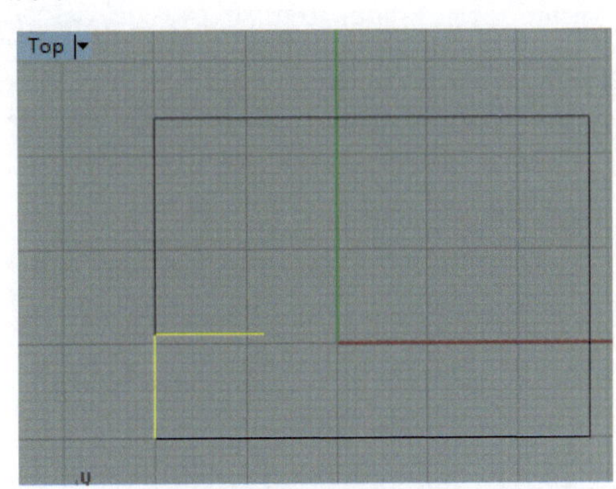

图 1.266　步骤 3（2）

04 用工具画出 R5.5 mm 的圆。打开 ☑ 中点 ，用工具将该圆镜像到右边。如图 1.267 和图 1.268 所示。

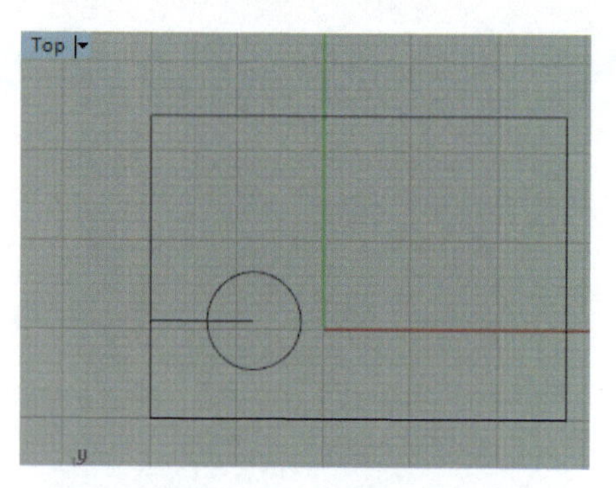

图 1.267　步骤 4（1）

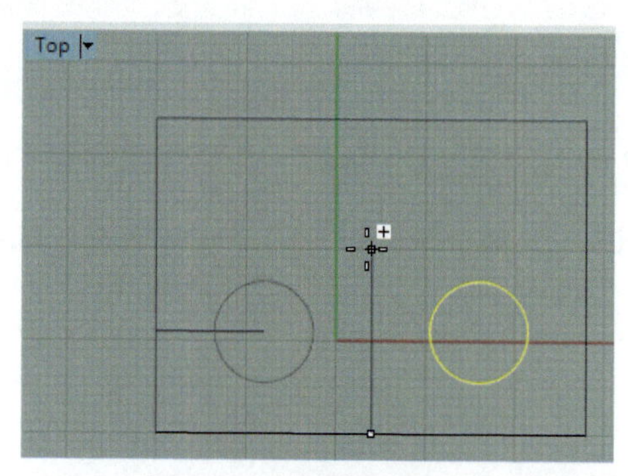

图 1.268　步骤 4（2）

05 用工具画出 11 mm 的辅助垂线，再画出 48 mm 的水平线。如图 1.269 所示。

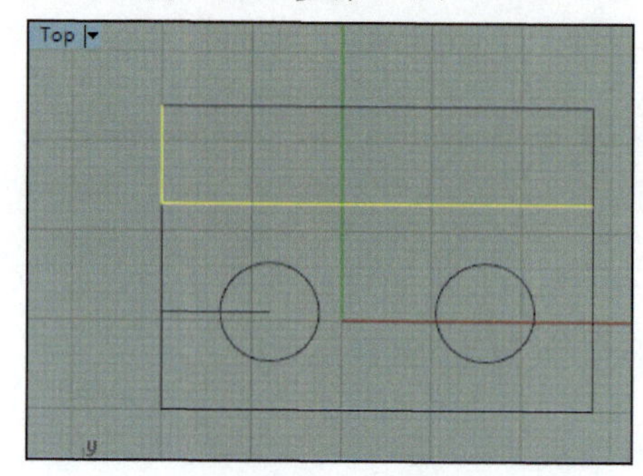

图 1.269　步骤 5

06 用工具画出 20 mm 的辅助水平线，再画出 11 mm 的垂线。如图 1.270 所示。

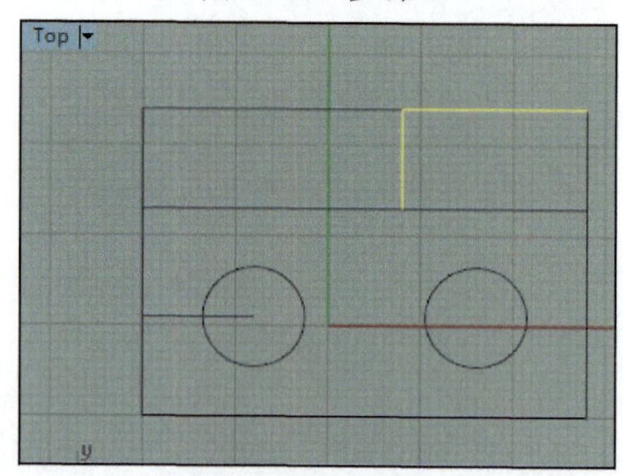

图 1.270　步骤 6

07 把不必要的辅助线删除。参照 Perspective 视图定位，在 Front 视图画出其余线条。如图 1.271 和图 1.272 所示。

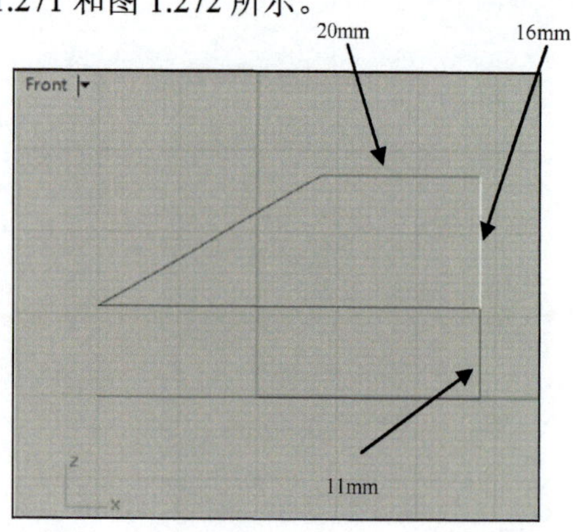

图 1.271　步骤 7（1）

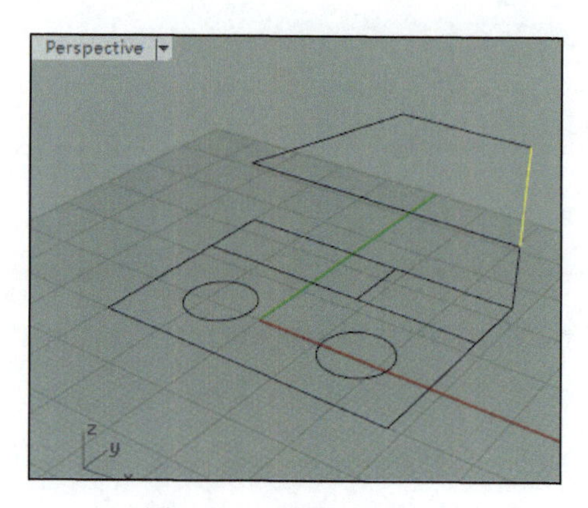

图 1.272　步骤 7（2）

08 将底板拉伸成实体。单击 选取 标签，点选 工具，在 Perspective 视图点选 4 条边线，单击右键确定，再单击 工具，使 4 条边结合。点选 工具，将已结合的 4 边线拉伸成 11 mm 高的实体，如图 1.273 和图 1.274 所示。

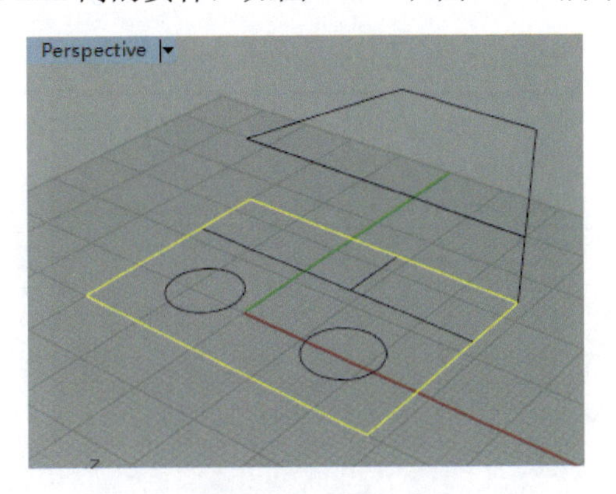

图 1.273 步骤 8（1）

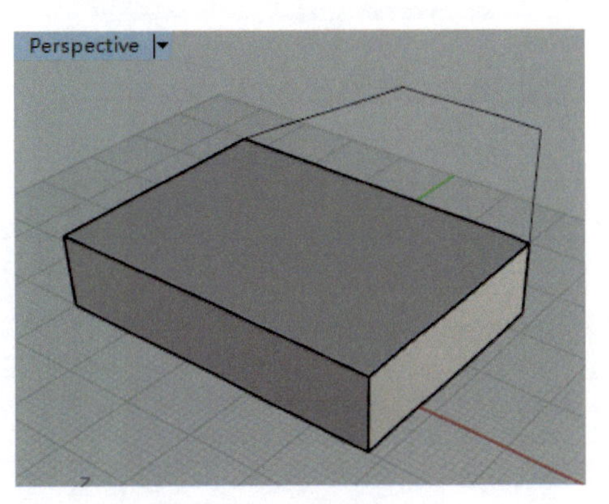

图 1.274 步骤 8（2）

09 将两个圆拉伸成圆柱体，双向拉伸，并用 工具将底板打孔，如图 1.275 和图 1.276 所示。

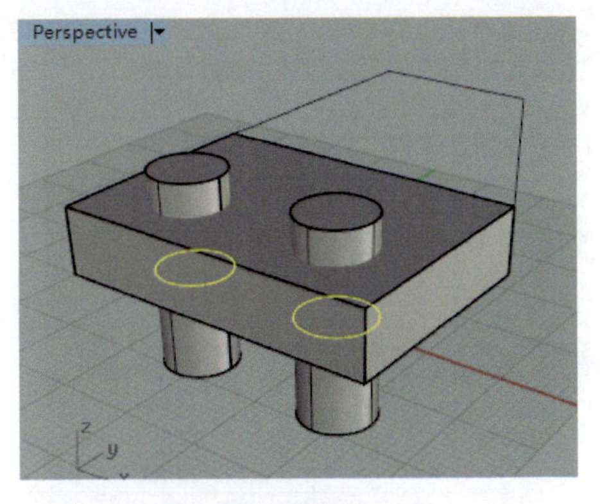

图 1.275 步骤 9（1）

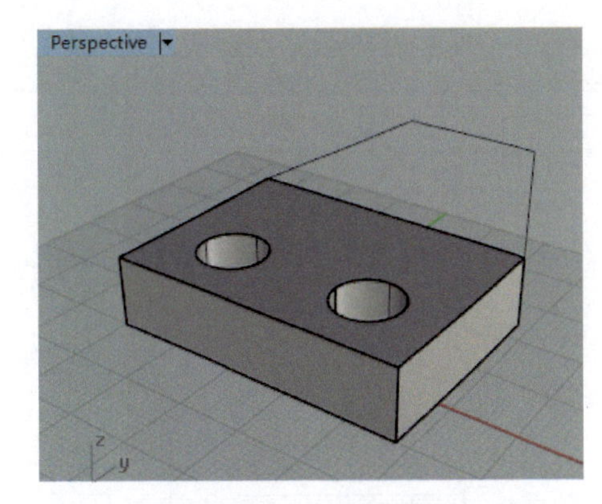

图 1.276 步骤 9（2）

10 应用以上方法，将立板拉伸成 11 mm 高的实体。单击 工具，将底板和立板并集成一个实体。如图 1.277 和图 1.278 所示。保存图形。

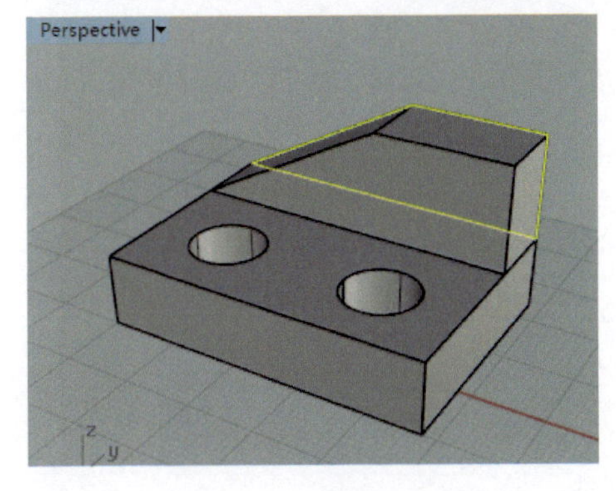

图 1.277 步骤 10（1）

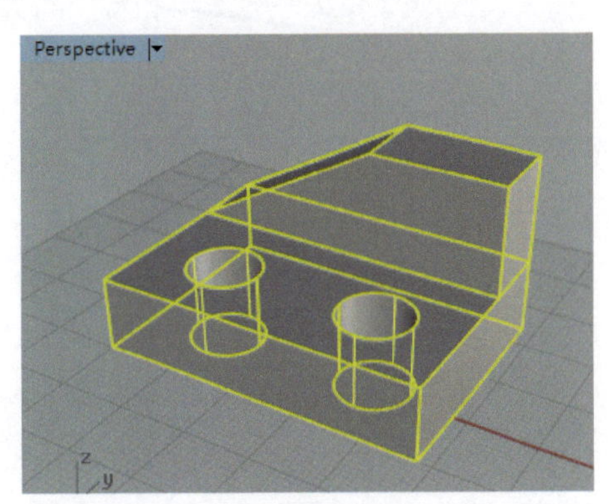

图 1.278 步骤 10（2）

11 将实体生成 2D 图形。点选该实体，点选出图标签，单击工具，按图 1.279 勾选属性选项，单击“确定”按钮，结果如图 1.280 所示。

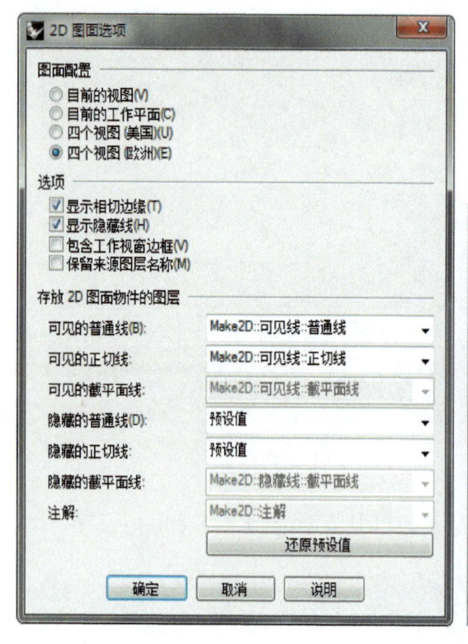

图 1.279　步骤 11（1）

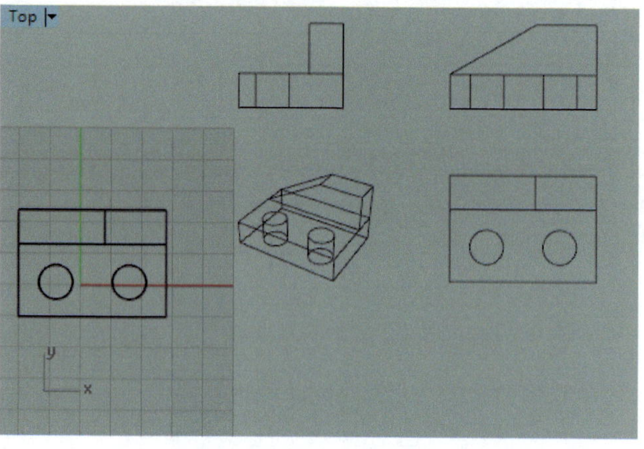

图 1.280　步骤 11（2）

12 设定虚线线型。右键单击，在弹出的对话框按图 1.281 进行设置。

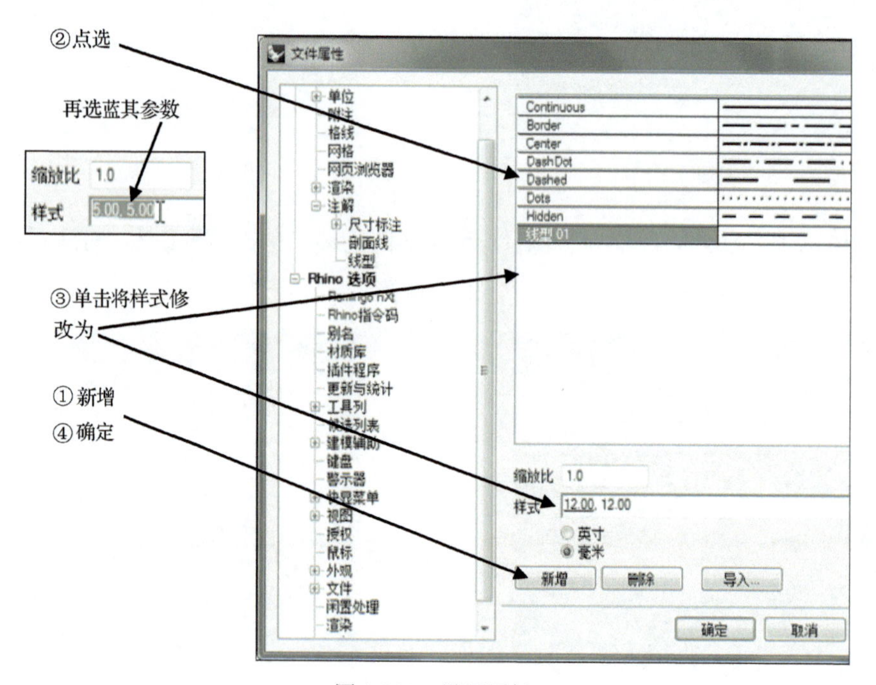

图 1.281　设置属性

13 设定图层线型。如图 1.282 所示。

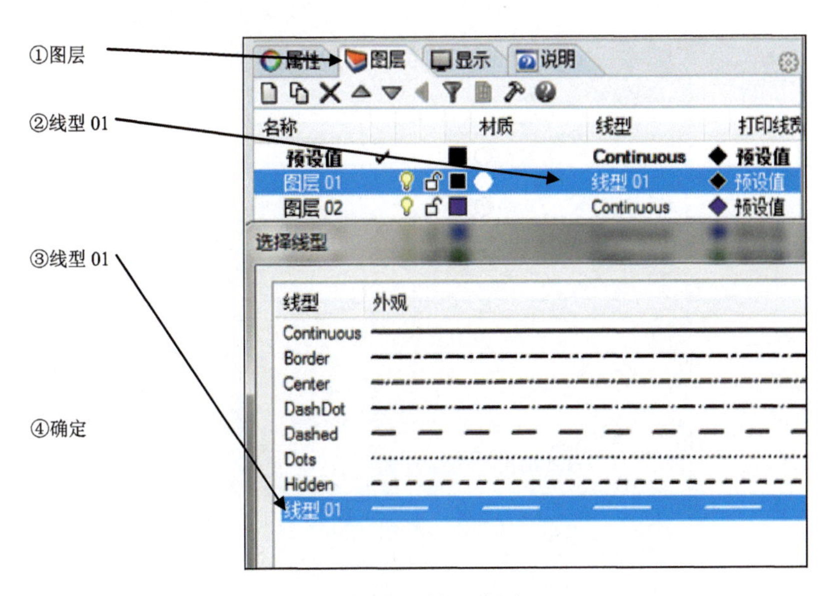

图 1.282　设定线型

14 生成有虚线的 2D 图形。点选实体，单击[icon]，将隐藏的普通线和隐藏的正切线修改为图层 01，如图 1.283 所示。单击“确定”按钮，结果如图 1.284 所示。

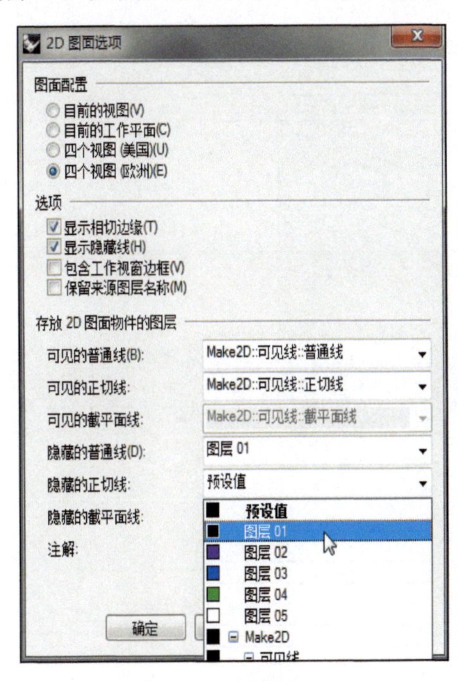

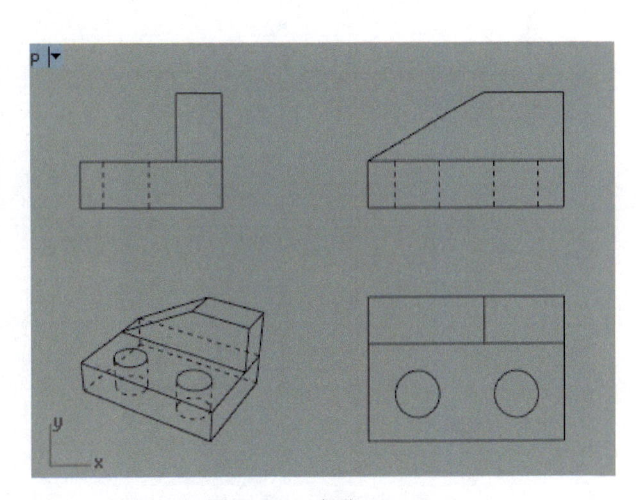

图 1.283　步骤 14（1）　　图 1.284　步骤 14（2）

15 生成图纸。单击[icon]工具，生成 4 个视图，双击单个视图，把建模视图里的所有物件用[icon]隐藏。如图 1.285 所示。

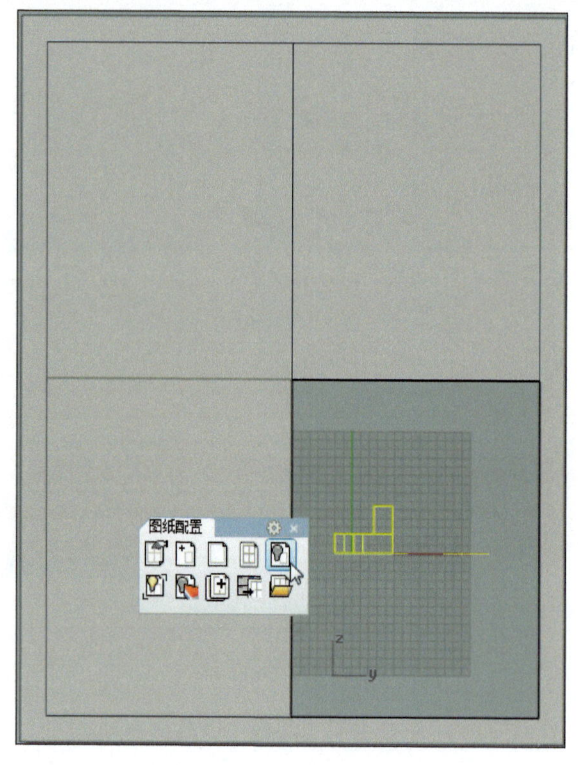

图 1.285　步骤 15

16 建立子视图。用工具建立 4 个子视图。如图 1.286 所示。

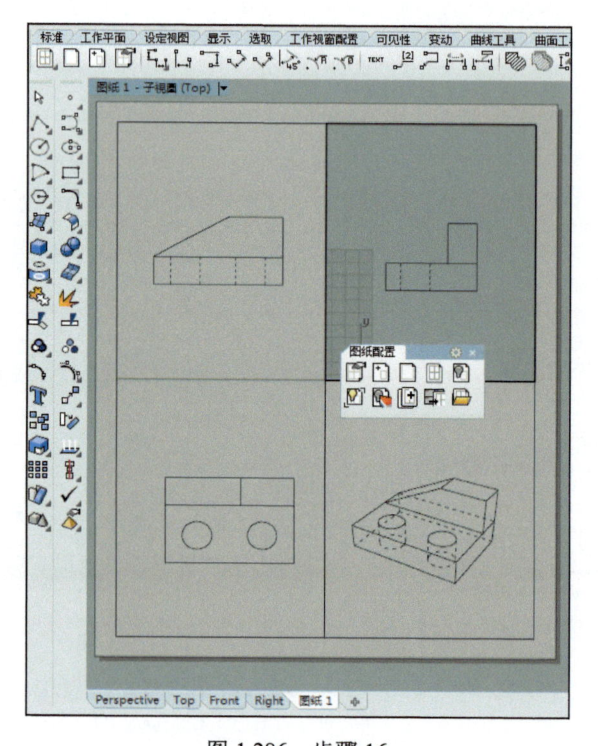

图 1.286　步骤 16

17 标注尺寸。用[工具图标]等工具，同时灵活运用捕捉工具标注正确尺寸。如图 1.287 所示。

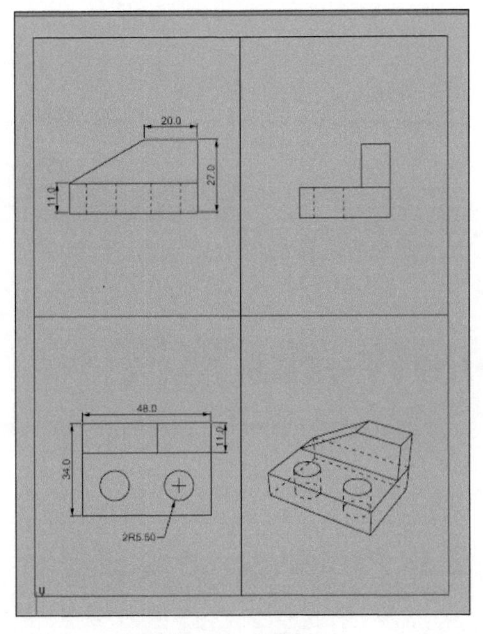

图 1.287　步骤 17

18 单击[打印图标]，按图 1.288 设置图纸属性，单击“打印”保存图纸。

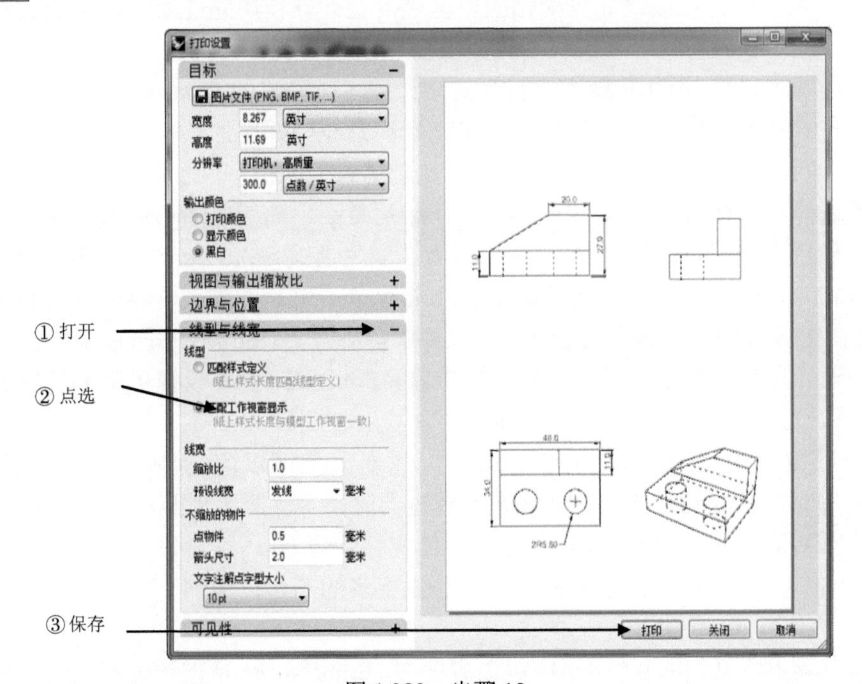

图 1.288　步骤 18

第2章

SolidWorks 建模

2.1　SolidWorks 建模简介

SolidWorks 软件是基于 Windows 开发的三维 CAD 系统，由于技术创新符合 CAD 技术的发展潮流和趋势，SolidWorks 公司于两年间成为 CAD/CAM 产业中获利最高的公司。SolidWorks 软件是一种机械设计自动化应用程序，设计师使用它能快速地按照其设计思想绘制草图，尝试运用各种特征与不同尺寸，以及生成模型和制作详细的工程图。

由于使用了 Windows OLE 技术、直观式设计技术、先进的 Parasolid 内核（由剑桥提供）以及良好的与第三方软件的集成技术，SolidWorks 是较为好用的软件。资料显示，目前全球发放的 SolidWorks 软件使用许可约 28 万，涉及航空航天、机车、食品、机械、国防、交通、模具、电子通信、医疗器械、娱乐工业、日用品/消费品、离散制造等领域的企业。在教育市场上，每年来自全球 4300 所教育机构的十多万名学生通过 SolidWorks 的培训课程。

SolidWorks 软件功能强大，组件繁多。SolidWorks 有功能强大、易学易用和技术创新三大特点，这使得 SolidWorks 成为主流的三维 CAD 解决方案。SolidWorks 能够提供不同的设计方案、减少设计过程中的错误以及提高产品质量。SolidWorks 不仅提供强大的功能，而且对每个工程师和设计者来说，操作简单方便、易学易用。

对于熟悉微软的 Windows 系统的用户，基本上就可以用 SolidWorks 来搞设计了。SolidWorks 独有的拖曳功能使用户能够在比较短的时间内完成大型装配设计。SolidWorks 资源管理器是同 Windows 资源管理器一样的 CAD 文件管理器，用它可以方便地管理 CAD 文件。使用 SolidWorks，用户能在比较短的时间内完成更多的工作，能够更快地将高质量的产品投放市场。

在目前市场上所见到的三维 CAD 解决方案中，SolidWorks 是设计过程比较简便的软件之一。在强大的设计功能和易学易用的操作（包括 Windows 风格的拖/放、单击、剪切/粘贴）协同下，使用 SolidWorks，整个产品设计是百分之百可编辑的，零件设计、装配设计和工程图之间是全相关的。其中零件设计常用特征有以下几种。

（1）拉伸特征

拉伸特征是 SolidWorks 实体建模中基础的建模工具。所谓拉伸，就是在完成剖面草图设计后，沿着剖面的垂直方向产生体积上的变化。

拉伸特征是将一个截面沿着与截面垂直的方向延伸，进而形成实体的造型方法。拉伸特征适合创建比较规则的实体。拉伸特征是最基本和常用的特征造型方法，操作比较简单，工程实践中的多数零件模型都可以看做多个拉伸特征相互叠加或切除的结果。

（2）旋转特征

旋转特征是由特征截面绕旋转中心线旋转而成的一类特征，它适合于构建回转体零件。草绘旋转特征截面时，其截面必须全部位于中心线的一侧。倘若要生成实体特征，其截面必须是封闭的。

建立旋转特征必须给定旋转特征的有关要素，即草图要素、旋转轴和旋转类型。旋转可以是旋转基体、凸台、旋转切除、薄壁或曲面。

（3）扫描特征

扫描特征是指由二维草绘平面沿一平面或空间轨迹线扫描而成的一类特征。沿着一条路径移动轮廓（截面）可以生成基体、凸台、切除或曲面。扫描特征遵循以下规则：

- 扫描路径可以为开环或闭环。
- 路径可以是草图中包含的一组草图曲线、一条曲线或一组模型边线。
- 路径的起点必须位于轮廓的基准面上。

（4）放样特征

所谓放样，是指连接多个剖面或轮廓形成的基体、凸台或切除，通过在轮廓之间进行过渡来生成特征。

放样特征需要连接多个面上的轮廓，这些面既可以平行也可以相交。确定这些平面必须用到基准面。基准面可以用在零件或装配体中，通过使用基准面可以绘制草图、生成模型的剖面视图、生成扫描和放样中的轮廓面等。

（5）放置特征

放置特征是指由系统提供的或用户自定义的一类模板特征。它创建的特征几何形状确定，输入不同的尺寸可得到大小不同的相似几何特征。放置特征一般需要指定放置特征的放置平面和特征尺寸。

放置特征包括钻孔特征、倒角特征、圆角特征、抽壳特征、拔模斜度特征、筋特征等。

2.2　连接件建模

建模步骤

连接件的实体如图 2.1 所示。

01 单击“新建”按钮，新建一个零件文件。

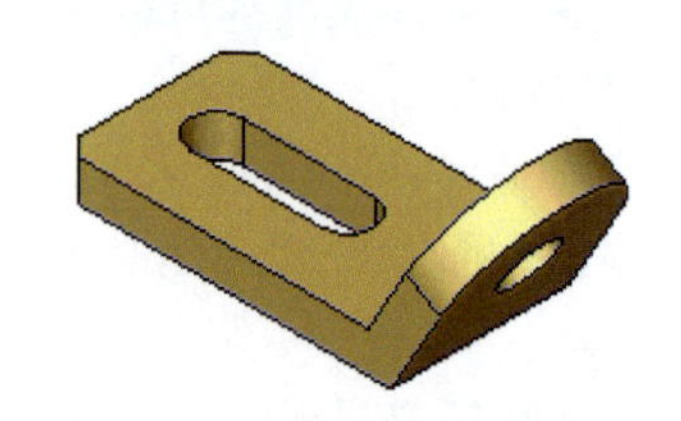

图 2.1　连接件

02 选取前视基准面，单击“草图绘制”按钮

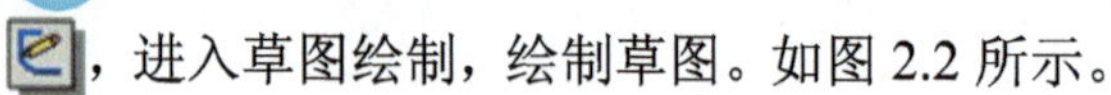

，进入草图绘制，绘制草图。如图 2.2 所示。

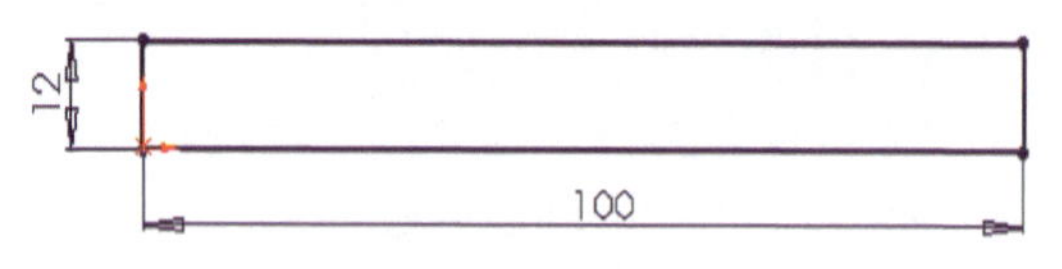

图 2.2　草图

03 单击“拉伸凸台/基体”按钮，出现“拉伸”属性管理器，在“终止条件”下拉列表框内选择“两侧对称”选项，在“深度”文本框内输入“54.00mm”，单击“确定”按钮。如图 2.3 所示。

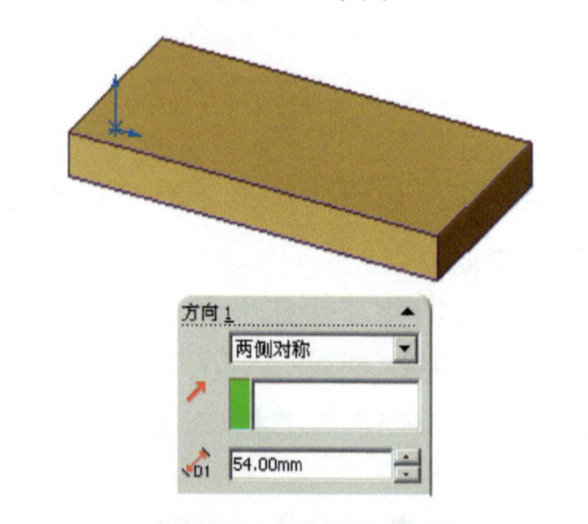

图 2.3　“拉伸”特征

04 单击“基准面”按钮，出现“基准面”属性管理器，单击“两面夹角”按钮，在“角度”文本框内输入“120.00deg”，单击“确定”按钮，建立新基准面。如图 2.4 所示。

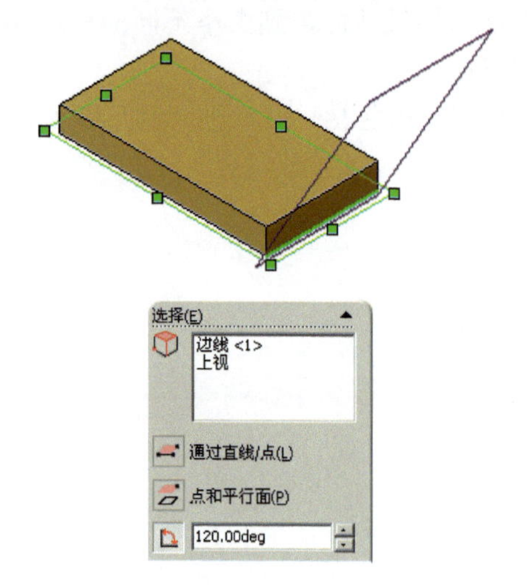

图 2.4　“两面夹角”基准面

05 选取基准面 1，单击“草图绘制”按钮，进入草图绘制，单击“正视于”按钮，绘制草图。如图 2.5 所示。

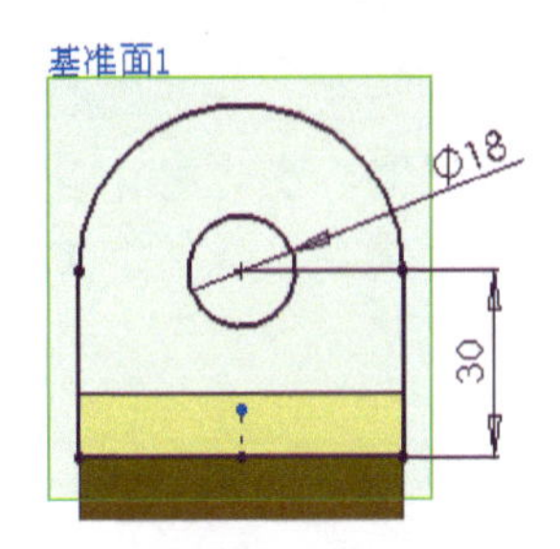

图 2.5　草图

06 单击“拉伸凸台/基体”按钮，出现“拉伸”属性管理器，在“终止条件”下拉列表框内选择“给定深度”选项，在“深度”文本框内输入“12.00mm”，单击“确定”按钮。如图 2.6 所示。

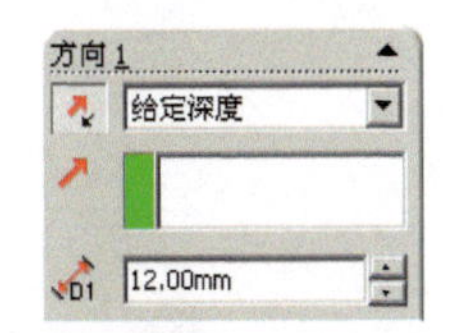

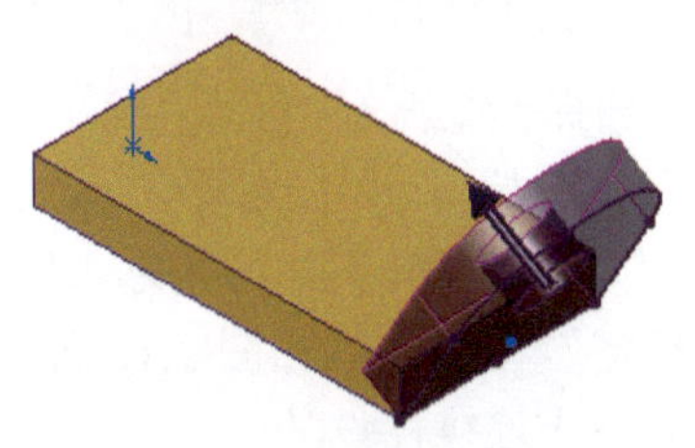

图 2.6　“拉伸”特征

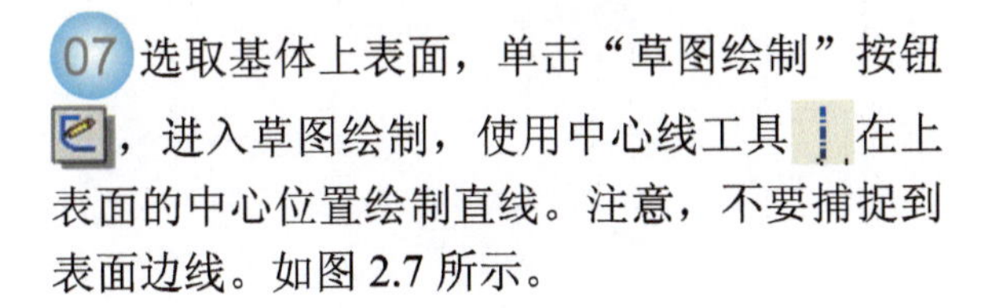

07 选取基体上表面，单击“草图绘制”按钮，进入草图绘制，使用中心线工具在上表面的中心位置绘制直线。注意，不要捕捉到表面边线。如图 2.7 所示。

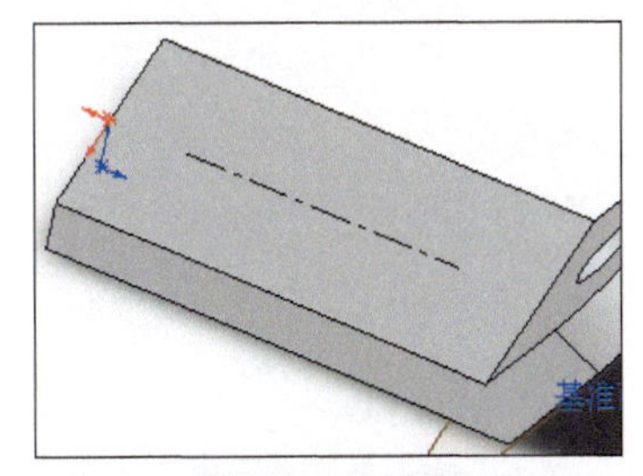

图 2.7　中心线

08 单击“等距实体”按钮，出现“等距实体”属性管理器，在“等距距离”文本框内输入“8.00mm”，在图形区域选择中心线，在属性管理器中选中“添加尺寸”、“选择链”、“双向”和“顶端加盖”复选框，选中“圆弧”单选按钮，单击“确定”按钮，标注尺寸，完成草图。如图 2.8 所示。

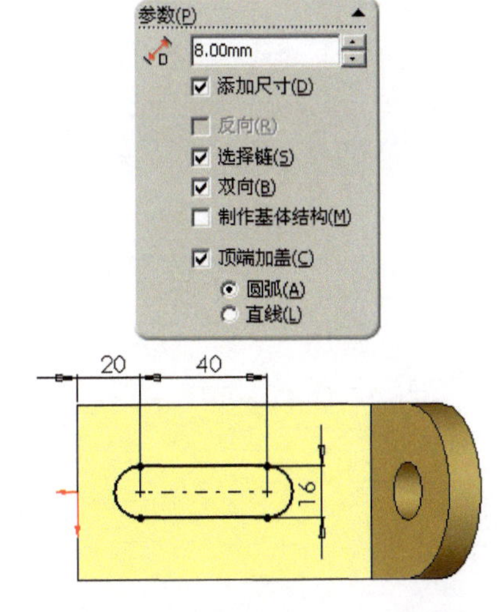

图 2.8　运用“等距实体”绘制草图

09 单击“拉伸切除”按钮，出现“切除-拉伸”属性管理器，在“终止条件”下拉列表框内选择“完全贯穿”选项，单击“确定”按钮。如图 2.9 所示。

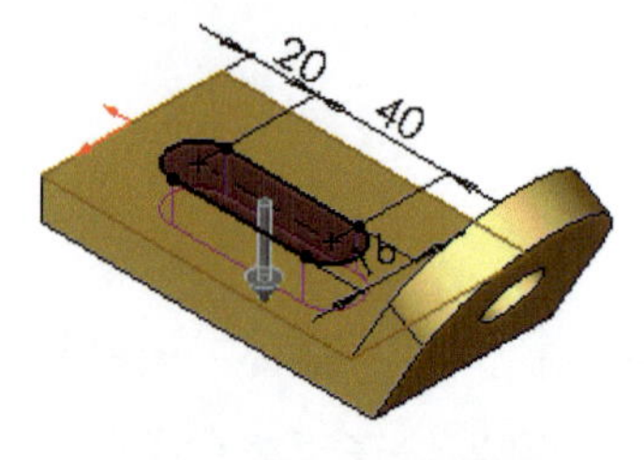

图 2.9　“切除-拉伸”特征

10 单击“倒角”按钮，出现“倒角”属性管理器，选择“边线 1”和“边线 2”，选中“角度距离”单选按钮，在“距离”文本框内输入“5.00mm”，在“角度”文本框内输入“45.00deg”，单击“确定”按钮。如图 2.10 所示。

至此完成连接件设计。

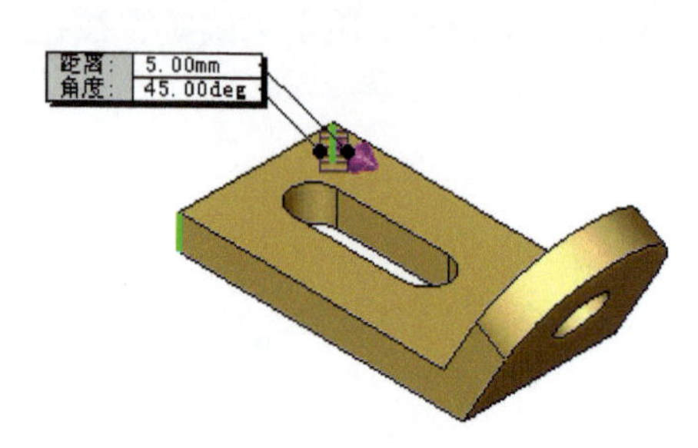

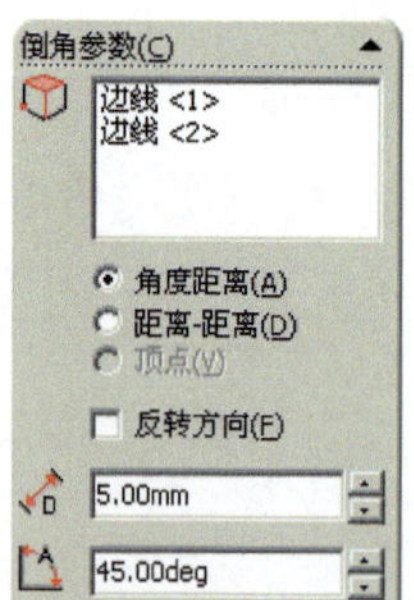

图 2.10　“倒角”特征

2.3 方形烟灰缸建模

建模步骤

完成如图 2.11 所示的模型。

01 单击“新建”按钮，新建一个零件文件。

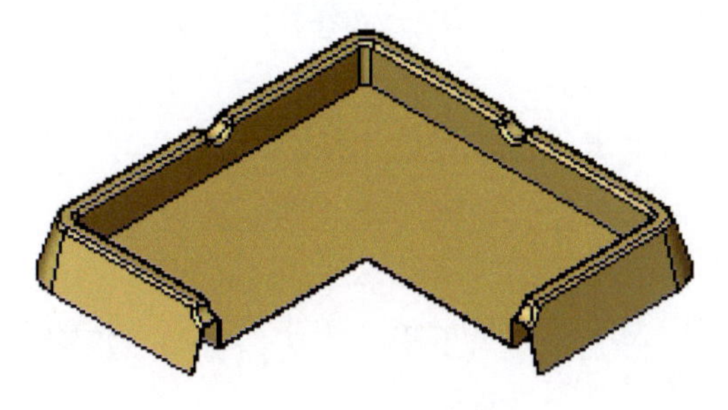

图 2.11 方形烟灰缸

02 选取上视基准面，单击“草图绘制”按钮，进入草图绘制，绘制草图。如图 2.12 所示。

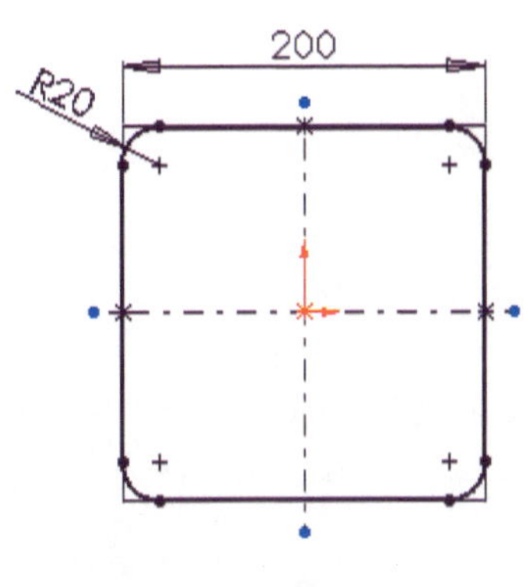

图 2.12 草图

03 单击“拉伸凸台/基体”按钮，出现“拉伸”属性管理器，在“终止条件”下拉列表框内选择“给定深度”选项，在“深度”文本框内输入“26.00mm”，单击“拔模开/关”按钮，在“拔模角度”文本框内输入“18.00deg”，单击“确定”按钮。如图 2.13 所示。

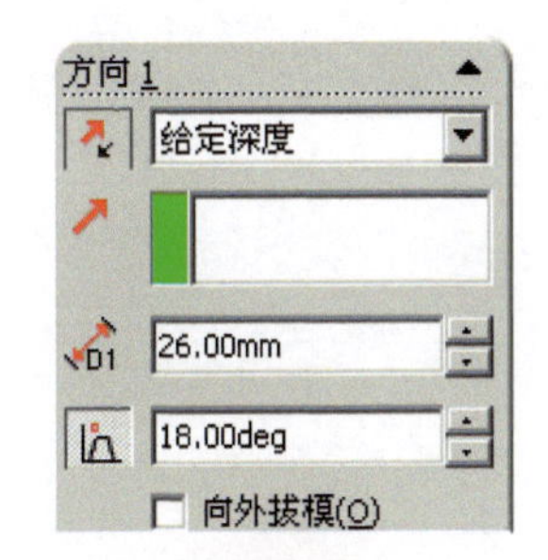

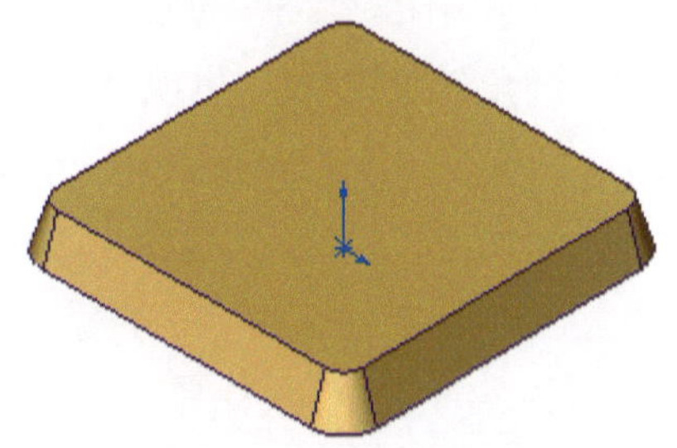

图 2.13 “拉伸”特征

04 选取基体上表面，单击“草图绘制”按钮，进入草图绘制，选中上表面，单击“等距实体”按钮，出现“等距实体”属性管理器，在“等距距离”文本框内输入“8.00mm”，选中“添加尺寸”、“选择链”复选框，单击“确定”按钮，完成草图。如图 2.14 所示。

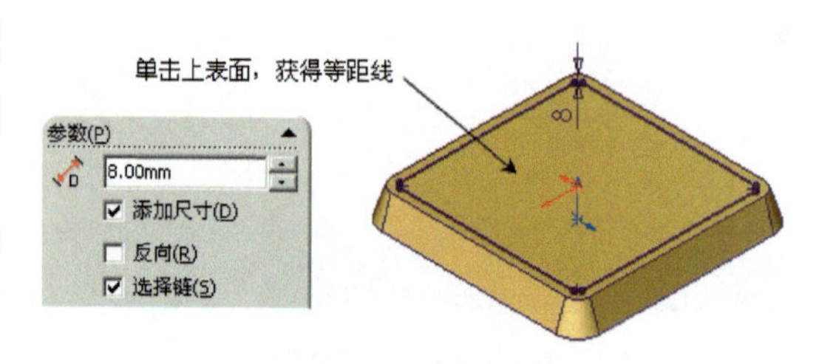

图 2.14　草图

05 单击“拉伸切除”按钮，出现“切除-拉伸”属性管理器，在“终止条件”下拉列表框内选择“给定深度”选项，在“深度”文本框内输入“20.00mm”，单击“确定”按钮。如图 2.15 所示。

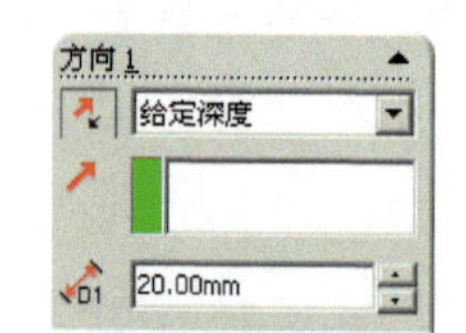

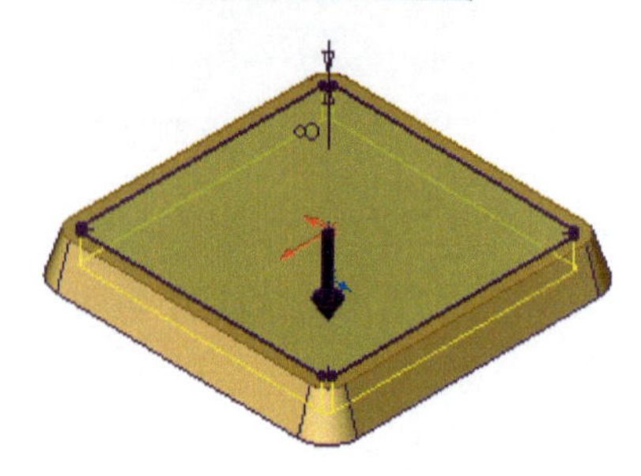

图 2.15　“切除-拉伸”特征

06 选取前视基准面，单击“草图绘制”按钮，进入草图绘制，绘制草图，如图 2.16（a）所示。单击“拉伸切除”按钮，出现“切除-拉伸”属性管理器，在“终止条件”下拉列表框内选择“完全贯穿”选项，选择方向 2 标签，同样终止条件选择“完全贯穿”，单击“确定”按钮。如图 2.16（b）所示。

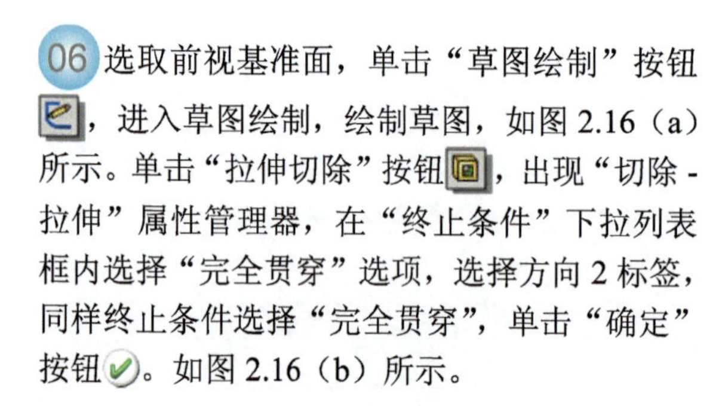

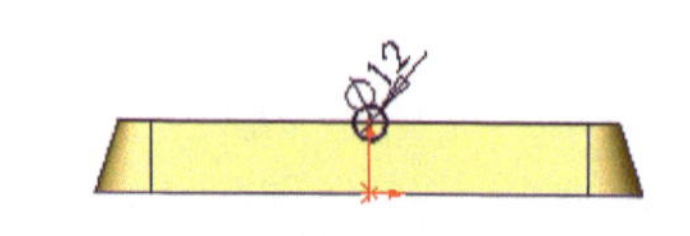

（a）草图

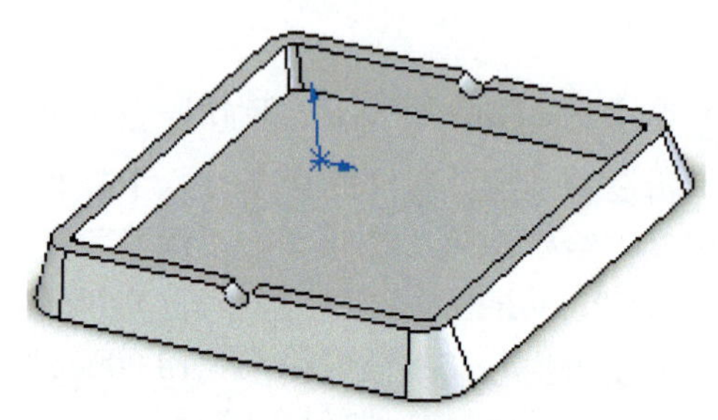

（b）“切除-拉伸”特征

图 2.16　“切除-拉伸”特征

07 单击“圆角”按钮，出现“圆角”属性管理器，在“半径”文本框内输入“2mm”，选取欲设圆角平面，单击“确定”按钮。如图 2.17 所示。

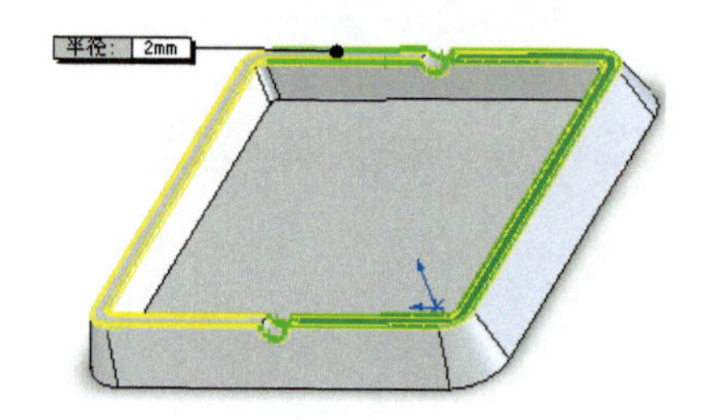

图 2.17　“圆角”特征

08 单击“抽壳”按钮，出现“抽壳”属性管理器，在“移出的面”中，选择“面 1”，在“厚度”文本框内输入“1.00mm”，单击“确定”按钮，如图 2.18 所示。至此完成方形烟灰缸设计。

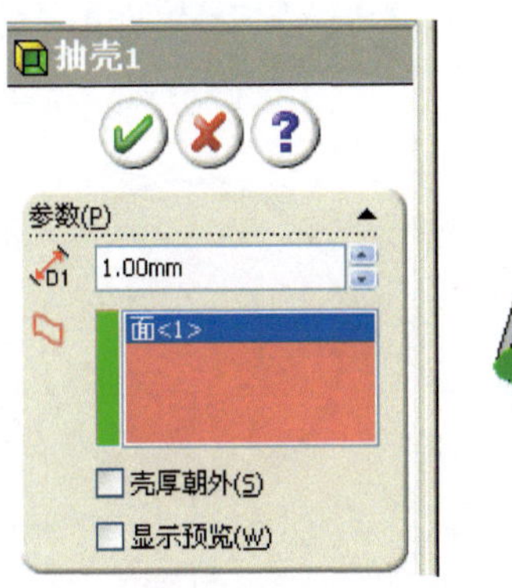

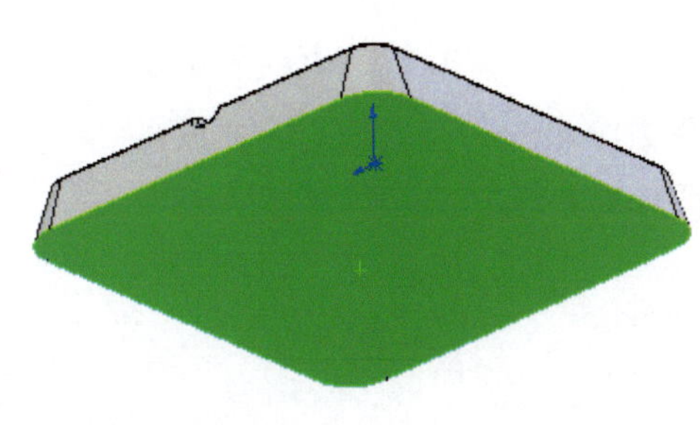

图 2.18 “抽壳”特征

2.4　轴承座建模

建模步骤

01 在前视基准面内使用中心线、直线和圆工具作草图，如图 2.19 所示。两圆同心，在原点两斜线的端点捕捉到大圆。

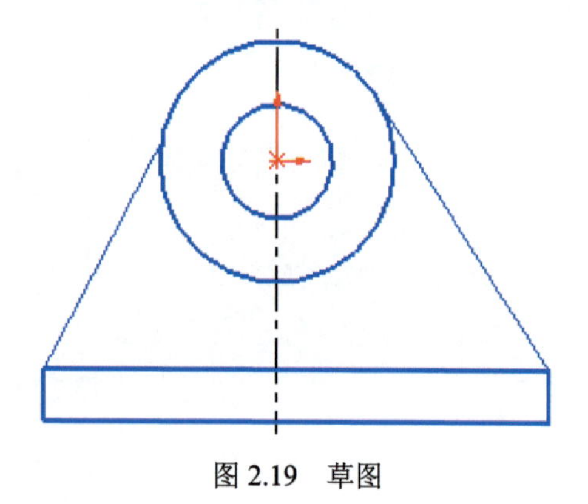

图 2.19　草图

02 添加几何关系。

在草图工具栏中单击添加几何关系图标按钮，选中中心线和矩形两侧边，单击“对称”按钮，单击“确定”按钮。见图 2.20。

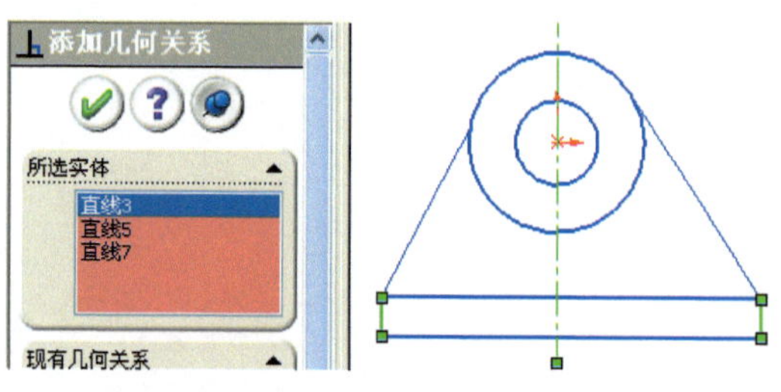

图 2.20　建立对称几何关系

在草图工具栏中单击添加几何关系图标按钮，选择一条斜线和大圆，单击“相切”按钮，单击“确定”按钮。见图 2.21。

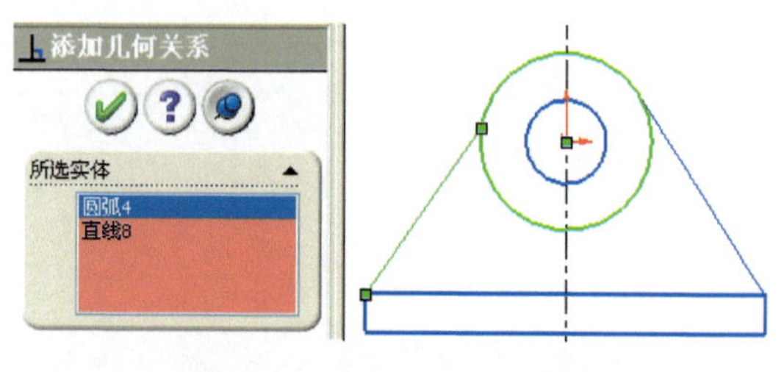

图 2.21　建立相切几何关系

在草图工具栏中单击添加几何关系图标按钮，选择另一条斜线和大圆，单击“相切”按钮，单击“确定”按钮。见图 2.22。

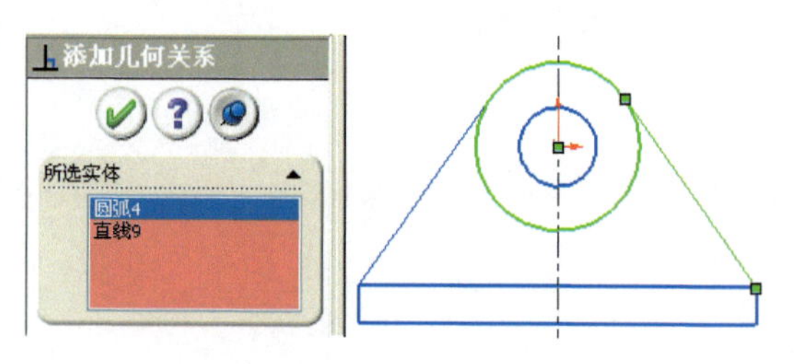

图 2.22　相切几何关系

03 按图标注尺寸。

标注尺寸如图 2.23 所示。

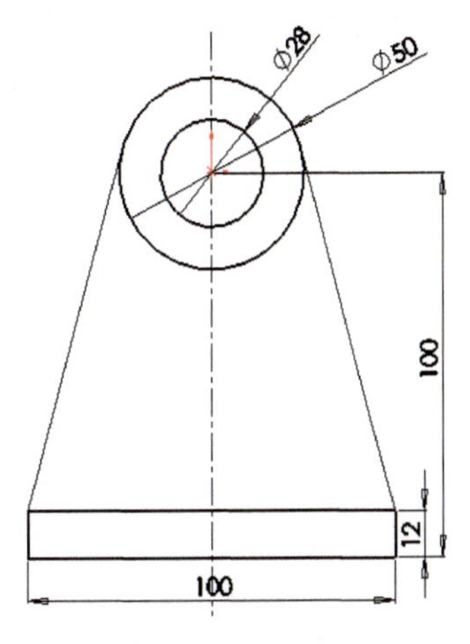

图 2.23 标注尺寸

04 选择草图拉伸。

选择矩形作为拉伸轮廓，深度为 55.00mm。见图 2.24。

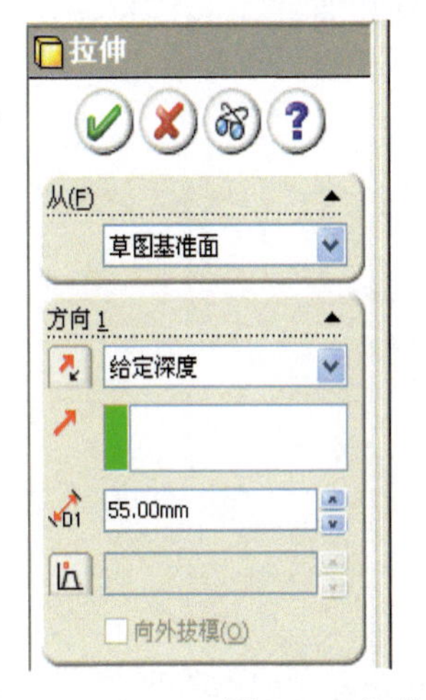

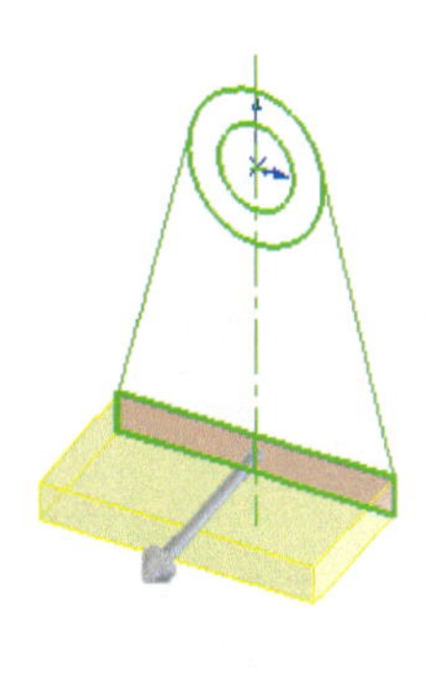

图 2.24 拉伸特征（1）

选择中间轮廓拉伸，拉伸深度为 10.00mm。见图 2.25。

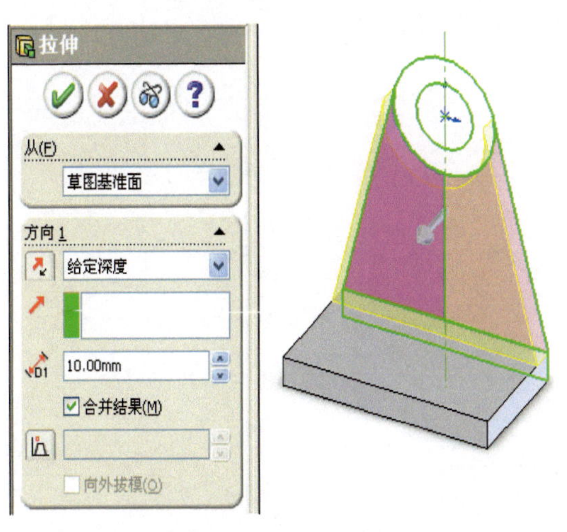

图 2.25 拉伸特征（2）

选择圆环轮廓拉伸，深度为 32.00mm。见图 2.26。

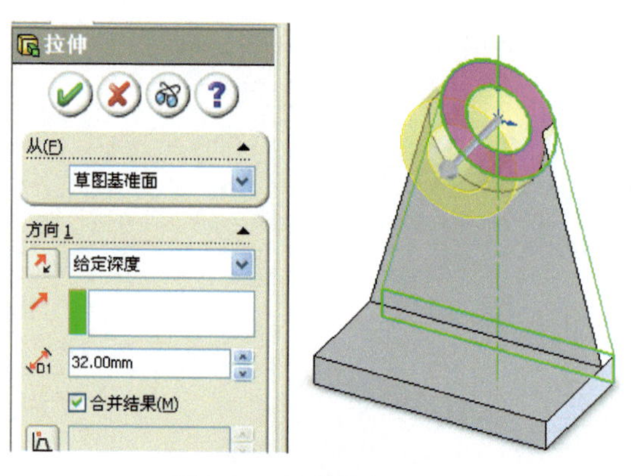

图 2.26　拉伸特征（3）

05 做筋板草图。

在右视基准面上使用直线工具作草图，注意捕捉实体端点。见图 2.27。

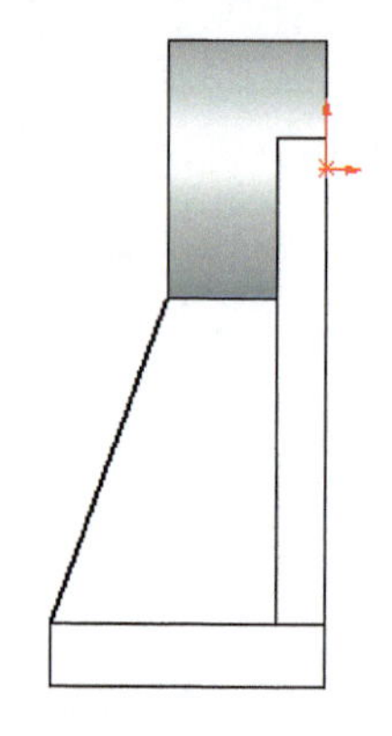

图 2.27　筋草图

06 筋特征。

单击筋特征工具，设置筋宽度为 10.00mm，选择平行于草图方向，单击“确定”按钮。见图 2.28。

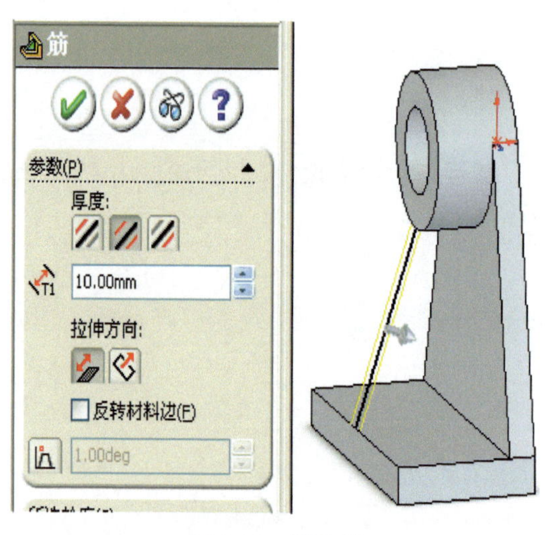

图 2.28　筋特征

07 异型孔特征。

单击异型孔向导特征，选择“柱孔”类型，大小选择“M6”，然后单击“位置”选项卡，在基体上表面选择位置，如图 2.29 所示，完成孔特征。

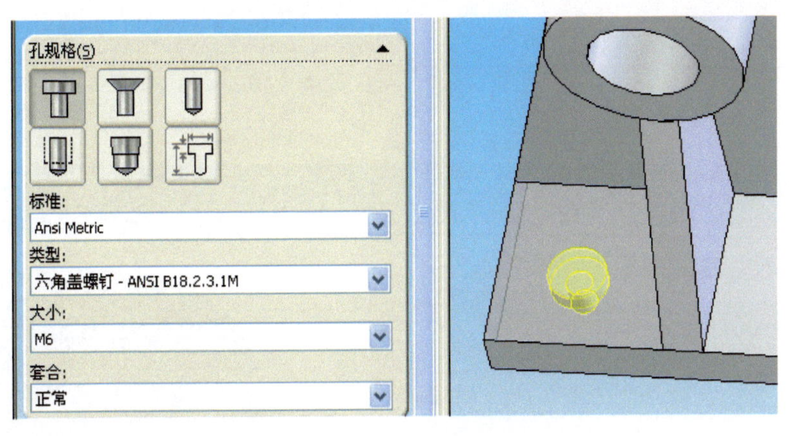

图 2.29 异型孔特征

在特征管理设计树中打开“异型孔”特征，选中 3D 草图，单击“编辑草图”，在草图中标注孔中心点的位置。见图 2.30。

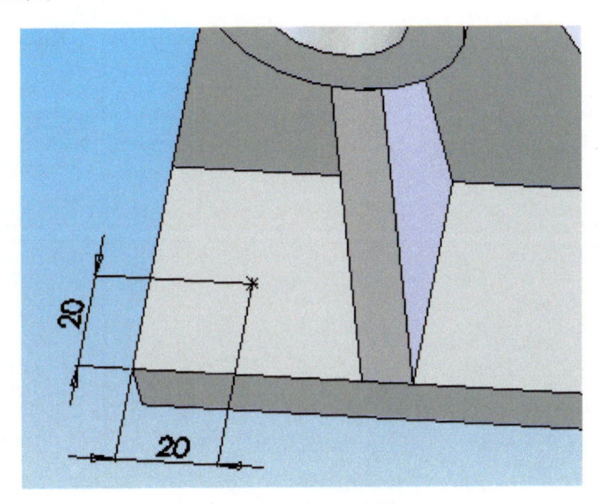

图 2.30 异型孔位置

08 镜像孔特征。

单击镜像特征，选择孔特征，以右视基准面为镜像面，完成特征镜像。见图 2.31。

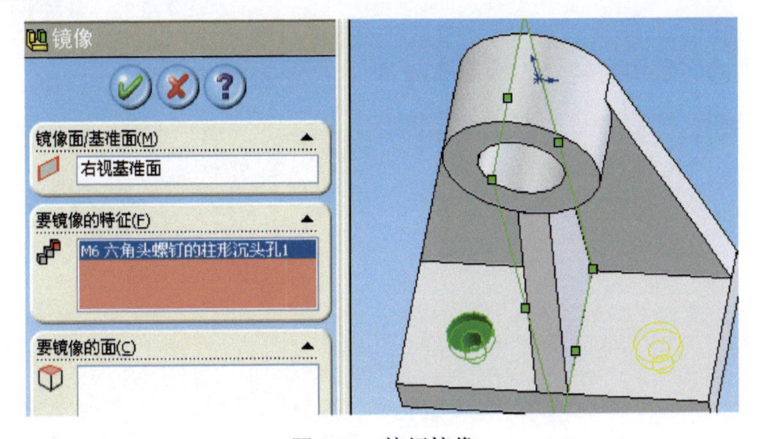

图 2.31 特征镜像

2.5 带轮造型

建模步骤

01 在前视基准面绘制草图 1。如图 2.32 所示。

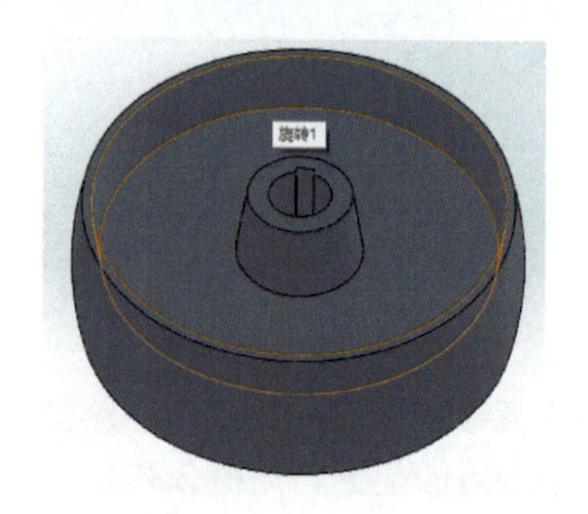

图 2.32　带轮

02 选中草图，单击“特征”工具栏中的按钮，草图沿中心线旋转。如图 2.33 所示。

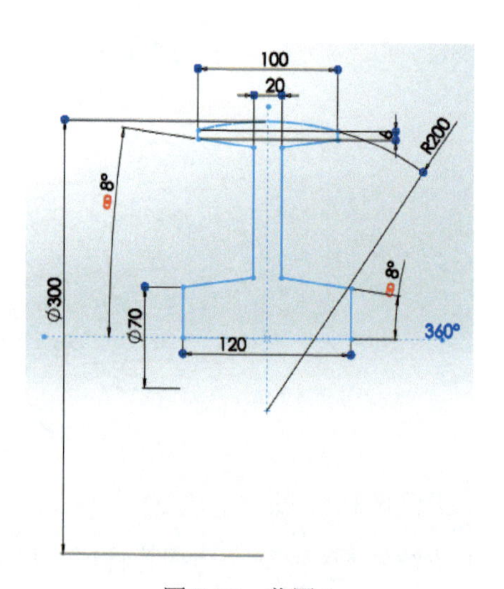

图 2.33　草图 1

03 进行拉伸切除。选中带轮中心端面作为草图平面，新建草图，利用“直线”和“画弧”命令绘制草图 2。如图 2.34 所示。

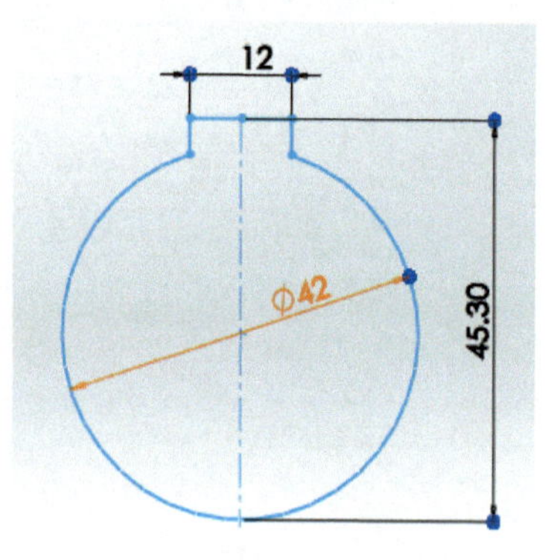

图 2.34　草图 2

04 单击特征工具栏中的拉伸切除按钮，启动拉伸切除特征，选择终止条件为“完全贯穿”。如图 2.35 所示。

图 2.35 拉伸切除

05 单击按钮，得到带轮零件。

2.6　吸尘器造型

建模步骤

01 在前视基准面绘制草图。如图 2.36 所示。

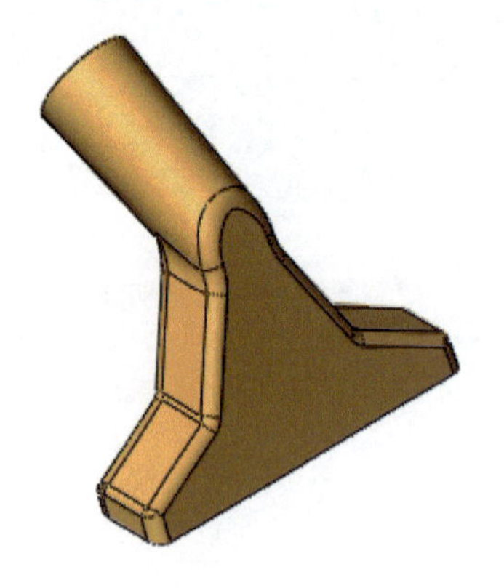

图 2.36　扫描实例

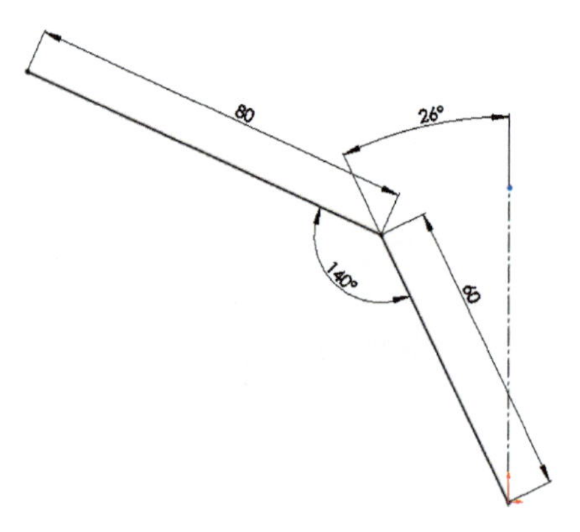

图 2.37　草图 1

02 建立参考基准面 1。如图 2.38 所示。

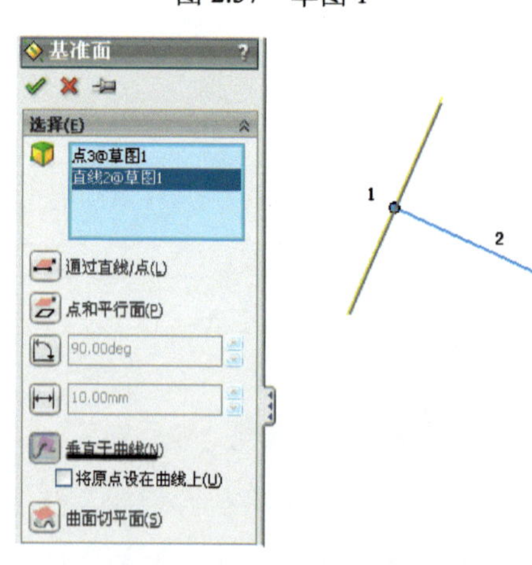

图 2.38　基准面 1

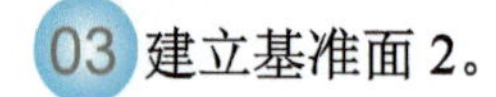

03 建立基准面 2。

a. 在上视基准面新建草图，过原点绘制一条竖直辅助线。如图 2.39 所示。

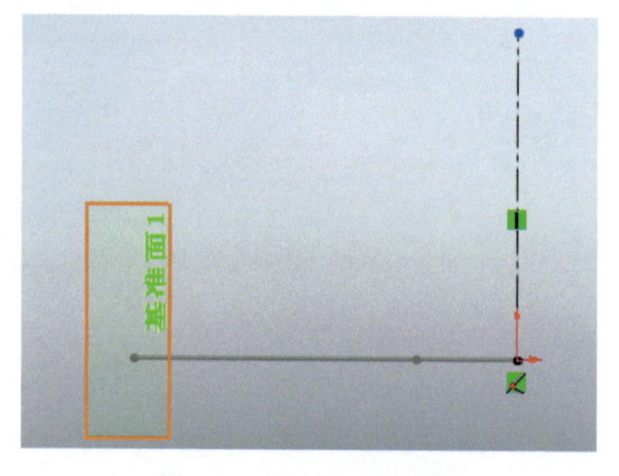

图 2.39　绘制水平辅助线

b. 选择“通过直线/点”选项建立基准面。如图 2.40 所示。

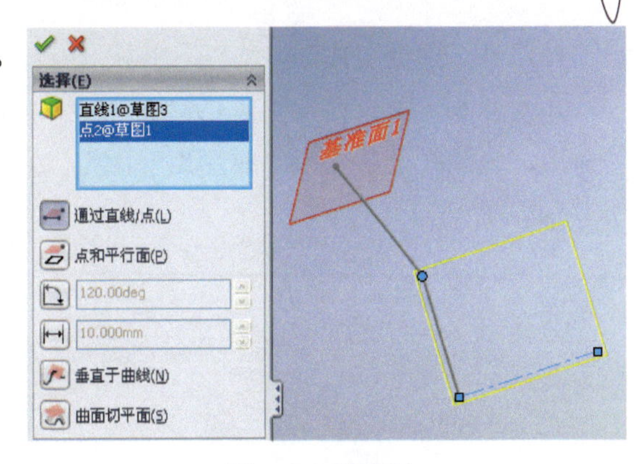

图 2.40　基准面 2

04 扫描实体。

a. 在基准面 2 上建立轮廓草图。如图 2.41 所示。

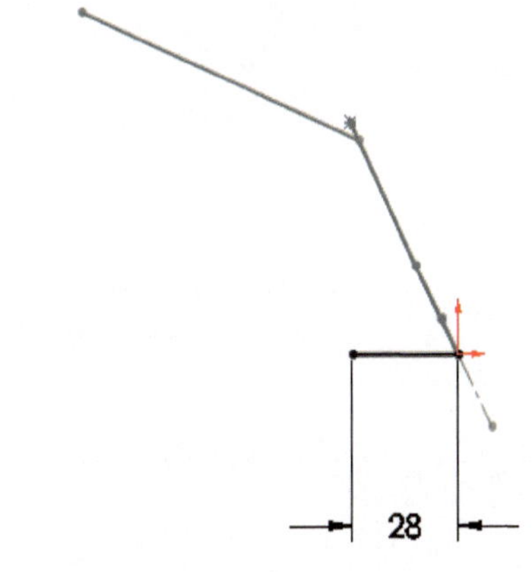

图 2.41　轮廓草图

b. 在前视基准面建立路径草图。如图 2.42 所示。

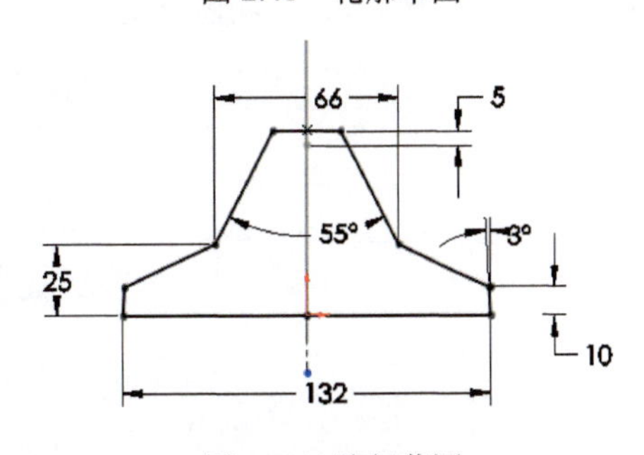

图 2.42　路径草图

c. 单击特征工具栏中的按钮，在弹出的属性管理器中选择轮廓草图与路径草图，如图 2.43 所示，单击按钮完成扫描。

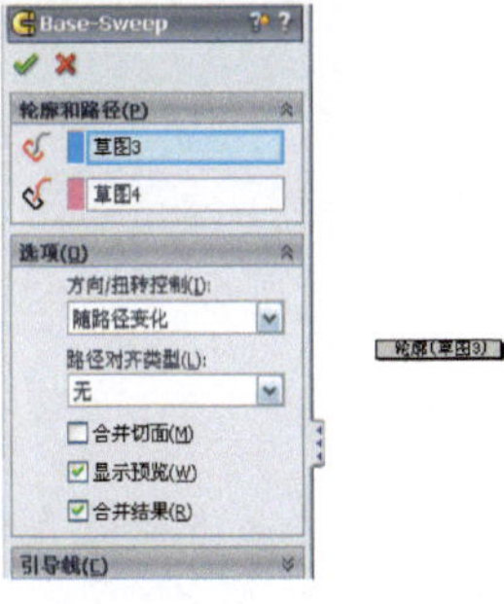

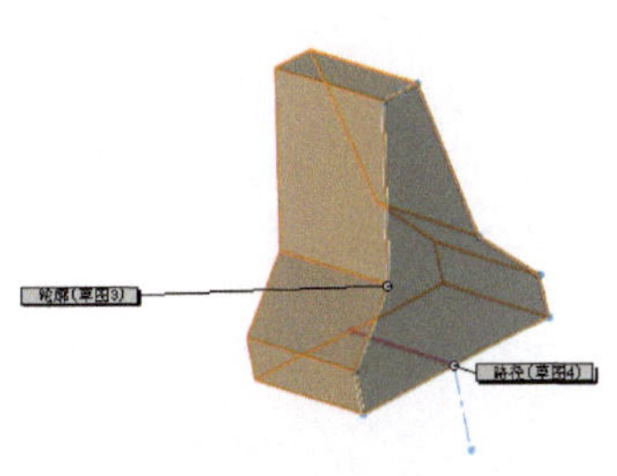

图 2.43　扫描

05 拉伸另一部分实体。

在基准面 1 建立新草图，绘制直径为 34 mm 的圆。单击特征工具栏中的按钮，启动拉伸命令，选择终止条件为“成形到一面”，选择要终止的平面，如图 2.44 所示，单击按钮完成拉伸。

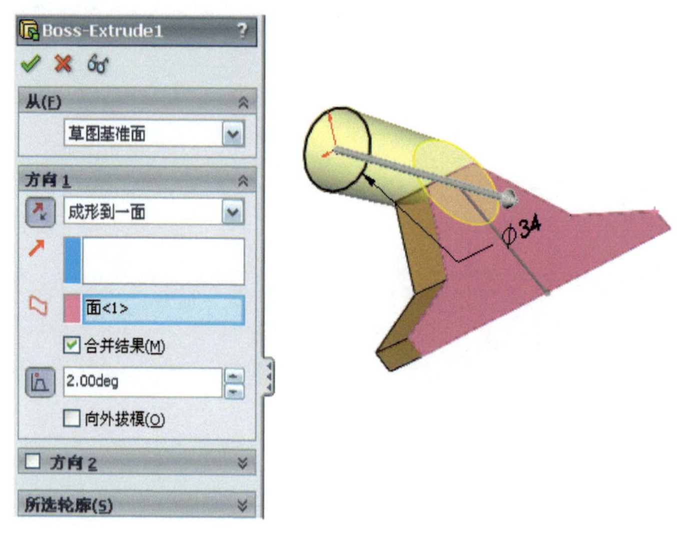

图 2.44　拉伸实体

06 为零件抽壳。

使用抽壳特征 抽壳，设置抽壳厚度为 2.000mm，选择圆柱端面和扫面地面作为删除面。选择圆柱面厚度为 4 mm。如图 2.45 所示。

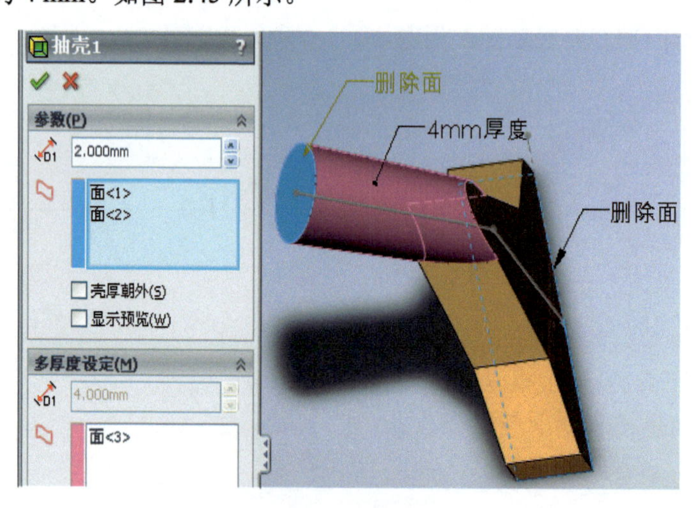

图 2.45　多厚度抽壳

07 添加多半径圆角。

单击圆角按钮 圆角，选中“多半径圆角”选项，选择要进行圆角的 6 条边线，在图形区域的半径数值框中单击，修改半径，半径值分别为 3 mm、3 mm、12 mm、12 mm、3 mm、3 mm，如图 2.46 所示，单击“确定”按钮。

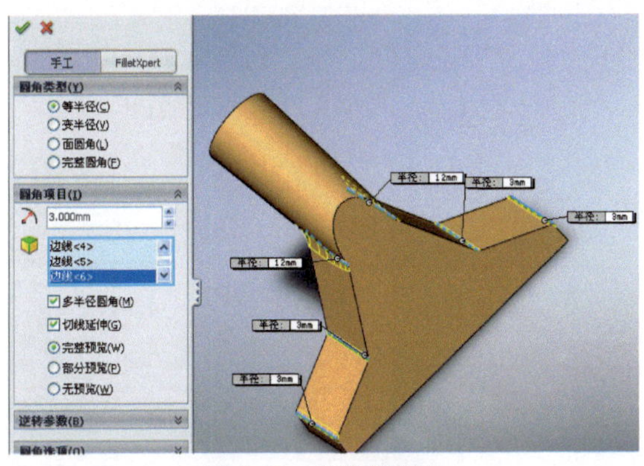

图 2.46 多半径圆角

08 添加变半径圆角。

单击圆角按钮，选中“变半径”选项，选择图示边线，在图形区域的半径数值框中单击，修改半径，如图 2.47 所示，单击“确定”按钮。

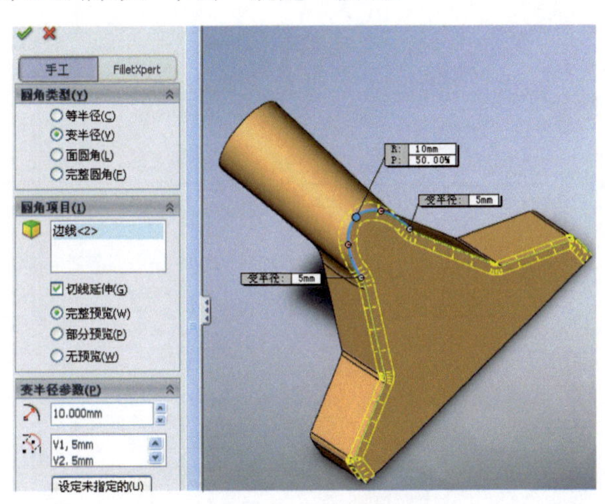

图 2.47 变半径圆角

09 添加等半径圆角。

单击圆角按钮，选中“等半径”选项，选择图示边线，设置半径为 5.00mm，如图 2.48 所示，单击“确定”按钮。

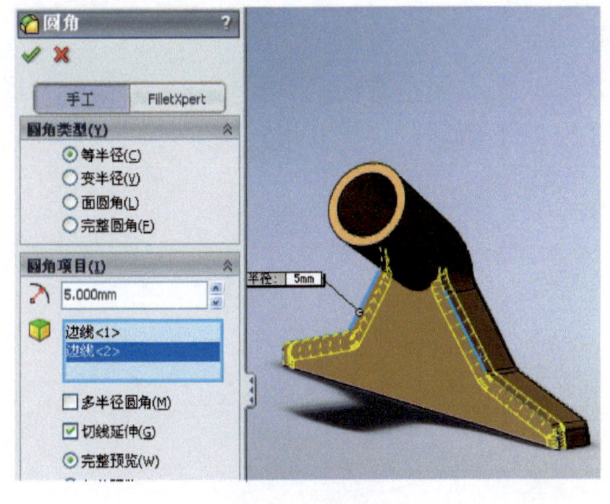

图 2.48 圆角

2.7　方圆接头造型

方圆接头的造型如图 2.49 所示。

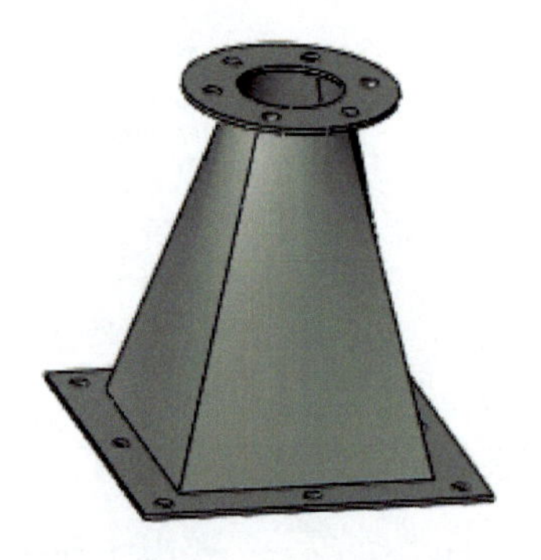

图 2.49　方圆接头

01 建立与上视基准面距离为 200.00mm 的参考基准面。如图 2.50 所示。

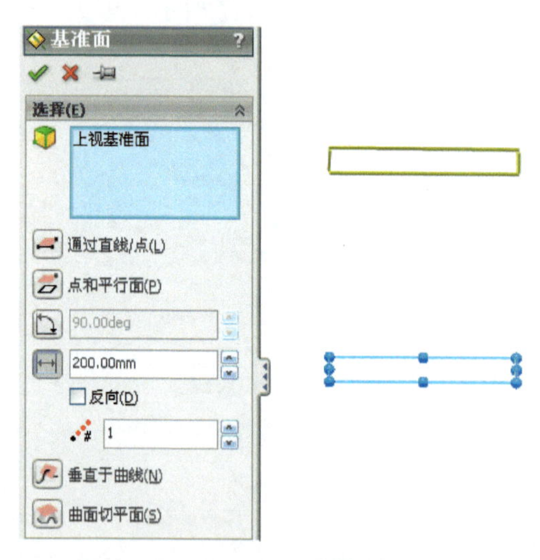

图 2.50　建立基准面

02 建立放样特征。

a. 在上视基准面新建草图 1，绘制正方形。如图 2.51 所示。

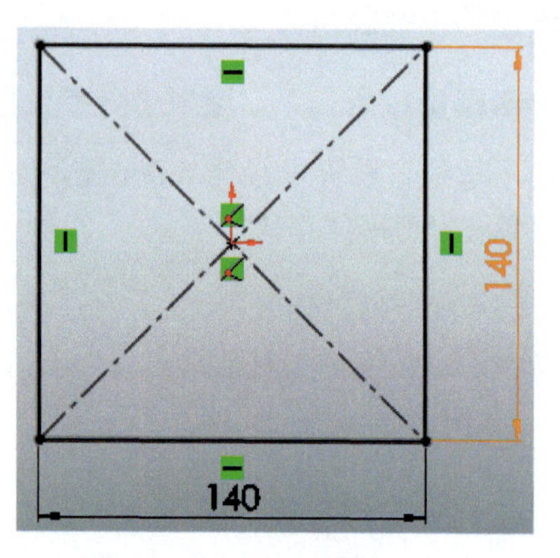

图 2.51　草图 1

b. 在基准面 1 新建草图 2，绘制圆形。如图 2.52 所示。

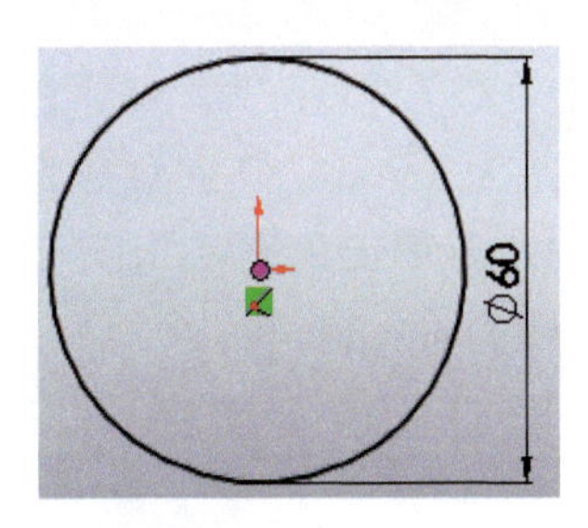

图 2.52　草图 2

c. 单击特征工具栏中的![]按钮，在弹出的特征管理器选中草图 1 和草图 2 为轮廓，如图 2.53 所示，单击✔按钮完成放样。

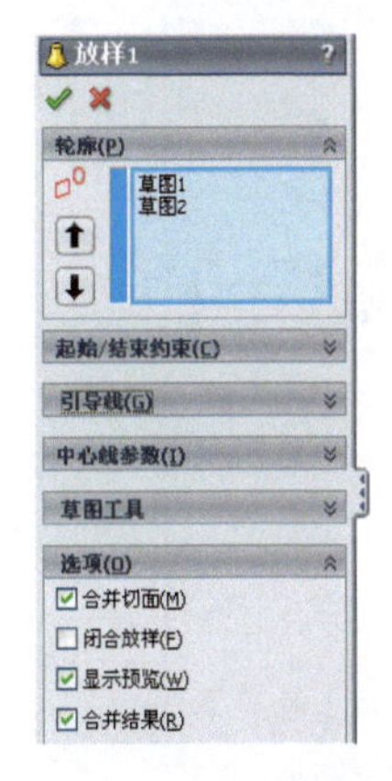

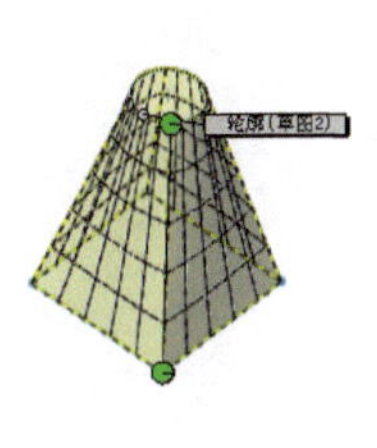

图 2.53　放样

03 拉伸方形端面。见图 2.54。

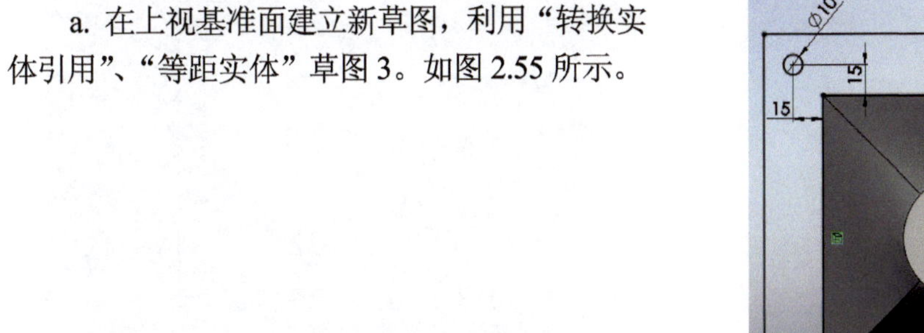

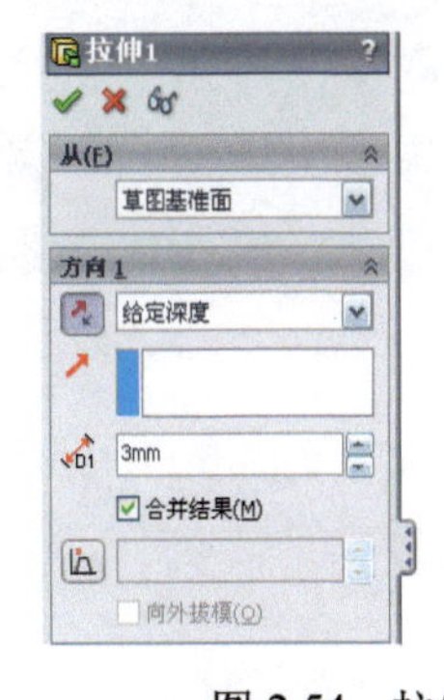

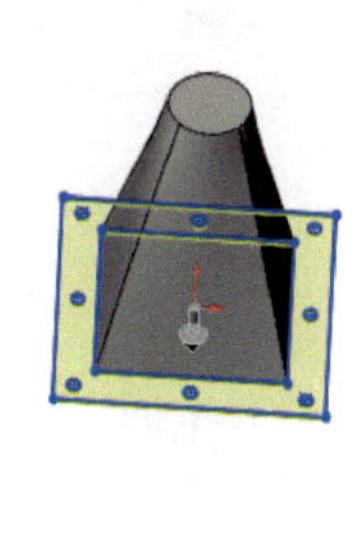

图 2.54　拉伸方形端面

a. 在上视基准面建立新草图，利用“转换实体引用”、“等距实体”草图 3。如图 2.55 所示。

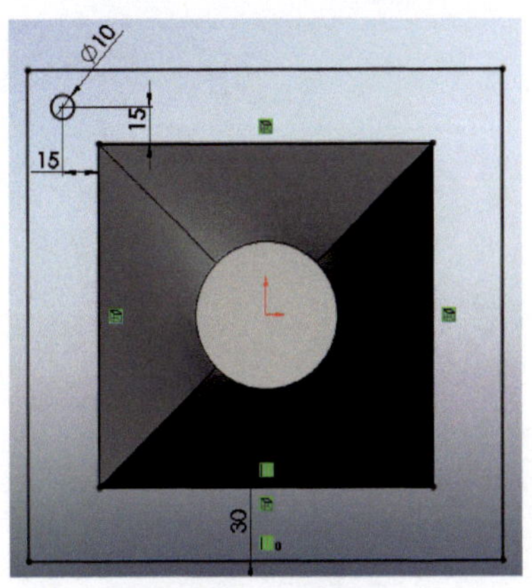

图 2.55　草图 3

b. 单击“草图线性阵列”按钮 线性草图阵列，选择圆弧为要阵列的实体，设置方向 1、方向 2 的阵列间距为 85mm，阵列数量为 3，并激活“可跳过的实体”选项，单击位于圆心的圆弧，如图 2.56 所示，单击“确定”按钮。

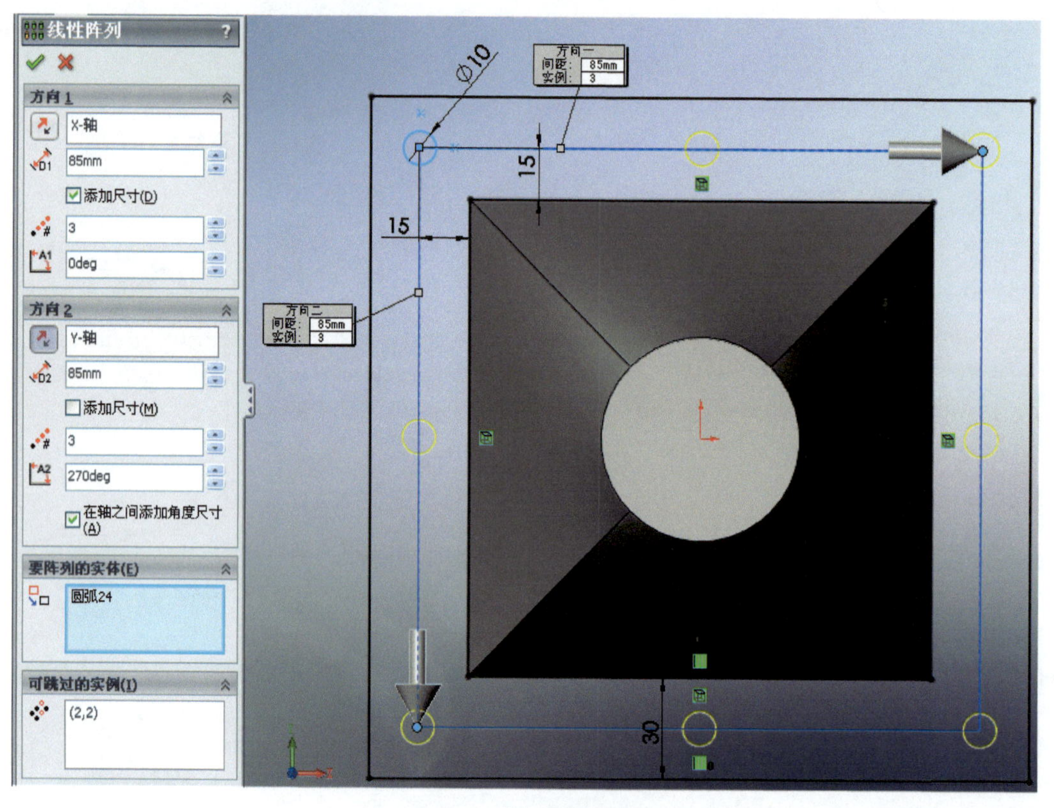

图 2.56　线性草图阵列

c. 向下拉伸，输入深度为 3 mm。如图 2.57 所示。

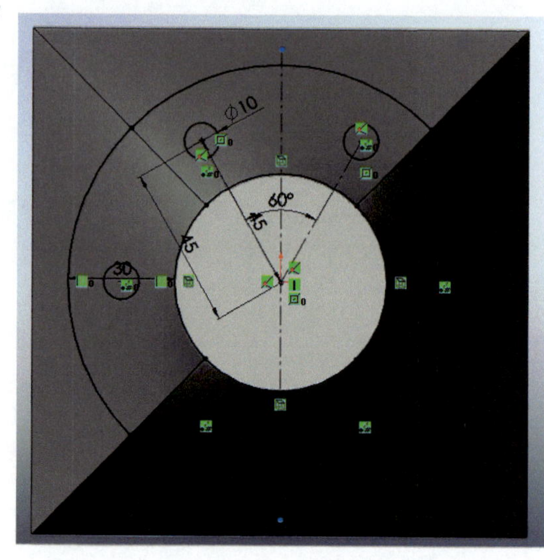

图 2.57　草图 4

04 拉伸圆形端面。

a. 在基准面 1 建立草图 4，利用“转换实体引用”和“圆周阵列”命令绘制草图 4，添加上部两圆弧关于中心线的对称关系。

b. 拉伸，输入深度为 3 mm。如图 2.58 所示。

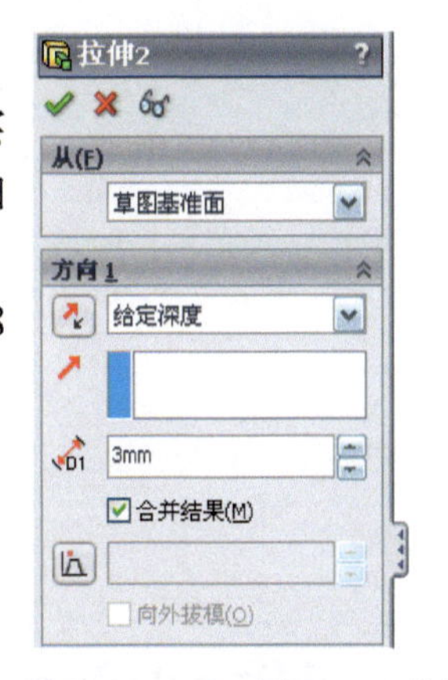

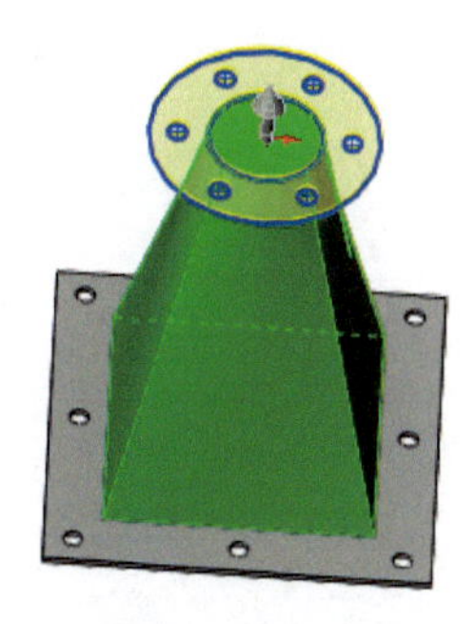

图 2.58 拉伸圆形端面

05 向外抽壳，厚度为 3 mm。如图 2.59 所示。

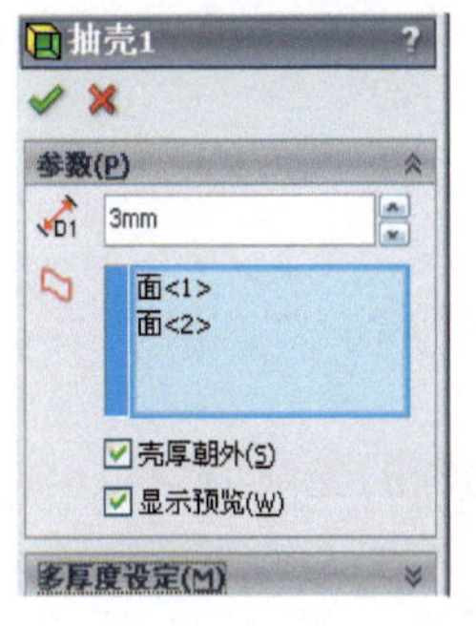

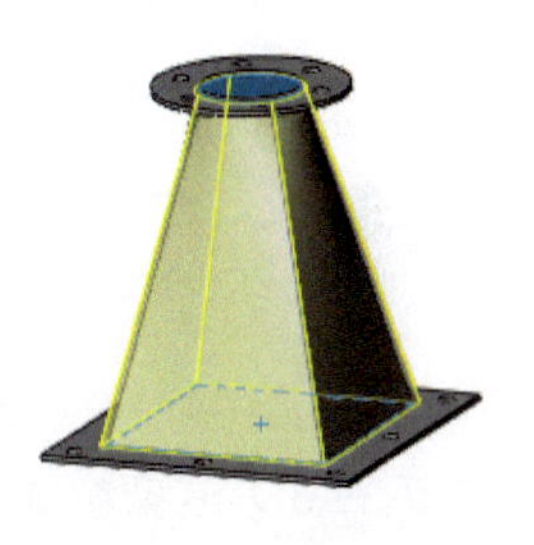

图 2.59 抽壳

第3章

3D模型实时渲染

3.1　实时渲染器 KeyShot 简介

KeyShot 是一个互动性的光线追踪与全域光渲染程序，无须复杂的设定即可产生如照片般的真实的 3D 渲染影像。KeyShot 完全基于 CPU 为三维数据进行渲染和动画操作的独立渲染器，广泛用于高精度图像的实时呈现，为设计师、工程师和 CG 专业人士创建逼真的图像和三维模型动画提供解决方案。

操作界面简单清新，直接界面实时交互渲染，为场景和产品提供新的照明方式。更多的材质和颜色预设，所有增强新功能都能用于产品开发过程中的可视化，无缝链接用于建模软件和 KeyShot 之间的模型更新，无须重新分配或者更新任何预设，可以直接从 Creo、SolidWorks 或者 Rhino 等软件连接到 KeyShot 中。指定材质和动画，继续建模，单击“更新”即可激活 KeyShot，所有修改的部分将被替换和更新，同时保持已指定的材质和动画。

其他的渲染器需要你有一定的专业知识，并需经过不断的渲染尝试才能达到很棒的画面效果，这就无形当中浪费了很多的时间。使用 KeyShot 则不用担心。KeyShot 主要通过全局光照射方式来对模型进行渲染，它可以渲染出非常逼真的金属效果和材质的皮肤纹理，这一切完全是靠一种 HDR 高动态范围贴图来模拟环境光从而达到比较真实的画面效果，并且它是实时演算效果，尤其是对金属材质的汽车表面和轮船模型。对于照片级别的高精度效果的呈现，并不需要详细参数的调整和耗费太长的时间，只需要单击对应的某个按钮，就可以智能化地运算出结果。

KeyShot 相对于其他渲染器来说上手比较简单，因为强大的 HDR 和材质库让你在极短时间内就可以模拟出真实光照和丰富材质效果。但大量 HDR 和材质库不等同于能渲染出理想的图片效果，还要配合灯光和贴图以实现更逼真效果，掌握 KeyShot 的关键不在于掌握了 KeyShot 所有的参数，而在于贴图和布光。

KeyShot 有 Windows 版本和 Mac 版本，可以充分利用计算机的配置更快、更精细地渲染

复杂的模型，它对各个系统的硬件配置建议不一样。下面将分别介绍 Windows 和 Mac 版本运行 KeyShot 的系统需求。

渲染主要依靠 CPU，所以 CPU 的配置十分重要。在 KeyShot 界面左上角位置显示 CPU 使用量，它能够智能地自主选择，指定分配到实时窗口的内核数，减少内核数以提高同时运行的应用程序性能。

KeyShot 不需要任何特殊的硬件或显卡，能够充分利用计算机的所有核心和线程。随着计算机功能越来越强大，KeyShot 也变得越来越快速，其性能根据系统中的核心和线程数量而线性扩展。安装使用之前，需要了解：

一般系统

- 3 键鼠标（PC Mouse）；
- 绘图显卡：任何图形卡；
- 内存（RAM）：2 GB 或更大；
- 硬盘空间：至少 2 GB 的硬盘空间；
- 显示器（Monitor）：1280×768 分辨率或更高；
- 需要互联网连接（激活产品）。

微软 Windows

- 操作系统（OS）：Windows 7/Windows 8/Windows 10，32 位/64 位；Windows Server 2012 或更新；
- 中央处理器（CPU）：英特尔奔腾 4 或更好，或 AMD 处理器；
- OpenGL：OpenGL 2x 或更高。

苹果 OS X

- 操作系统（OS）：Mac OS X 10.7 或更新版本；
- 中央处理器（CPU）：基于英特尔的 Mac，酷睿以上；
- 3 键鼠标（PC Mouse）：3 个按钮的鼠标。

建议：KeyShot 渲染占用的是 CPU 默认的全部，如果系统配置达到要求，运行起来还是觉得“卡顿”，可以设置 KeyShot 禁用一个 CPU 内核。

KeyShot 6 的界面见图 3.1。

图 3.1 KeyShot 6 界面

3.2　苹果模型渲染

渲染步骤

01 打开 KeyShot 6，单击下方的“导入”图标，找到“苹果模型”，单击“打开”，单击导入，结果如图 3.2 所示。

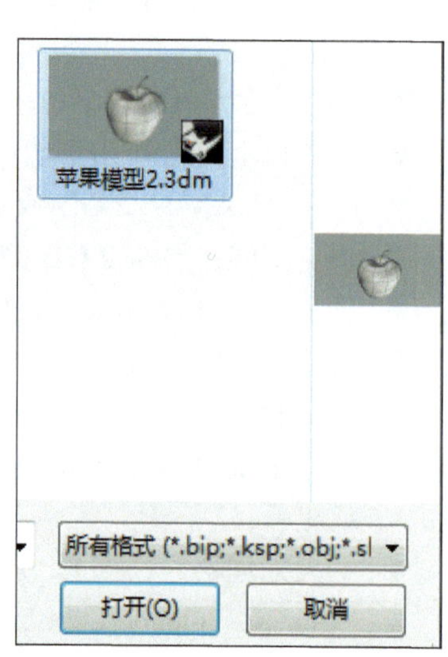

图 3.2　打开 KeyShot

02 单击右方“项目”里的“场景”图标，这时将鼠标光标放在模型图框，按住鼠标左键移动鼠标可以旋转模型，滚动鼠标中键可以推拉模型。灵活应用上方的工具“旋转相机”、“平移相机”、“前后推移相机”，可以调整模型视角。

03 单击“苹果”主体，选中后有桔黄线框，如图 3.3 所示。单击图 3.4 中的编辑材质，这时“苹果”主体的“材质”编辑对话框打开。如图 3.5 所示。

图 3.3　主体

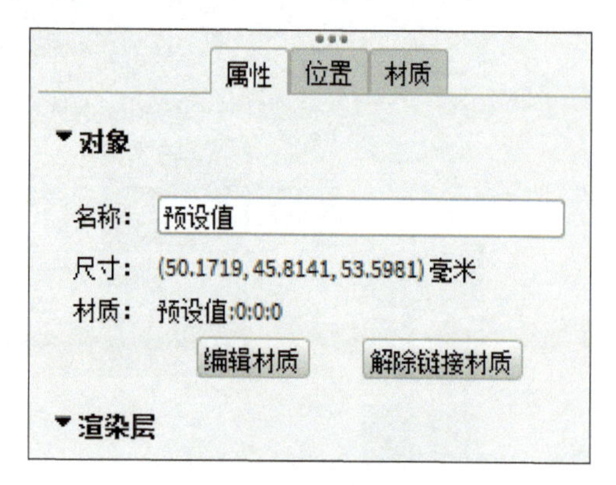

图 3.4　编辑材质

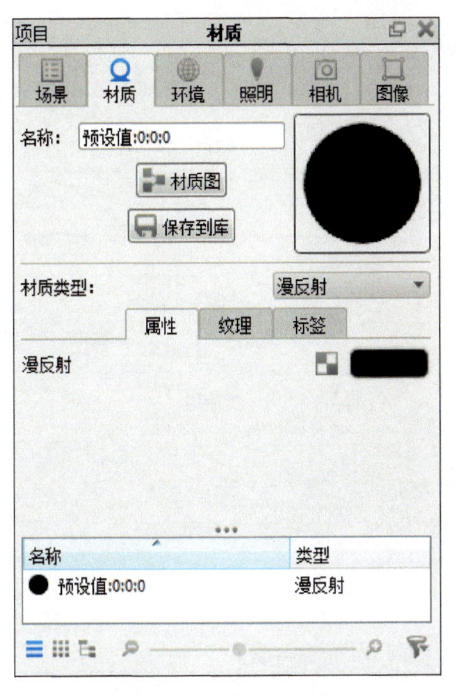

图 3.5　材质对话框

04 单击图 3.5 中的“纹理”标签，点选“漫反射”，这时找到苹果纹理材质图片打开。如图 3.6 所示。

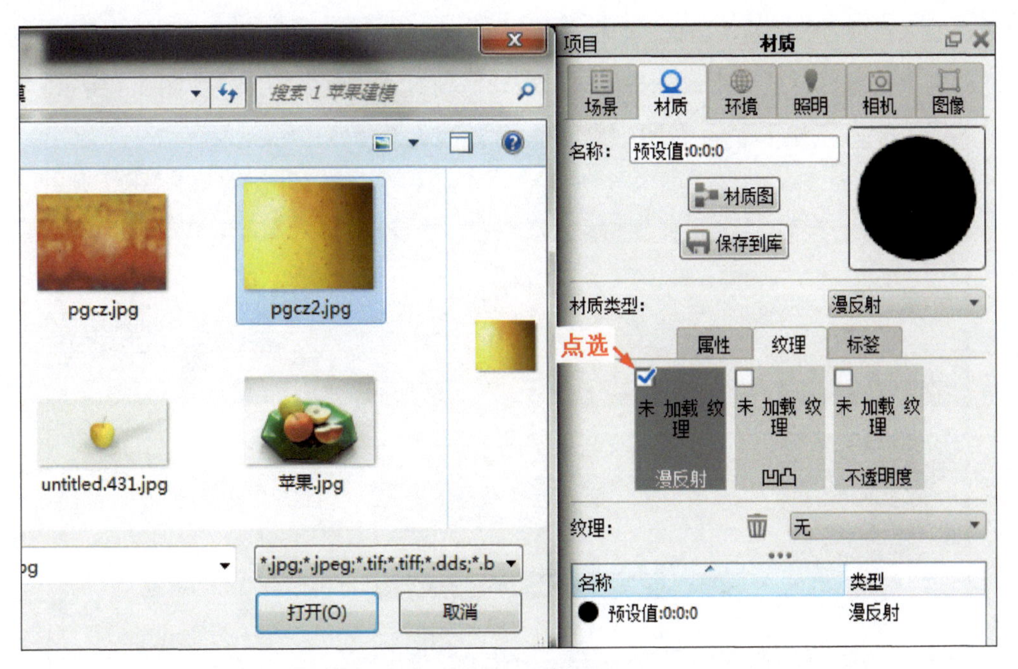

图 3.6　纹理材质图片

05 通过灵活修改“红框”中的参数并实时观察模型渲染效果，可以渲染出接近真实产品的效果。如图 3.7 所示。

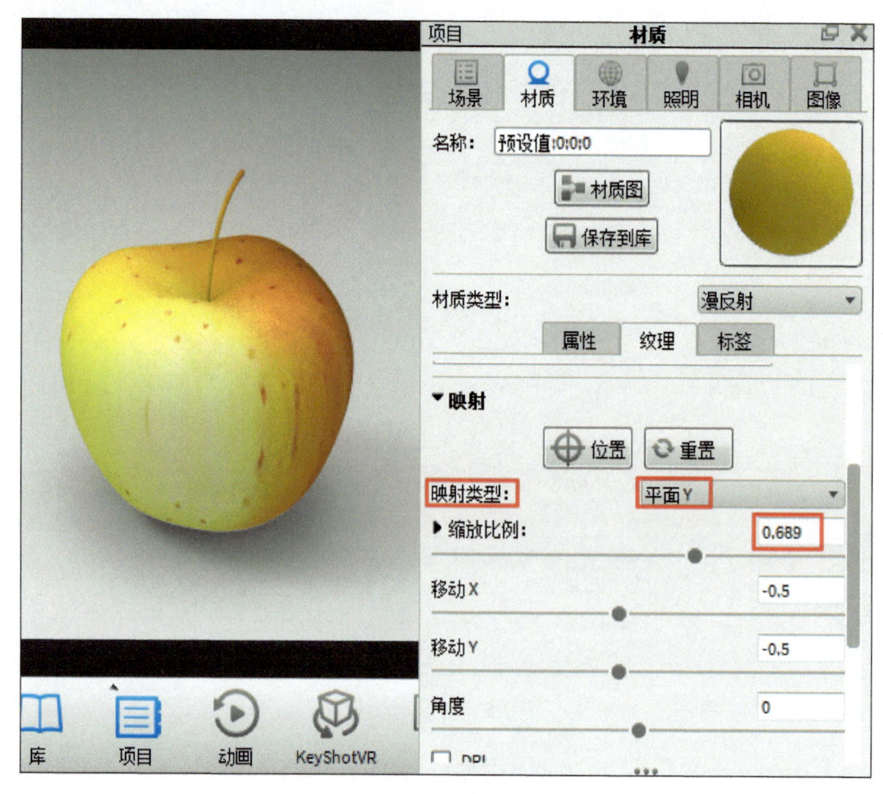

图 3.7　渲染效果

06 单击右方“项目”里的“场景”图标，点选“苹果把”，在左边的“材质”里找到 Wood 里合适的苹果把木材材质，用鼠标按住该材质球拖到右边的蓝显条上。如图 3.8 所示。

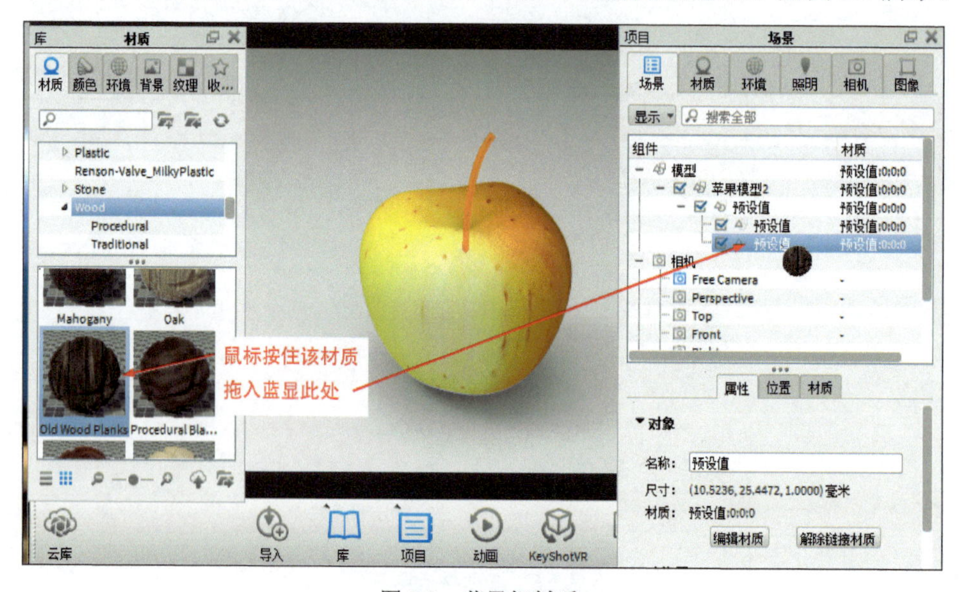

图 3.8　苹果把材质

07 单击下方的“渲染”图标，在对话框修改红框参数，单击[渲染]，得到渲染图片。如图 3.9 所示。

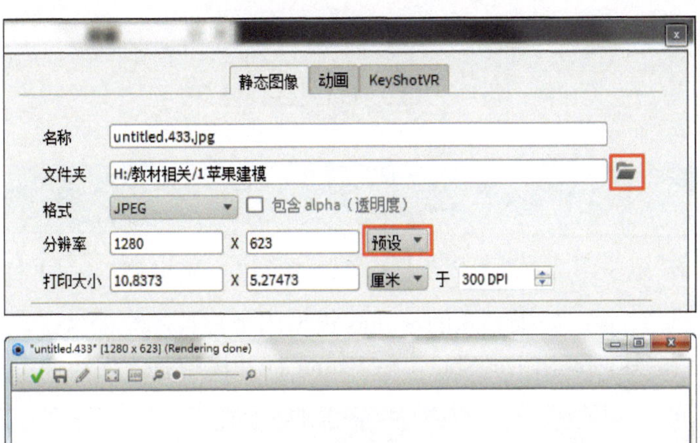
静态图像
动画
KeyShotVR
名称
untitled.433.jpg
文件夹
H:/教材相关/1 苹果建模
格式
JPEG
包含 alpha（透明度）
分辨率
1280
X
623
预设
打印大小
10.8373
X
5.27473
厘米
于
300 DPI

"untitled.433" [1280 x 623] (Rendering done)
Zoom 61%
Rendering done (208 MB, 8 核, 6.2 secs)
100%

图 3.9　渲染后的图片

3.3　音箱模型渲染

渲染步骤

01 打开 KeyShot 6，单击下方的“导入”图标，找到“音箱模型”单击“打开”，单击 导入 ，结果如图 3.10 所示。注意：如果导入的 Rhino 模型出现部件不全的情况，可能是在保存时选择了“最小化保存”，这时退出 KeyShot，用 Rhino 打开模型重新保存一下即可。

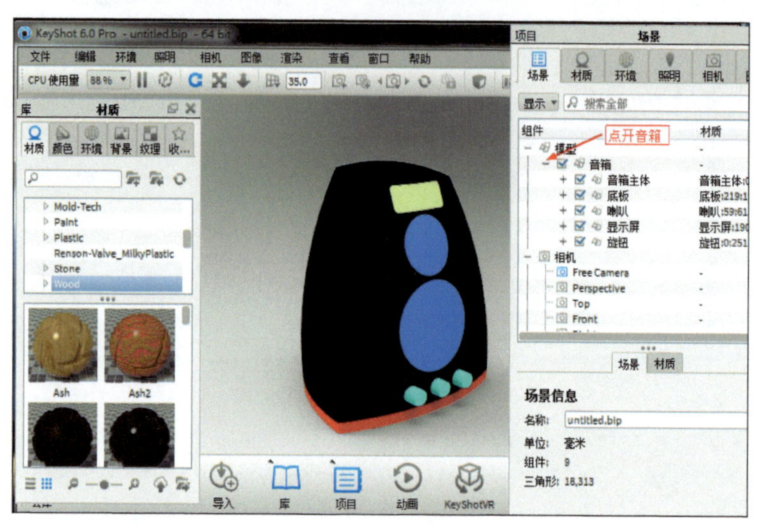

图 3.10　导入音箱

02 按图 3.10 所示，点开 场景 中的“音箱”+ 可以看到各个音箱部件图层及名称，这是在 Rhino 建模时设置的各个部件图层及名称。这时，将左边材质库中的相应材质拖入到右边对应的图层名称即可。如图 3.11 所示。

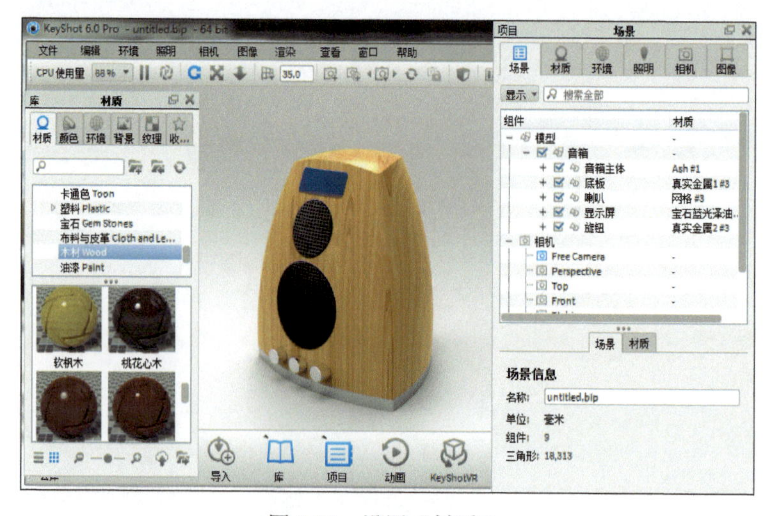

图 3.11　设置“材质”

由此可见，对于部件较多的模型，在建模时可进行图层设定和命名，对于以后在 KeyShot 中进行模型部件准确的材质赋予具有极大的便捷性。

03 添加“环境”效果，按图 3.12 所示顺序操作，可以灵活调整“设置”里面的各个参数，如“对比度”“亮度”“大小”等，得到效果如图 3.12 所示。

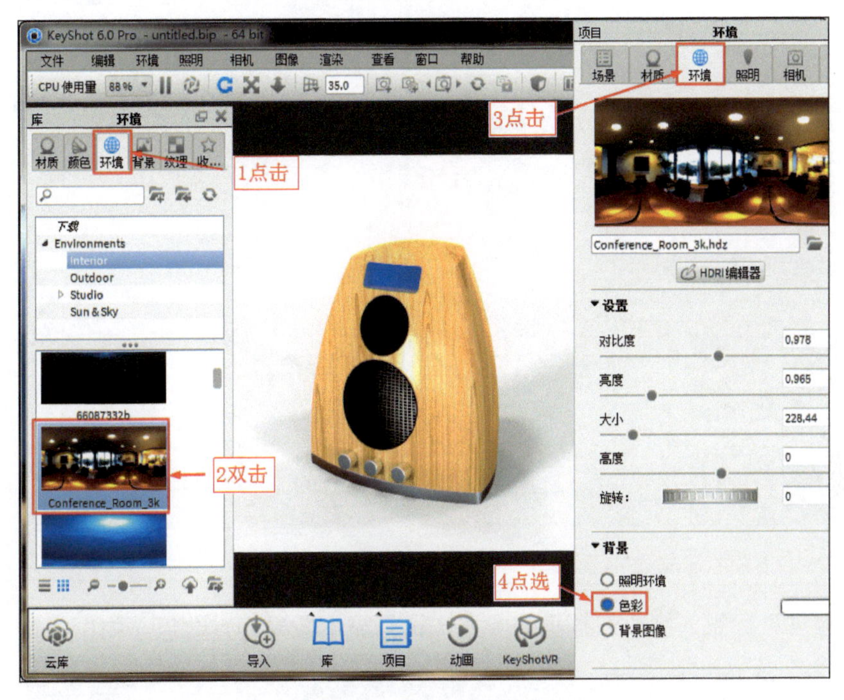

图 3.12 设置“环境”

04 单击“场景”图标，点选“音箱主体”，单击“属性”标签里的编辑材质。如图 3.13 所示。

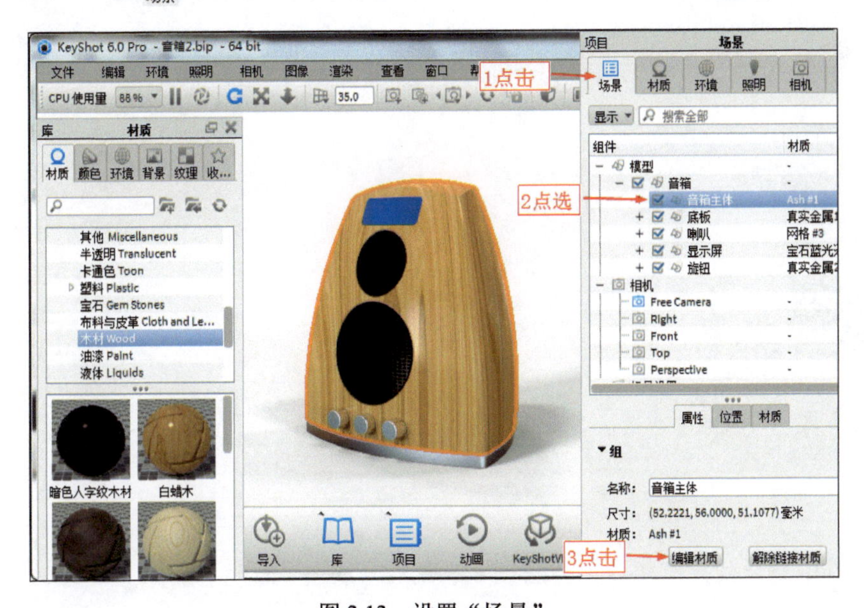

图 3.13 设置“场景”

05 设置“音箱主体”材质效果，鼠标拖动修改“属性”里的“粗糙度”“折射指数”，具体数值根据显示效果确定。如图 3.14 所示。

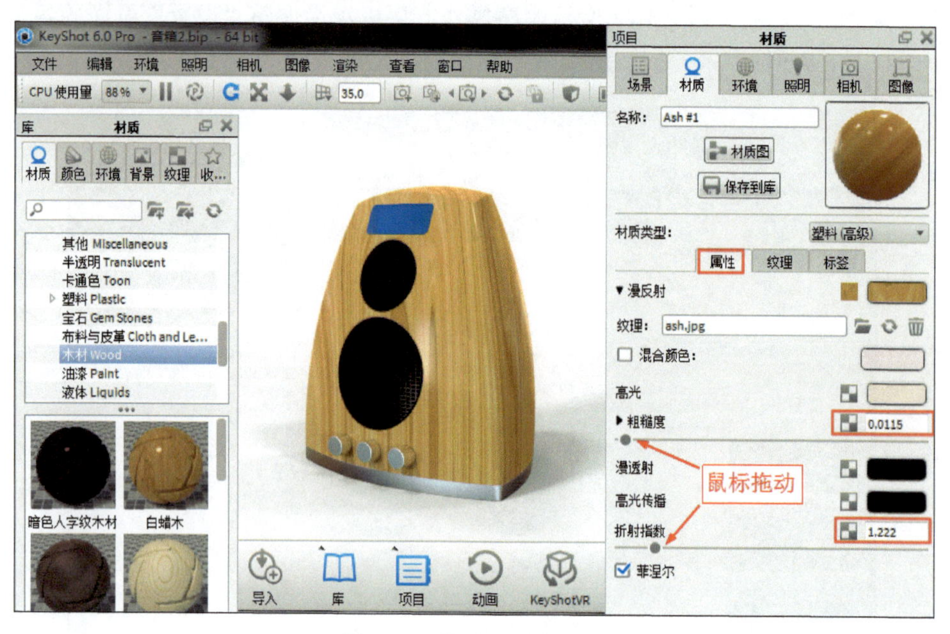

图 3.14　设置音箱的材质

06 单击“纹理”标签，修改红框里的参数，根据显示效果确定数值。如图 3.15 所示。

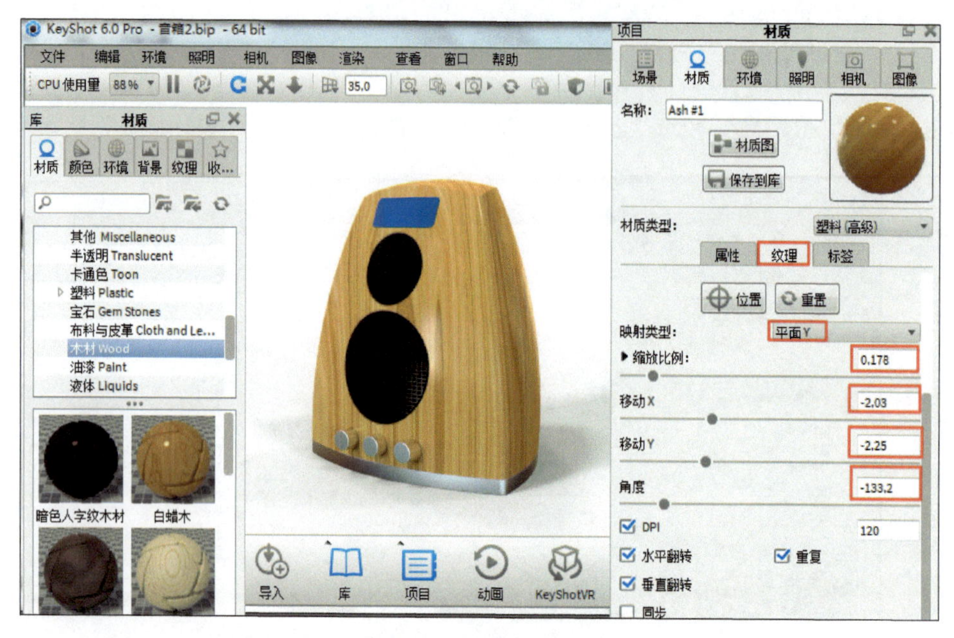

图 3.15　设置“纹理”

07 其他部件的材质效果按照以上方法设置满意后，点选“照明”图标，点选“室内”。如图 3.16 所示。

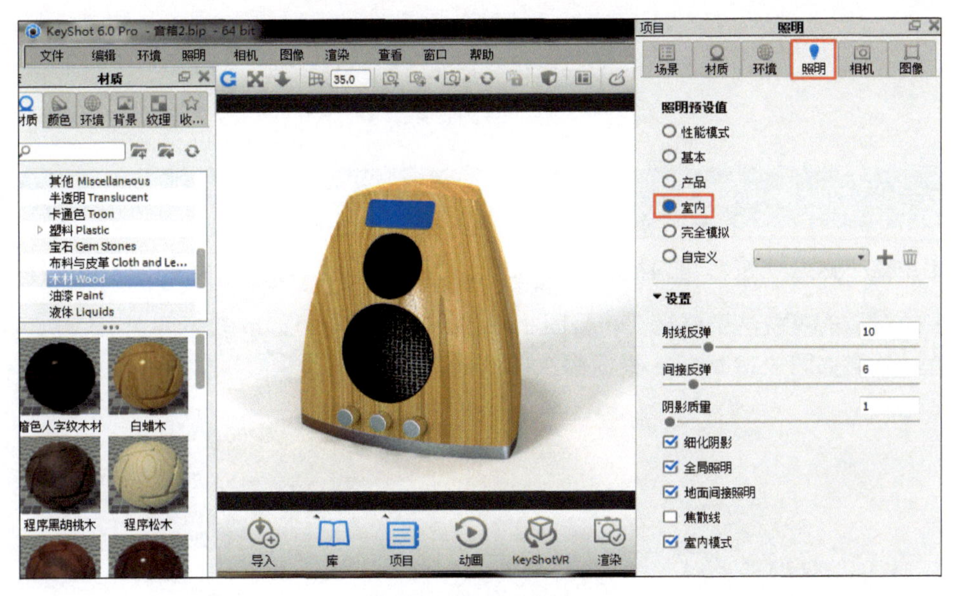

图 3.16 设置“照明”

08 单击下方的“渲染”图标，渲染静态图像，可以修改“文件夹”存放路径，“分辨率”预设值等，单击按钮 渲染 。最后保存文件。见图 3.17。

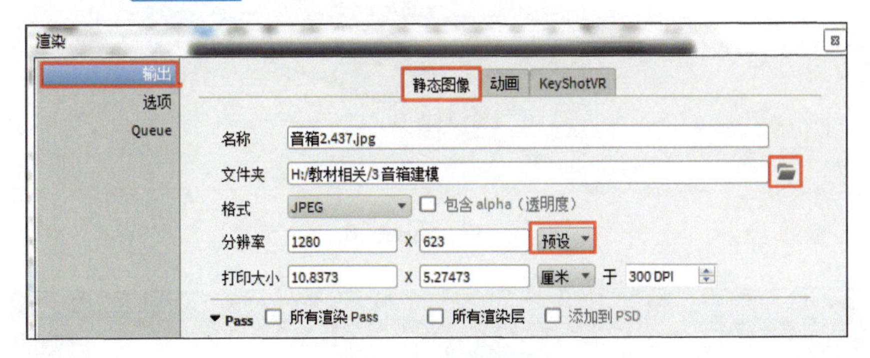

图 3.17 保存文件

3.4 茶壶模型渲染

渲染步骤

01 制作几幅“环境贴图”，即 HDR（High-Dynamic Range，高动态光照渲染），以便使具有高反光表面材质的模型渲染更真实，将图 3.18 在 Adobe Photoshop CS6 里打开，也可以用类似的图片，结果如图 3.19 所示，根据图 3.19 点选✓ 32 位/通道(H)。

图 3.18 环境贴图

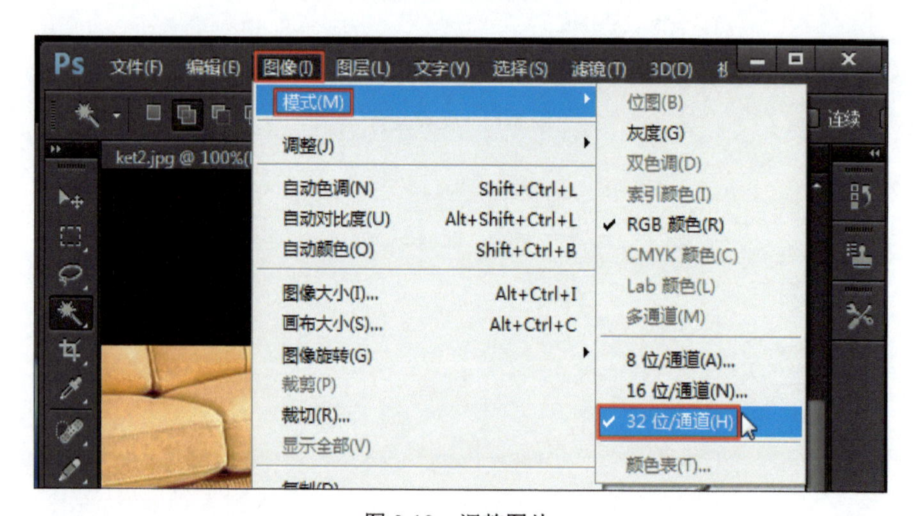

图 3.19 调整图片

02 按图 3.19 所示点选存储为(A)...，在弹出的对话框中点选Radiance (*.HDR;*.RGBE;*.XYZE)，单击“保存”按钮。

03 将保存的“环境贴图”hdr 复制到桌面文件夹的以下路径中：

程序盘 (E:) ▸ Users ▸ huangzhi ▸ Documents ▸ KeyShot 6 ▸ Environments ▸ Interior

注意：具体路径应根据安装 KeyShot 6 的盘符确定。

04 打开 KeyShot 6，单击下方的“导入”图标，找到“茶壶模型”，单击“打开”，单击 导入 ，结果如图 3.20 所示。

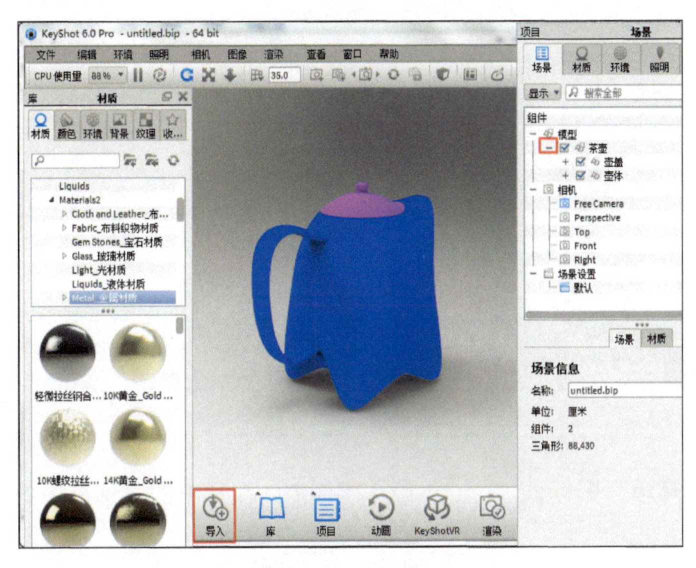

图 3.20 导入茶壶

05 单击左边“环境”图标 环境，在 Interior 找到刚才保存的“环境贴图”，双击鼠标左键，结果如图 3.21 所示。

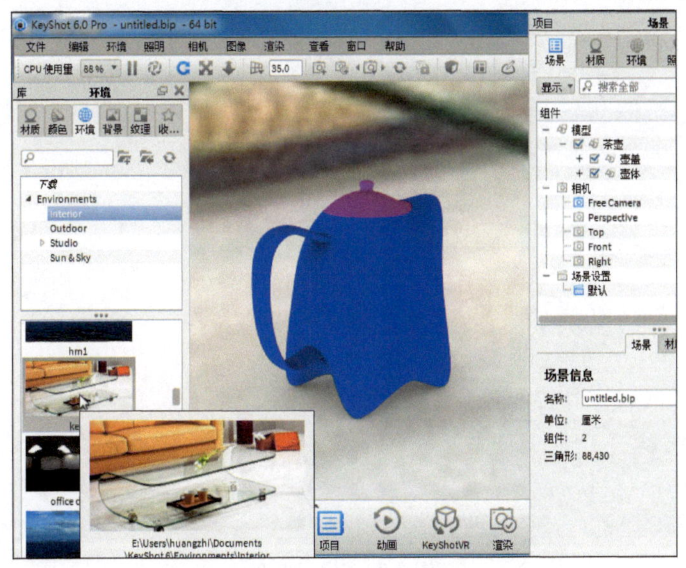

图 3.21 加入环境

06 单击左边的“材质”图标 材质，在 ◢ Materials 里的 Glass 中找到 Glass Dense White 材质，将其拖入右边“场景”中的“壶盖”、“壶体”模型图层，结果如图 3.22 所示。

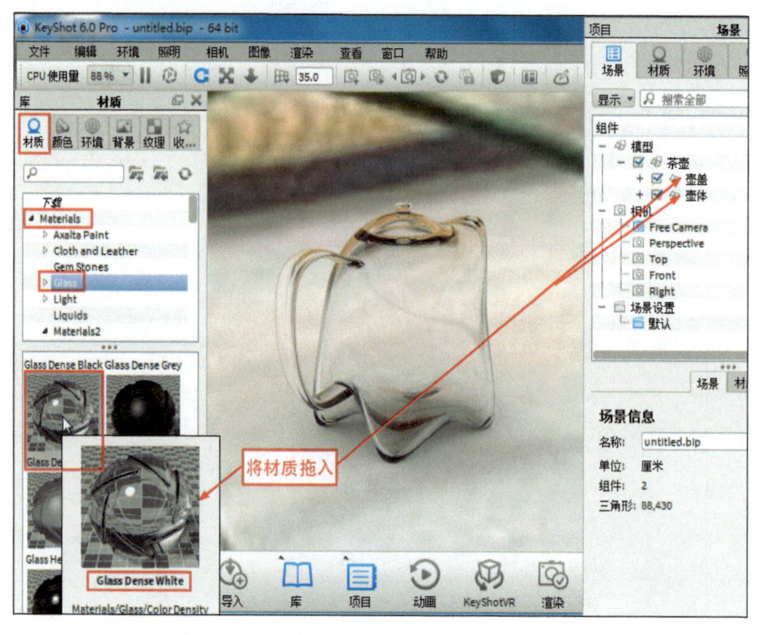

图 3.22　拖入材质

07 单击右边的“环境”图标 环境，点选 ● 背景图像，在弹出的对话框中找到原始图片，结果如图 3.23 所示。

图 3.23　导入背景

08 灵活应用上方的“移动相机”3 个工具 ，仔细调整“茶壶”在“背景图”里的空间位置及大小，结果如图 3.24 所示。

图 3.24 调整位置

09 “设置”里的参数如“对比度”“亮度”等，可以根据自己的想法进行恰当修改。单击“照明”图标 照明，点选 室内，使渲染质量更好。如图 3.25 所示。

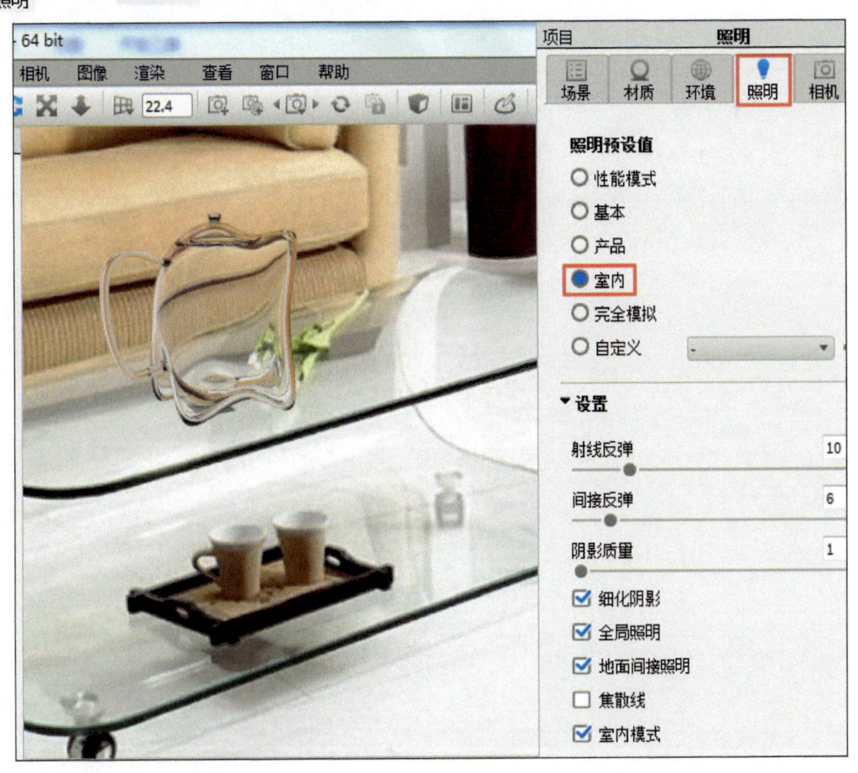

图 3.25 其他设置

10 单击下方的图标，在弹出的对话框中修改需要的参数，如红框所示，最后单击 渲染，结果如图 3.26 所示。

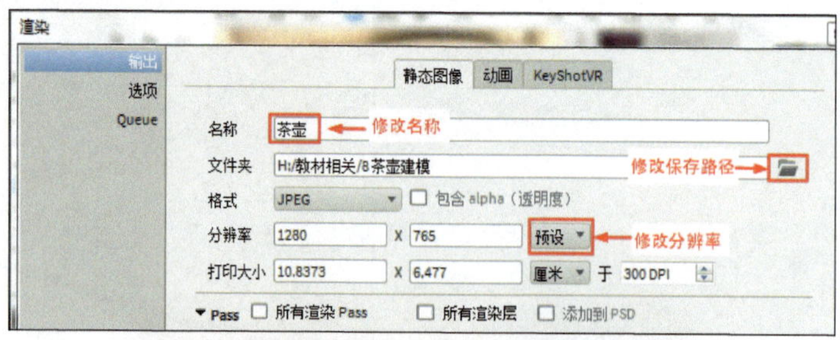

图 3.26　修改其他参数

第 4 章

模型 3D 打印

4.1 3D 打印简介

3D 打印技术出现在 20 世纪 80 年代。1982 年，美国的赫尔（C. W. Hull）完成了紫外光固化三维成型技术的试验，于 1986 年成立了 3D Systems 公司。同一时期，美国的克伦普（S. Crump）提出了熔融沉积三维成型技术，于 1989 年创立了 Stratasys 公司。美国麻省理工学院（MIT）于 1993 年开发了激光三维打印成型技术，成立了一个公司 Z Corporation。在这期间，以色列 Objet 公司、德国 EOS 公司等多家从事三维打印设备的制造商也相继出现。

起先，三维打印设备主要用于非金属材料成型制造，尽管是一项很有创意的新型制造技术，但发展的力度有限。近年来，上述公司相继开发出金属三维打印技术，可以按需要的金属材料直接制作用于实际使用的机械零件，并出现了多家专门生产金属三维打印设备的企业，如瑞典的 Arcam 公司、德国的 SLM 公司和 Concept Laser 公司等。这不仅为三维打印技术全面进入制造领域创造了广阔的空间，而且引起了全社会的重视。美国将其视为制造业竞争力三大利器（人工智能、机器人和数字三维制造）之一。英国《经济学人》（*The Economist*）杂志则认为，它将“与其他数字化生产模式一起推动实现第三次工业革命”。这一切，成为三维打印技术在我国受到普遍关注的背景。

实际上，3D 打印技术是以计算机、数控技术、激光技术、材料科学、微电子技术等为基础，利用光固化和纸层叠等材料堆积法快速制造产品的一项先进技术。它与普通打印机的工作原理基本相同，打印机内装有粉末状金属或塑料等可黏合材料，与计算机连接后，通过一层又一层的多层打印方式，最终把计算机上的蓝图变成实物。三维打印技术的魅力在于，它不需要在工厂进行操作，仅仅用桌面上的打印机就可以打印出小物品。而自行车车架、汽车方向盘甚至飞机零件等大物品，则需要更大的打印机和更大的放置空间。这一技术如今在多个领域得到了应用，人们用它来制造服装、建筑模型、汽车、巧克力甜品等。

4.2　3D 打印的原理及工艺过程

3D 打印是快速成形技术的一种，它是一种以数字模型文件为基础，运用粉末状金属或塑料等可黏合材料，通过逐层打印的方式构造物体的技术。3D 打印通常是采用数字技术材料打印机来实现的。常在模具制造、工业设计等领域用于制造模型，并逐渐用于一些产品的直接制造，已经有使用这种技术打印而成的零部件。该技术在珠宝、鞋类、工业设计、建筑、工程和施工（AEC）、汽车、航空航天、牙科和医疗产业、教育、地理信息系统、土木工程、枪支以及其他领域都有所应用。

3D 打印的工艺过程具体如下。

（1）产品三维模型的构建。由于 RP 系统由三维 CAD 模型直接驱动，因此首先要构建所加工工件的三维 CAD 模型。该三维 CAD 模型可以利用计算机辅助设计软件（如 Pro/E、I-DEAS、Solid Works、UG 等）直接构建，也可以将已有产品的二维图样转换成三维模型，或对产品实体进行激光扫描、CT 断层扫描，得到点云数据，然后利用反求工程的方法构造三维模型。

（2）三维模型的近似处理。产品往往有一些不规则的自由曲面，加工前要对模型进行近似处理，以方便后续的数据处理工作。STL 格式文件格式简单、实用，目前已经成为快速成型领域的准标准接口文件。它用一系列的小三角形平面来逼近原来的模型，每个小三角形用 3 个顶点坐标和一个法向量来描述，三角形的大小可以根据精度要求进行选择。STL 文件有二进制码和 ASCII 码两种输出形式，二进制码输出形式所占的空间比 ASCII 码输出形式的文件所占用的空间小得多，但 ASCII 码输出形式可以阅读和检查。典型的 CAD 软件都带有转换和输出 STL 格式文件的功能。

（3）三维模型的切片处理。根据被加工模型的特征选择合适的加工方向，在成型高度方向上用一系列一定间隔的平面切割近似后的模型，以便提取截面的轮廓信息。打印机通过读取文件中的横截面信息，用液体状、粉状或片状的材料将这些截面逐层地打印出来，再将各层截面以各种方式粘合起来从而制造出一个实体。这种技术的特点在于其几乎可以造出任何形状的物品。

打印机打出的截面的厚度（即 Z 方向）以及平面方向（即 X-Y 方向）的分辨率是以 dpi（像素每英寸）或者 μm 来计算的。间隔一般取 0.05～0.5 mm，通常是 0.1 mm。间隔越小，成型精度越高，但成型时间也越长，效率就越低；反之则精度低，但效率高。也有部分打印机如 ObjetConnex 系列、三维 Systems' ProJet 系列可以打印出 16 μm 薄的一层，而平面方向则可以打印出与激光打印机相近的分辨率。打印出来的“墨水滴”的直径通常为 50～100 μm。用传统方法制造出一个模型通常需要数小时到数天，根据模型的尺寸以及复杂程度而定。而用三维打印技术则可以将时间缩短为数个小时，当然，这是由打印机的性能以及模型的尺寸和复杂程度决定的。

（4）成型加工。根据切片处理的截面轮廓，在计算机控制下，相应的成型头（激光头或喷头）按各截面轮廓信息做扫描运动，在工作台上一层一层地堆积材料，然后将各层相黏结，最终得到原型产品。

（5）成型零件的后处理。三维打印机的分辨率对大多数应用来说已经足够（在弯曲的表

面可能会比较粗糙，像图像上的锯齿一样），要获得更高分辨率的物品可以通过如下方法：从成型系统里取出成型件，进行打磨、抛光、涂挂，或放在高温炉中进行后烧结，进一步提高其强度，再稍微经过表面打磨即可得到表面光滑的“高分辨率”物品。

3D打印的工艺流程如图4.1所示。

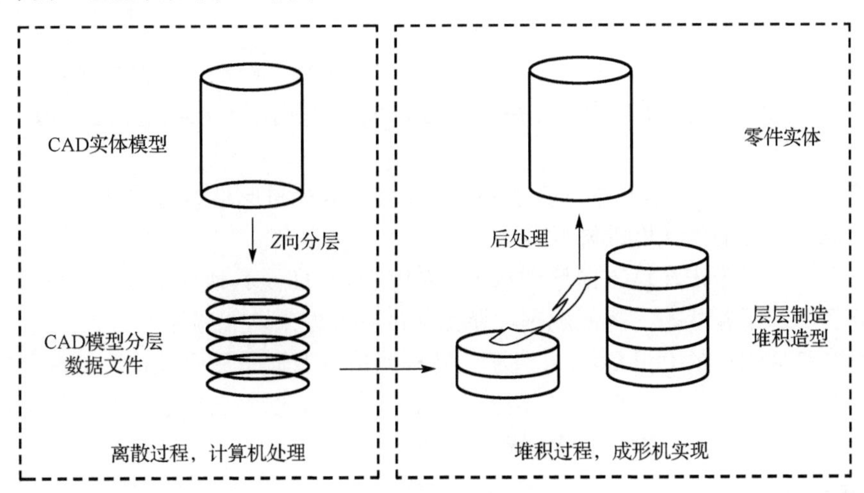

图4.1 3D打印工艺流程

4.3　3D 打印应用领域

1. 海军舰艇

2014 年 6 月 24 日至 6 月 26 日，美国海军在作战指挥系统活动中举办了第一届指挥节，开展了一系列“打印舰艇”研讨会，并在此期间向水手及其他相关人员介绍了 3D 打印及增材制造技术。

2014 年 7 月 1 日，美国海军试验了利用 3D 打印等先进制造技术快速制造舰艇零件，希望借此提升执行任务的的速度并降低成本。

美国海军致力于未来在这方面培训水手。采用 3D 打印及其他先进制造方法，能够显著提升执行任务速度及预备状态，降低成本，避免从世界各地采购舰船配件。

美国海军作战舰队的 Phil Cullom 表示，考虑到成本及海军后勤及供应链现存的漏洞，以及面临的资源约束，先进制造与 3D 打印的应用越来越广，他们设想了一个由技术娴熟的水手支持的先进制造商的全球网络，找出问题并制造产品。

2. 航天科技

2014 年 9 月底，美国 NASA 预计将完成首台成像望远镜，所有元件基本全部通过 3D 打印技术制造。NASA 也因此成为首家尝试使用 3D 打印技术制造整台仪器的单位。这款太空望远镜功能齐全，其 50.8 mm 的摄像头使其能够放进立方体卫星（CubeSat，一款微型卫星）当中。据了解，这款太空望远镜的外管、外挡板及光学镜架全部作为单独的结构直接打印而成，只有镜面和镜头尚未实现。而且只需通过 3D 打印技术制造 4 个零件即可，相比而言，传统制造方法所需的零件数是 3D 打印的 5～10 倍。此外，在 3D 打印的望远镜中，可将用来减少望远镜中杂散光的仪器挡板做成带有角度的样式，这是传统制作方法在一个零件中所无法实现的。

2014 年 8 月 31 日，美国宇航局的工程师们刚刚完成了 3D 打印火箭喷射器的测试，该研究在于提高火箭发动机某个组件的性能，由于喷射器内液态氧和气态氢一起混合反应，这里的燃烧温度可达到 6000 华氏度，大约为 3315 摄氏度，可产生 2 万磅的推力，约为 9 吨左右，验证了 3D 打印技术在火箭发动机制造上的可行性。测试工作位于阿拉巴马亨茨维尔的美国宇航局马歇尔太空飞行中心，这里拥有较为完善的火箭发动机测试条件，工程师可验证 3D 打印部件在点火环境中的性能。

2014 年 10 月 11 日，英国一个发烧友团队用 3D 打印技术制出了一枚火箭，他们还准备让这个世界上第一个打印出来的火箭升空。该团队向媒体介绍这个用 3D 打印技术制造出的火箭，团队队长海恩斯说，有了 3D 打印技术，要制造出高度复杂的形状并不困难。就算要修改设计原型，也只要在计算机辅助设计的软件上做出修改，打印机将会做出相对的调整。这比之前的传统制造方式方便许多。

美国国家航空航天局（NASA）官网 2015 年 4 月 21 日报道，NASA 工程人员正通过利用增材制造技术制造首个全尺寸铜合金火箭发动机零件以节约成本，NASA 空间技术任务部负责人表示，这是航空航天领域 3D 打印技术应用的新里程碑。

2015 年 6 月 22 日报道，俄罗斯技术集团公司以 3D 打印技术制造出一架无人机样机，重

3.8 kg，翼展 2.4 m，飞行时速可达 90～100 km，续航能力 1～1.5 小时。公司发言人弗拉基米尔·库塔霍夫介绍，公司用两个半月实现了从概念到原型机的飞跃，实际生产耗时仅为 31 小时，制造成本不到 20 万卢布（约合 3700 美元）。

2016 年 4 月 19 日，中科院重庆绿色智能技术研究院 3D 打印技术研究中心对外宣布，经过该院和中科院空间应用中心两年多的努力，并在法国波尔多完成抛物线失重飞行试验，国内首台空间在轨 3D 打印机宣告研制成功。这台 3D 打印机可打印最大零部件尺寸达 200 mm×130 mm，它可以帮助宇航员在失重环境下自制所需的零件，大幅提高空间站实验的灵活性，减少空间站备品备件的种类与数量和运营成本，降低空间站对地面补给的依赖性。

3．医学领域

3D 打印肝脏模型：日本筑波大学和大日本印刷公司组成的科研团队 2015 年 7 月 8 日宣布，已研发出用 3D 打印机低价制作可以看清血管等内部结构的肝脏立体模型的方法。据称，该方法如果投入应用，可以为患者制作模型，有助于术前确认手术顺序以及向患者说明治疗方法。这种模型是根据 CT 等医疗检查获得患者数据用 3D 打印机制作的。模型按照表面外侧线条呈现肝脏整体形状，详细地再现其内部的血管和肿瘤。由于肝脏模型内部基本是空洞，重要血管等的位置一目了然。据称，制作模型需要少量价格不菲的树脂材料，使原本约 30 万至 40 万日元（约合人民币 1.5 万至 2 万元）的制作费降到原先的三分之一以下。利用 3D 打印技术制作的内脏器官模型主要用于研究，由于价格高昂，在临床上没有得到普及。科研团队表示，他们一方面争取到 2016 年度实现肝脏模型的实际应用，另一方面将推进对胰脏等器官模型制作技术的研发。

3D 打印头盖骨：2014 年 8 月 28 日，46 岁的周至县农民胡师傅在自家盖房子时，从 3 层楼坠落后砸到一堆木头上，左脑盖被撞碎，在当地医院手术后，胡师傅虽然性命无忧，但左脑盖凹陷，在别人眼里成了个“半头人”。除了面容异于常人，事故还伤害了胡师傅的视力和语言功能。医生为帮其恢复形象，采用 3D 打印技术辅助设计缺损颅骨外形，设计了钛金属网重建缺损颅眶骨，制作出缺损的左“脑盖”，最终实现左右对称。医生称手术约需 5～10 小时，除了用钛网支撑起左边脑盖外，还需要从腿部取肌肉进行填补。手术后，胡师傅的容貌将恢复，至于语言功能，还要术后看恢复情况。

3D 打印脊椎植入人体：2014 年 8 月，北京大学研究团队成功地为一名 12 岁男孩植入了 3D 打印脊椎，这属全球首例。据了解，这位小男孩的脊椎在一次足球受伤之后长出了一颗恶性肿瘤，医生不得不选择移除掉肿瘤所在的脊椎。不过，这次的手术比较特殊的是，医生并未采用传统的脊椎移植手术，而是尝试先进的 3D 打印技术。研究人员表示，这种植入物可以跟现有骨骼非常好地结合起来，而且还能缩短病人的康复时间。由于植入的 3D 脊椎可以很好地跟周围的骨骼结合在一起，所以它并不需要太多的“锚定”。此外，研究人员还在上面设立了微孔洞，它能帮助骨骼在合金之间生长。换言之，植入进去的 3D 打印脊椎将跟原脊柱牢牢地生长在一起，这也意味着未来不会发生松动的情况。

3D 打印手掌治疗残疾：2014 年 10 月，医生和科学家们使用 3D 打印技术为英国苏格兰一名 5 岁女童装上手掌。这名女童出生时左臂就有残疾，没有手掌，只有手腕。医生和科学家共同合作，为她设计了专用假肢并成功安装。

3D 打印心脏救活 2 周大先心病婴儿：2014 年 10 月 13 日，纽约长老会医院的埃米尔·巴查博士（Dr. Emile Bacha）就讲述了他使用 3D 打印的心脏救活一名 2 周大婴儿的故事。这名婴儿患有先天性心脏缺陷，它会在心脏内部制造“大量的洞”。在过去，这种类型的手术需要停掉心脏，将其打开并进行观察，然后在很短的时间内来决定接下来应该做什么。但有了3D打印技术之后，巴查医生就可以在手术之前制作出心脏的模型，从而使他的团队可以对其进行检查，然后决定在手术当中到底应该做什么。这名婴儿原本需要进行3～4次手术，而现在一次就够了，这名原本被认为寿命有限的婴儿可以过上正常的生活。巴查医生说，他使用了婴儿的MRI数据和3D打印技术制作了这个心脏模型。整个制作过程共花费了数千美元，不过他预计制作价格在未来会降低。

3D打印制药：2015年8月5日，首款由Aprecia制药公司采用3D打印技术制备的SPRITAM（左乙拉西坦，levetiracetam）速溶片得到美国食品药品监督管理局（FDA）的上市批准，并将于2016年正式售卖。这意味着3D打印技术继打印人体器官后进一步向制药领域迈进，对未来实现精准性制药、针对性制药有重大的意义。该款获批上市的“左乙拉西坦速溶片”采用了Aprecia公司自主知识产权的ZipDose3D打印技术。通过3D打印制药生产出来的药片内部具有丰富的孔洞，具有极高的内表面积，能在短时间内迅速被少量的水融化。这样的特性给某些具有吞咽性障碍的患者带来了福音。

3D打印胸腔：最近科学家为传统的3D打印身体部件增添了一种钛制的胸骨和胸腔——3D打印胸腔。这些3D打印部件的幸运接受者是一位54岁的西班牙人，他患有一种胸壁肉瘤，这种肿瘤形成于骨骼、软组织和软骨当中。医生不得不切除病人的胸骨和部分肋骨，以此阻止癌细胞扩散。这些切除的部位需要找到替代品，在正常情况下，所使用的金属盘会随着时间变得不牢固，并容易引发并发症。澳大利亚的CSIRO公司创造了一种钛制的胸骨和肋骨，与患者的几何学结构完全吻合。CSIRO公司根据病人的CT扫描设计并制造所需的身体部件。工作人员会借助CAD软件设计身体部分，输入到3D打印机中。手术完成两周后，病人就被允许离开医院，而且一切状况良好。

3D血管打印机：2015年10月，我国“863”计划3D打印血管项目取得重大突破，世界首创的3D生物血管打印机由四川蓝光英诺生物科技股份有限公司成功研制出来。该款血管打印机性能先进，仅仅2分钟便打出10 cm长的血管。不同于市面上现有的3D生物打印机，3D生物血管打印机可以打印出血管独有的中空结构、多层不同种类细胞，这是世界首创。

4.4 光固化成型技术

光固化成型技术利用特定波长与强度的激光聚焦到光固化材料表面，使之由点到线、由线到面顺序凝固，完成一个层面的绘图作业，然后升降台在垂直方向移动一个层片的高度，再固化另一个层面，这样，层层叠加构成一个三维实体。

光固化成型（Stereo Lithography Apparatus，SLA）技术又称为立体印刷设备技术，是最早开发的增材制造技术。在储有特殊液态光敏树脂的容器中有一个可垂直升降的工作台，它在计算机控制下处于液面下约 0.1 mm，使台面上覆盖一层液体树脂薄膜。扫描镜在计算机控制下将激光束按零件断面形状进行扫描，被激光光斑扫到的液态树脂将固化，犹如在平面上印刷出一片固态树脂薄层断面。然后，工作台往下移动 0.1 mm，令液面覆盖到已固化断面的上表面，进行第二层扫描固化。如此层层叠加，最后形成一个由固化光敏树脂构成的实物模型。SLA 技术所能达到的尺寸精度约为 0.1 mm，公差约为 1.25×10^{-2} mm。目前还有一种用喷头选择性喷洒光敏树脂并通过激光固化的技术，可以节约光敏树脂的使用量，还可通过不同颜色光敏树脂制作彩色模型。SLA 法是精度最高的非金属快速成型手段。如图 4.2 所示。

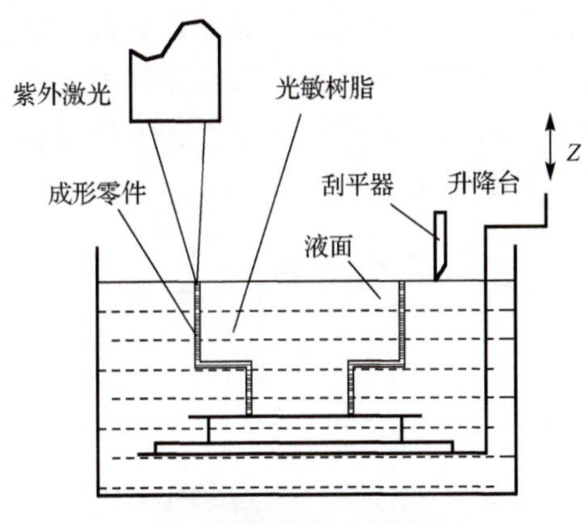

图 4.2 光固化成型技术

光固化成型技术的优势：

（1）光固化成型法是最早出现的快速原型制造工艺，成熟度高，经过时间的检验；

（2）由 CAD 数字模型直接制成原型，加工速度快，产品生产周期短，无须切削工具与模具；

（3）可以加工结构外形复杂或使用传统手段难于成型的原型和模具；

（4）使 CAD 数字模型直观化，降低错误修复的成本；

（5）为实验提供试样，可以对计算机仿真计算的结果进行验证与校核；

（6）可联机操作，可远程控制，利于生产的自动化。

光固化成型技术的缺点：

（1）光固化成型系统造价高昂，使用和维护成本过高；

（2）SLA 系统是要对液体进行操作的精密设备，对工作环境要求苛刻；

（3）成型件多为树脂类，强度，刚度，耐热性有限，不利于长时间保存；

（4）预处理软件与驱动软件运算量大，与加工效果关联性太高。

4.5　选择性激光烧结技术

选择性激光烧结（Selected Laser Sintering，SLS）技术由美国得克萨斯大学奥斯汀分校的 C. R. Dechard 于 1989 年研制成功。SLS 工艺是利用粉末状材料成形的。将材料粉末铺撒在已成形零件的上表面并刮平；用高强度的 CO_2 激光器在刚铺的新层上扫描出零件截面；材料粉末在高强度的激光照射下被烧结在一起，得到零件的截面，并与下面已成形的部分粘接；当一层截面烧结完后，铺上新的一层材料粉末，选择性地烧结下层截面。SLS 工艺最大的优点在于选材较为广泛，如尼龙、蜡、ABS、树脂裹覆砂（覆膜砂）、聚碳酸脂（poly carbonates）、金属和陶瓷粉末等都可以作为烧结对象。粉床上未被烧结部分成为烧结部分的支撑结构，因而无须考虑支撑系统（硬件和软件）。SLS 工艺与铸造工艺的关系极为密切，如烧结的陶瓷型可作为铸造之型壳、型芯，蜡型可作为蜡模，热塑性材料烧结的模型可作为消失模。

选择性激光烧结的原理是预先在工作台上铺一层粉末材料（金属粉末或非金属粉末），激光在计算机控制下，按照界面轮廓信息对实心部分粉末进行烧结，然后不断循环，层层堆积成型。整个工艺装置由粉末缸和成型缸组成，工作粉末缸活塞（送粉活塞）上升，由铺粉辊将粉末在成型缸活塞（工作活塞）上均匀铺上一层，计算机根据原型的切片模型控制激光束的二维扫描轨迹，有选择地烧结固体粉末材料以形成零件的一个层面。完成一层后，工作活塞下降一个层厚，铺粉系统铺上新粉，控制激光束再扫描烧结新层。如此循环往复，层层叠加，直到三维零件成型。其工艺流程如图 4.3 所示。

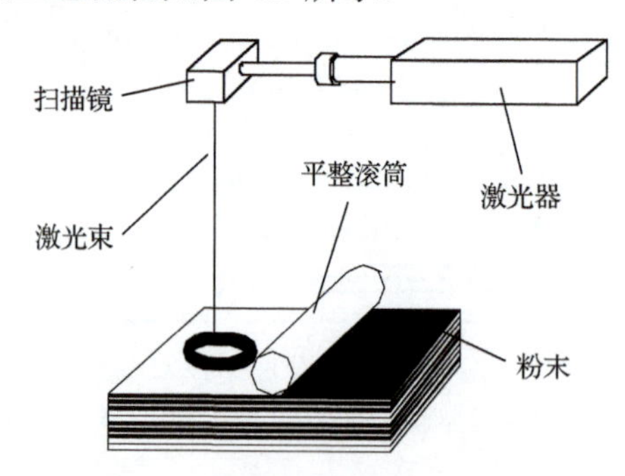

图 4.3　选择性激光烧结工艺流程

4.6 熔融沉积成型技术

熔融沉积成型（Fused Deposition Modeling，FDM）技术由美国学者 Scott Crump 于 1988 年研制成功。这种工艺通过将丝状材料如热塑性塑料、蜡或金属的熔丝从加热的喷嘴挤出，按照零件每一层的预定轨迹，以固定的速率进行熔体沉积。每完成一层，工作台下降一个层厚，进行叠加沉积新的一层，如此反复，最终实现零件的沉积成型。FDM 工艺的关键是保持半流动成型材料的温度刚好在熔点之上（比熔点高 1℃左右）。其每一层片的厚度由挤出丝的直径决定，通常是 0.25～0.50 mm。

FDM 的材料一般是热塑性材料，如蜡、ABS、尼龙等，以丝状供料。熔融沉积成型的原理如下：加热喷头在计算机的控制下，根据产品零件的截面轮廓信息，做 *X-Y* 平面运动，热塑性丝状材料由供丝机构送至热熔喷头，并在喷头中加热和熔化成半液态，然后被挤压出来，选择性地涂覆在工作台上，快速冷却后形成一层大约 0.127 mm 厚的薄片轮廓。一层截面成型完成后工作台下降一定高度，再进行下一层的熔覆，好像一层层“画出”截面轮廓，如此循环，最终形成三维产品零件。FDM 的工艺流程见图 4.4。

FDM 的优点是材料利用率高，材料成本低，可选材料种类多，工艺简洁。缺点是精度低，复杂构件不易制造，悬臂件需加支撑；表面质量差。该工艺适合于产品的概念建模及形状和功能测试、中等复杂程度的中小原型，不适合制造大型零件。

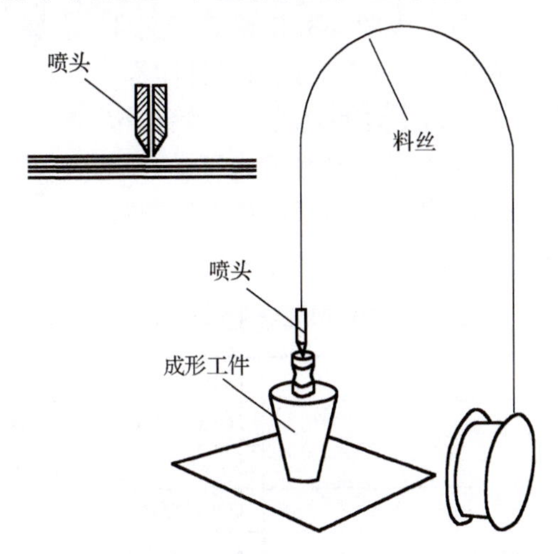

图 4.4　熔融沉积成型工艺流程

4.7　UP Plus 2 3D 打印机简介

UP Plus 2 3D 打印机是 UP 系列中的准专业级型号，是受欢迎的桌面级 3D 打印机之一。2012 年 7 月，第十一期美国 *Make* 杂志对全球流行的现有 15 款个人三维打印机进行权威公测，太尔时代的 UP！三维打印机以操作方便、功能丰富、打印精度最高而荣登榜首。2013 年 11 月，UP Plus 2 荣获该杂志 2013 年度消费者最易使用奖（Best in Class: Just Hit Print）的第一名。在参与测评的 23 种来自全球不同制造商的桌面级 3D 打印机中，唯独 UP Plus 2 拥有打印平台自动水平校准和喷嘴与打印平台之间的自动对高这两项“令人惊叹”的功能，连续两年获得 *Make* 杂志 3D 打印机最易使用和最佳用户体验等奖项。

UP Plus 2 3D 打印机的打印精度可达到 0.15 mm，成型尺寸也增加到 140 mm×140 mm×135 mm，可以制作体积较大并非常精致的作品。其开放式的机身设计方便使用，小巧的机体放在桌子上也不会占用很多空间；且机身为全金属结构，配合高质量的线性导轨，精度和可靠性可以和工业机相媲美。UP Plus 2 具有平台自动调平和自动设置喷头高度的功能，使打印机的校准变得轻松简单，确保了打印效果和可靠性。

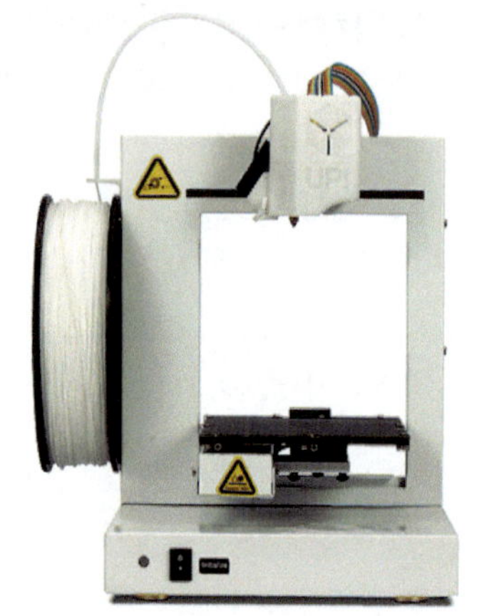
图 4.5　UP Plus 2 3D 打印机

UP Plus 2 3D 打印机的操作就是将电脑与打印机通过一根 USB 线连接，把已有的三维数字模型（STL 格式）文件载入到 UP 打印软件当中，简单设置参数后单击“打印”，数据传输到机器的内存卡当中并指令开始运行。开始打印后，ABS 丝材从高温的喷头中均匀挤出，同时喷头与平台配合移动和升降，由低到高、由面到体，逐渐堆积成为模型实体。其实体图和参数见图 4.5 和表 4.1。

表 4.1　UP Plus 2 3D 打印机参数

打印	成型技术	热熔挤压（FDM）
	成型尺寸	140 mm×140 mm×135 mm（W×H×D）
		5.5"×5.5"×5"　（W×H×D）
	打印头	单头，模块化易于更换
	层厚（mm）	0.15/0.20 /0.25 /0.30 /0.35 /0.40
	支撑结构	自动生成，容易剥除（支撑范围可调）
	打印平台校准	自动调平，自动设置喷头高度
	打印板表面	加热平台配面包板
	平均工作噪音（dB）	55
	脱机打印	支持脱机打印
耗材	打印材料	UP ABS，UP PLA
软件	配套软件	UP Studio
	兼容文件格式	STL, UP3
	连接方式	USB

续表

供电	配套电源适配器	交流 110～240 V，50～60 Hz，220 W
	软件操作系统	需要 Windows 7 SP1 或更高版本
		需要 MacOS X 10.10 或更高版本
		升级 CPU 可支持 iOS（iPhone, iPad）
		需要 iOS 8.0 或更高版本
机身	机身结构	全金属机身，开放式
	机身重量	5 kg / 11 lbs
	机身尺寸	245 mm×355 mm×340 mm（W×H×D）
	连包装重量	9.2 kg / 21 lbs
	外包装尺寸	390 mm×460 mm×330 mm（W×H×D）

4.8　UP Plus 2 3D 打印机使用流程

UP Plus 2 3D 打印机的安装由公司的工作人员直接完成，只需要辅助完整的计算机一台即可。工作人员完成安装调试后就可以开始打印工作了。使用流程如下。

1. 启动程序

打开计算机，单击桌面上的图标 UP。如图 4.6 所示。

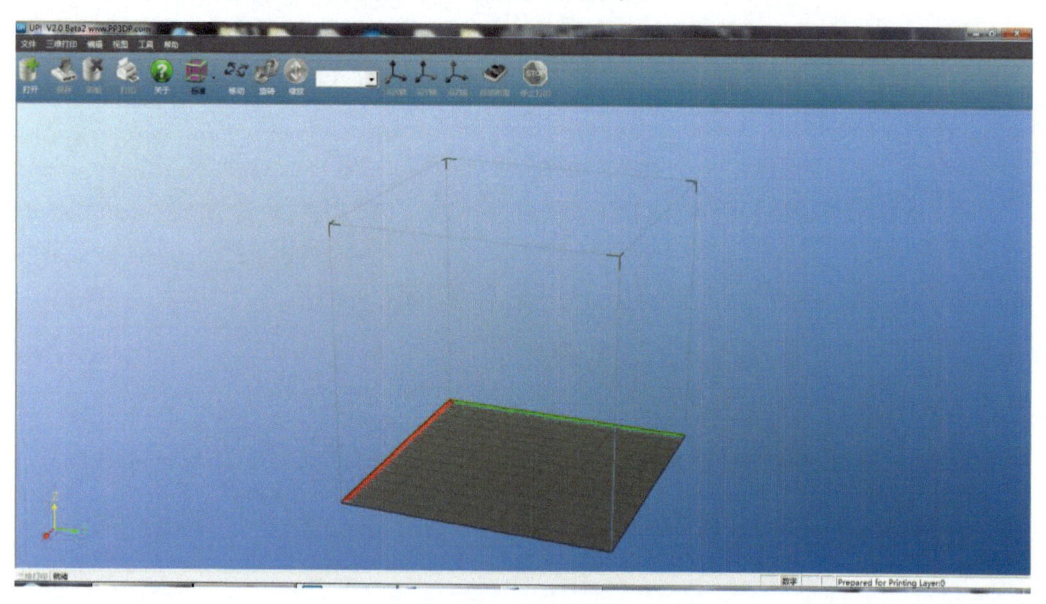

图 4.6　主操作界面

2. 载入一个 3D 模型

单击菜单中“文件→打开”或者工具栏中的“打开”按钮，选择一个想要打印的模型。注意，仅支持 STL 格式（标准的 3D 打印输入文件）和 UP3 格式（UP 三维打印机专用的压缩文件）的文件，以及 UPP 格式（UP 工程文件）。将光标移到模型上，单击左键，模型的详细资料介绍会悬浮显示出来。

将光标移至模型上，单击左键选择模型，然后在工具栏中选择卸载，或者在模型上单击右键，会出现一个下拉菜单，选择卸载模型或者卸载所有模型（如载入多个模型并想要全部卸载）。

选择模型，然后单击“保存”，文件就会以 UP3 格式保存，并且大小是原 STL 文件大小的 12%～18%，非常便于存档或者转换文件。此外，可选中模型，单击菜单中的“文件→另存为工程”选项，保存为 UPP（UP Project）格式，该格式可将当前所有模型及参数进行保存，载入 UPP 文件时，将自动读取该文件所保存的参数，并替代当前参数。

STL 文件注意事项：为了准确打印模型，模型的所有面都要朝向外。UP 软件会用不同颜色来标明一个模型是否正确。当打开一个模型时，模型的默认颜色通常是灰色或粉色。如果模型有法向的错误，则模型错误的部分会显示成红色。

3．编辑模型视图

单击菜单栏“编辑”选项，可以通过不同的方式观察目标模型（也可通过单击菜单栏下方的相应视图按钮实现）。

旋转：按住鼠标中键，移动鼠标，视图会旋转，可以从不同的角度观察模型。

移动：同时按住 Ctrl 和鼠标中键，移动鼠标，可以将视图平移。也可以用箭头键平移视图。

缩放：旋转鼠标滚轮，视图就会随之放大或缩小。

视图：该系统有 8 个预设的标准视图存储于工具栏的视图选项中。单击工具栏上的视图按钮（单击启动按钮—标准）可以找到这些功能。

4．模型变化

通过编辑菜单或者工具栏可实现模型旋转。

移动模型：单击移动按钮，选择或者在文本框里输入想要移动的距离，然后选择要移动的坐标轴。每单击一次坐标轴按钮，模型都会重新移动。提示：按住 Ctrl 键，即可将模型放置于任何需要的地方。

旋转模型：单击工具栏上的旋转按钮，在文本框中选择或者输入要旋转的角度，然后再选择按照某个轴旋转。

缩放模型：单击缩放按钮，在工具栏中选择或者输入一个比例，然后再次单击缩放按钮缩放模型；如果只想沿着一个方向缩放，选择这个方向轴即可。

模型的单位转换：此选项可将模型的单位转换为英制，反之亦然。为了将模型单位转换为公制，需要从标尺菜单中选择 25.4，然后再次单击标尺按钮。如将模式从公制转换成英制，需从标尺菜单中选择 0.03937，然后再次单击标尺按钮。

5．将模型放到成型平台上

将模型放置于平台的适当位置，有助于提高打印的质量。提示：尽量将模型放置在平台的中央。

自动布局：单击工具栏最右边的自动布局按钮，软件会自动调整模型在平台上的位置。当平台上不止一个模型时，建议使用自动布局功能。

手动布局：单击 Ctrl 键，同时用左键选择目标模型，移动鼠标，拖动模型到指定位置。

使用移动按钮：单击工具栏上的移动按钮，选择或在文本框中输入距离数值，然后选择要移动的方向轴。

注意：当多个模型处于开放状态时，每个模型之间的距离至少要保持在 12 mm 以上。

6．准备打印

（1）初始化打印机

在打印之前需要初始化打印机。单击“三维打印”菜单下面的“初始化”选项，当打印机发出蜂鸣声时，初始化即开始。打印喷头和打印平台将再次返回到打印机的初始位置。准备好后将再次发出蜂鸣声。如图 4.7 所示。

注意：如打印机没有正常响应，请尝试单击“三维打印”菜单中的“初始化”按钮，重新初始化打印机。

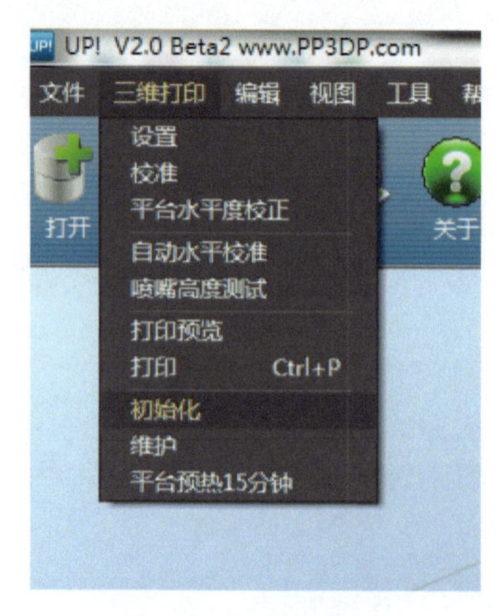

图 4.7　初始化选项

7. 准备打印平台

打印前，须将平台备好，保证模型稳固，不至于在打印的过程中发生偏移。可借助平台自带的 8 个弹簧固定打印平板，在打印平台下方有 8 个小型弹簧，将平板按正确方向置于平台上，然后轻轻拨动弹簧以便卡住平板。如图 4.8 所示。

板上均匀分布有孔洞。一旦打印开始，塑料丝将填充进板孔，这样可以为模型的后续打印提供更强有力的支撑结构。如图 4.9 所示。

注意：如果需将打印平板取下，可将弹簧扭转至平台下方。

图 4.8　拨动弹簧

图 4.9　拨动弹簧至下方

8. 打印设置选项

单击软件“三维打印”选项内的“设置”，将会出现图 4.10 的界面。

层片厚度：设定打印层厚，根据模型的不同，每层厚度设定在 0.2 ～0.4 mm。

支撑：在实际模型打印之前，打印机会先打印出一部分底层。当打印机开始打印时，它首先打印出一部分不坚固的丝材，沿着 *Y* 轴方向横向打印。打印机将持续横向打印支撑材料，直到开始打印主材料时打印机才开始一层层的打印实际模型。

表面层：这个参数将决定打印底层的层数。例如，如果设置成 3，机器在打印实体模型之前会打印 3 层。但是这并不影响壁厚，所有的填充模式几乎是同一个厚度（接近 1.5 mm）。

角度：这部分角度决定在什么时候添加支撑结构。如果角度小，系统自动添加支撑。

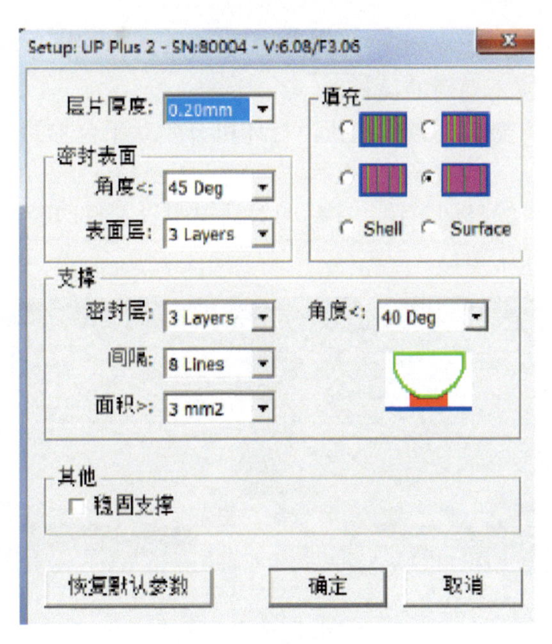

图 4.10　三维打印选项

填充选项：

有如下 4 种方式填充内部支撑。如图 4.11 所示。

	该部分是由塑料制成的最坚固部分。此设置在制作工程部件时建议使用。按照先前的软件版本将此设置称为“坚固”
	该部分的外部壁厚大概为 1.5 mm，但内部为网格结构填充。之前的版本将此设置称为“松散”
	该部分的外部壁厚大概为 1.5 mm，但内部为中空网格结构填充。之前的版本将此设置称为“中空”
	该部分的外部壁厚大概为 1.5 mm，但内部由大间距的网格结构填充，之前的软件版本将此设置称为“大洞”

图 4.11　填充选项截图说明

密封层：为避免模型主材料凹陷入支撑网格内，在贴近主材料被支撑的部分要做数层密封层，而具体层数可在支撑密封层选项内进行选择（可选范围为 2～6 层，系统默认为 3 层），支撑间隔取值越大，密封层数取值相应越大。

角度：使用支撑材料时的角度。例如设置成 10°，在表面和水平面的成型角度大于 10° 的时候，支撑材料才会被使用。如果设置成 50°，在表面和水平面的成型角度大于 50° 的时候，支撑材料才会被使用。

9. 打印

在打印前请确保以下几点：

● 连接 3D 打印机，并初始化机器。载入模型并将其放在软件窗口的适当位置。检查剩余材料是否足够打印此模型（开始打印时，通常软件会提示剩余材料是否足够使用），如果不够，请更换一卷新的丝材。

- 单击“三维打印”菜单的预热按钮，打印机开始对平台加热。在温度达到 100℃时开始打印。
- 单击“三维打印”的打印按钮，在打印对话框中设置打印参数（如质量），单击“OK”按钮开始打印。

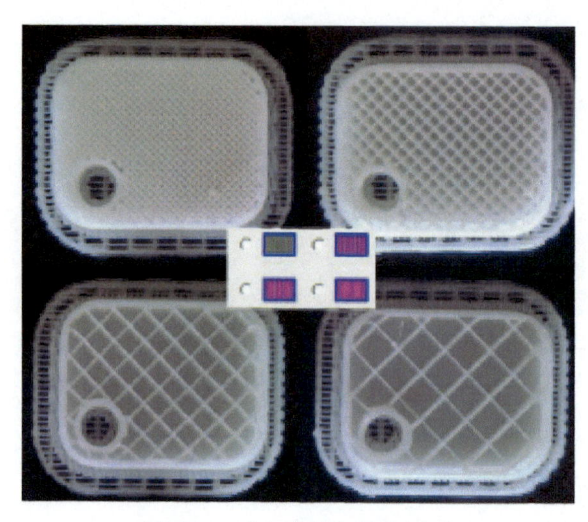

图 4.12　内部支撑与填充关系

质量：分为普通、快速、精细 3 个选项。此选项同时决定了打印机的成型速度。通常情况下，打印速度越慢，成型质量越好。对于模型高的部分，以最快的速度打印会因为打印时的颤动影响模型的成型质量。对于表面积大的模型，由于表面有多个部分，打印的速度设置成“精细”也容易出现问题，打印时间越长，模型的角落部分更容易卷曲。如图 4.13 所示。

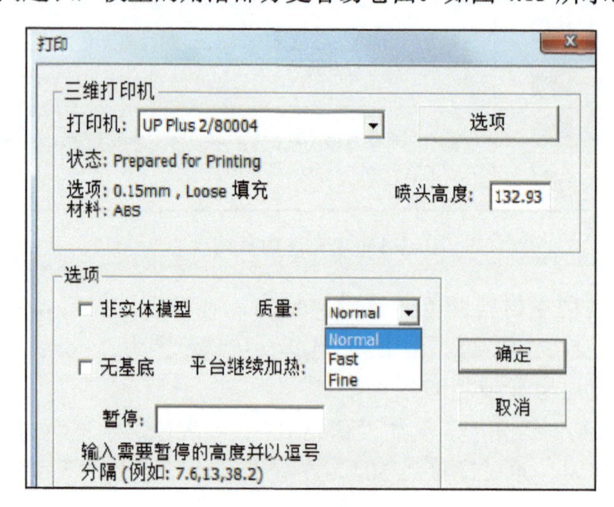

图 4.13　打印选项

非实体模型：当要打印的模型为非完全实体，如存在不完全面时，请选择此项。

无基底：选择此项，在打印模型前将不会产生基底。

平台继续加热：选择此项，平台将在开始打印模型后继续加热。

暂停：可在方框内输入想要暂停打印的高度，当打印机打印至该高度时，将自动暂停打印，直至单击“恢复打印位置”。请注意：在暂停打印期间，喷嘴保持高温。

10. 移除模型

（1）当模型完成打印时，打印机发出蜂鸣声，喷嘴和打印平台停止加热。

（2）拧下平台底部的 2 个螺丝弹簧，从打印机上撤下打印平板。

（3）慢慢滑动铲刀在模型下面把铲刀慢慢地　滑动到模型下面，来回撬松模型。切记在撬模型时要佩戴手套以防烫伤。

提示：

强烈建议在撤出模型之前先撤下打印平台。如果不这样做，很可能使整个平台弯曲，导致喷头和打印平台的角度改变。撤出平台的简单方法，详见手册中的提示和技巧部分，可以无须工具更容易地拆除。

11. 移除支撑材料

模型由两部分组成。一部分是模型本身，另一部分是支撑材料。支撑材料和模型主材料的物理性能是一样的，只是支撑材料的密度小于主材料。所以很容易从主材料上移除支撑材料。支撑材料可以使用多种工具来拆除。一部分可以很容易地用手拆除，越接近模型的支撑，使用钢丝钳或者尖嘴钳越容易移除。

4.9　打印模型实例

1. 启动程序

打开计算机，将前面范例中的茶壶和印章保存为 STL 文件，然后单击桌面上的图标 UP，程序打开。如图 4.14 所示。

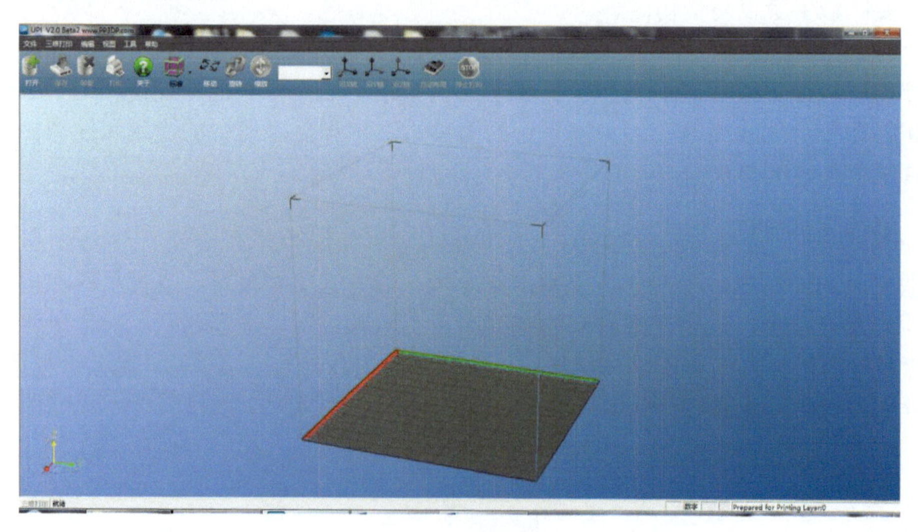

图 4.14　主操作界面

2. 载入一个 3D 模型

单击菜单中“文件→打开”或者“工具栏”中的“打开”按钮，选茶壶和印章的 STL 文件模型。如图 4.15 所示。

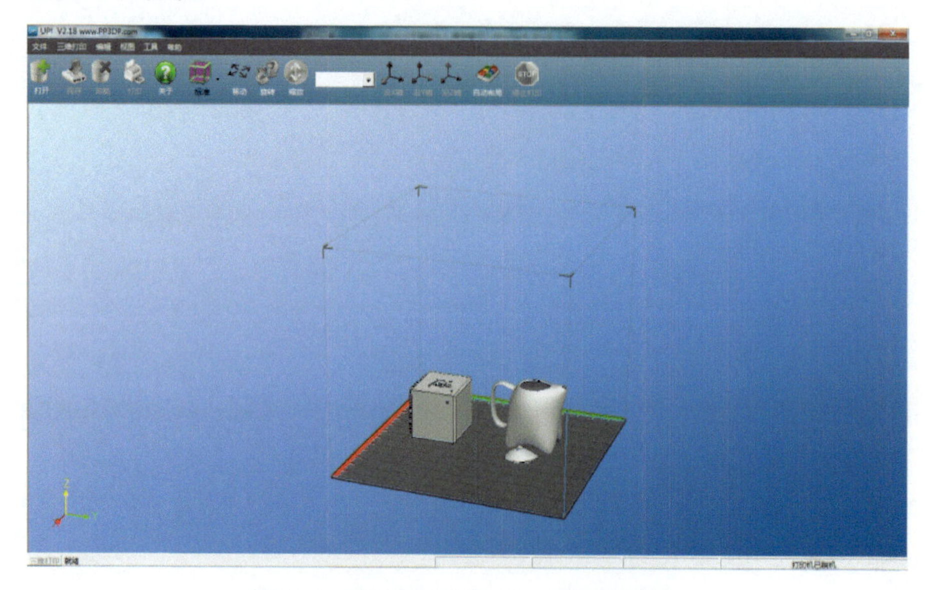

图 4.15　茶壶和印章的 STL 文件模型载入

3. 将模型放置成型平台上

由于模型本身位置平稳，不需要变化，单击“自动布局”，将模型放置于平台的适当位置，如图 4.16 所示，有助于提高打印的质量。

提示：请尽量将模型放置在平台的中央。

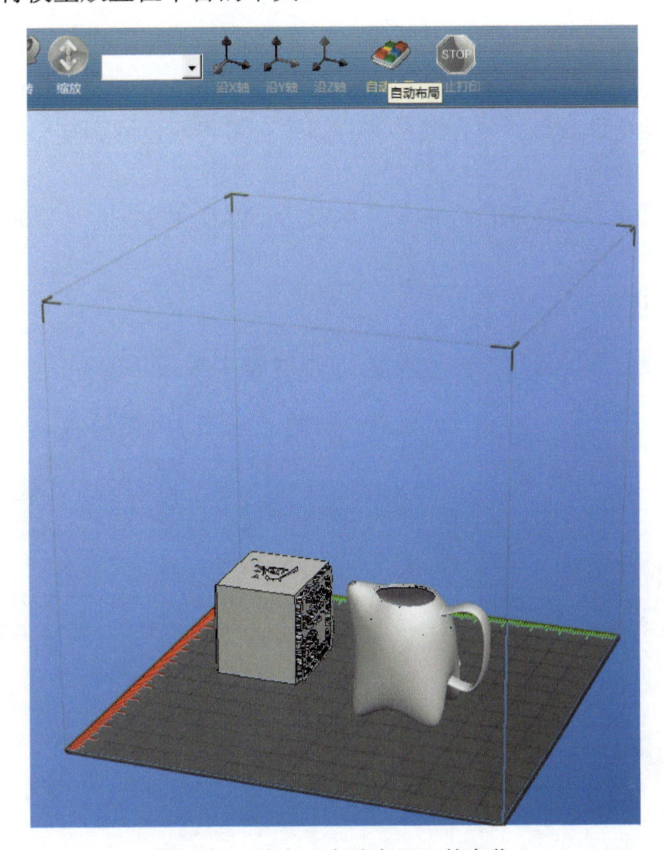

图 4.16 单击“自动布局”的变化

4. 准备打印平台

打印前，须将平台备好，保证模型稳固，不至于在打印的过程中发生偏移。可借助平台自带的 8 个弹簧固定打印平板，在打印平台下方有 8 个小型弹簧，将平板按正确方向置于平台上，然后轻轻拨动弹簧以便卡住平板。如图 4.17 所示。

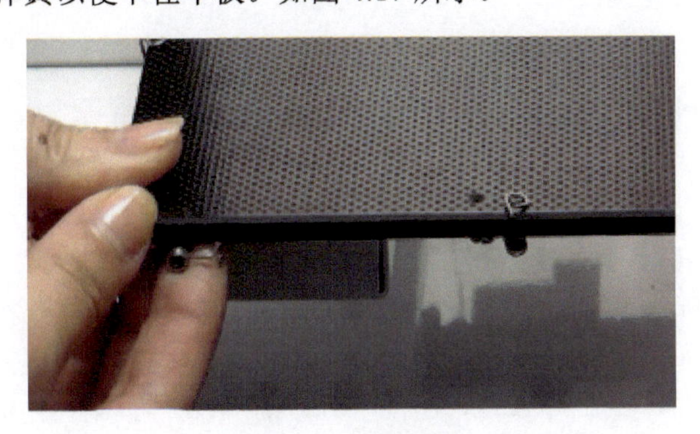

图 4.17 拨动弹簧

板上均匀分布孔洞。一旦打印开始，塑料丝将填充进板孔，这样可以为模型的后续打印提供更强有力的支撑结构。

注意：要取下打印平板时，可将弹簧扭转至平台下方。

5. 准备打印

（1）初始化打印机

在打印之前需要初始化打印机。单击“三维打印”菜单下面的“初始化”选项，打印机发出蜂鸣声时，初始化即开始。打印喷头和打印平台将再次返回到打印机的初始位置，当准备好后将再次发出蜂鸣声。

注意：如打印机没有正常响应，请尝试单击“三维打印”菜单中“初始化”按钮，重新初始化打印机。见图 4.18。

6. 打印设置选项

单击软件“三维打印”选项内的“设置”，出现图 4.19 所示的界面。

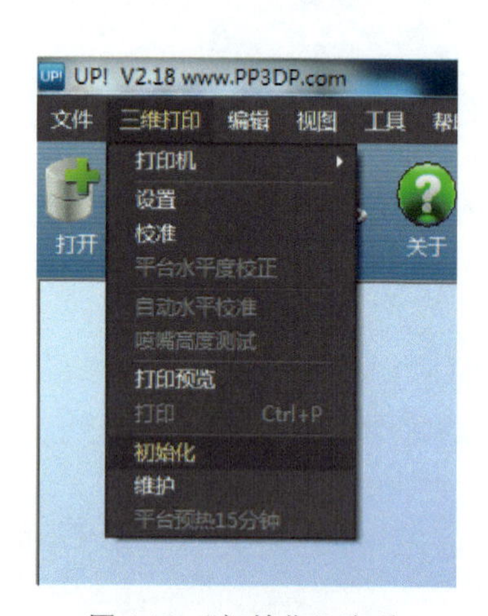

图 4.18 “初始化”选项

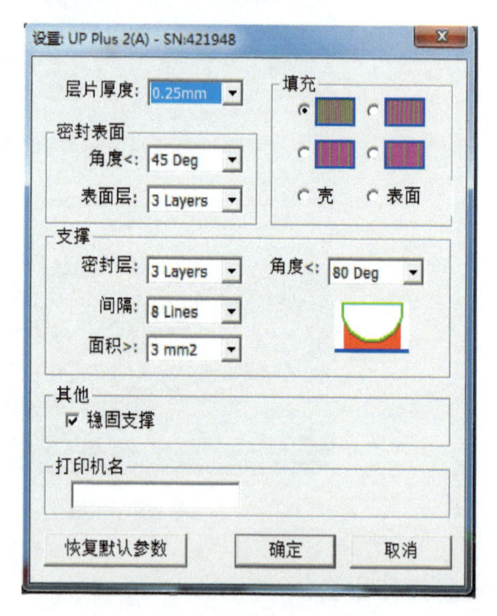

图 4.19 “三维打印”选项

层片厚度：设定打印层厚在 0.25 mm。

其他采用默认参数即可。

7. 打印

在打印前请确保以下几点：

- 连接 3D 打印机，并初始化机器。载入模型并将其放在软件窗口的适当位置。检查剩余材料是否足够打印此模型（当您开始打印时，通常软件会提示您剩余材料是否足够使用）如果不够，请更换一卷新的丝材；
- 单击“三维打印”菜单的预热按钮，打印机开始对平台加热。在温度达到 100℃时开始打印；
- 单击“三维打印”的打印按钮，在打印对话框中设置打印参数（如质量），单击“OK”按钮开始打印。

质量：分为普通、快速、精细三个选项。此选项选择普通（Normal）。其他参数如图 4.20 所示。

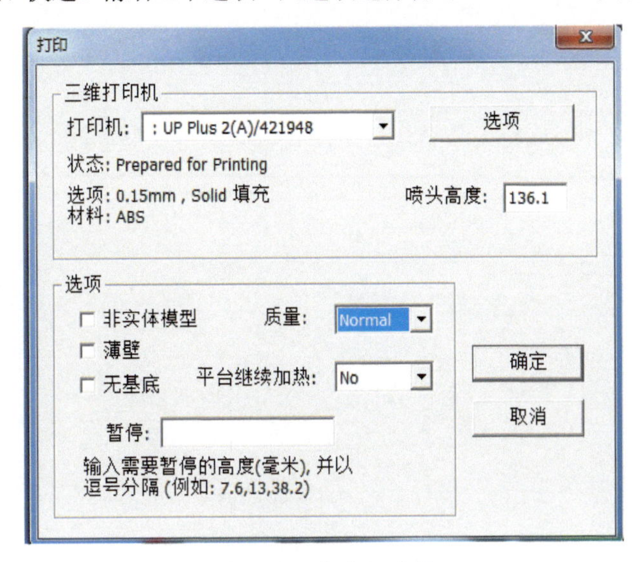

图 4.20 “打印”选项

8. 移除模型

（1）当模型完成打印时，打印机会发出蜂鸣声，喷嘴和打印平台会停止加热。

（2）拧下平台底部的 8 个螺丝弹簧，从打印机上撤下打印平板。

（3）慢慢滑动铲刀在模型下面把铲刀慢慢滑动到模型下面，来回撬松模型。切记在撬模型时要佩戴手套以防烫伤。

9. 移除支撑材料

图 4.21 给出了移除支撑的印章和没移除支撑的壶的情况。

图 4.21 实际打印作品

反侵权盗版声明

举报电话：（010）88254396；（010）88258888
传　　真：（010）88254397
E-mail：　dbqq@phei.com.cn
通信地址：北京市海淀区万寿路 173 信箱
　　　　　电子工业出版社总编办公室
邮　　编：100036